经 · 典 · 新 · 读

扫 · 码 · 听 · 书

探索生命世界的真实奥秘

科学与文学的完美统一，特立独行的跨界经典

——解读者　周艳

Souvenirs Entomologiques

昆虫记

［法］法布尔／著　　陈筱卿／译

名 家 全 译 本
国际大师插图

全国百佳出版社
中央编译出版社
Central Compilation & Translation Press

图书在版编目（CIP）数据

昆虫记/（法）法布尔著；陈筱卿译. —北京：中央编
译出版社，2015.1

ISBN 978-7-5117-2474-8

Ⅰ.①昆… Ⅱ.①法… ②陈… Ⅲ.①昆虫学—普及
读物 Ⅳ.①Q96-49

中国版本图书馆 CIP 数据核字（2014）第 309565 号

昆虫记

出 版 人：	葛海彦
出版统筹：	贾宇琰
策划编辑：	苗永姝
责任编辑：	盛菊艳
文字校对：	于东辉
特约编辑：	陈万亭　郑丽萍　孙敬艳
责任印制：	刘　慧
出版发行：	中央编译出版社
地　　址：	北京西城区车公庄大街乙 5 号鸿儒大厦 B 座（100044）
电　　话：	（010）52612345（总编室）　　（010）52612335（编辑室）
	（010）52612316（发行部）　　（010）52612346（馆配部）
传　　真：	（010）66515838
经　　销：	全国新华书店
印　　刷：	北京紫瑞利印刷有限公司
开　　本：	880毫米×1230毫米　1/32
字　　数：	249千字
印　　张：	10
版　　次：	2015 年 1 月第 1 版
印　　次：	2018 年 11 月第 3 次印刷
定　　价：	26.80元

网　　址：www.cctphome.com	邮　　箱：cctp@cctphome.com
新浪微博：@中央编译出版社	微　　信：中央编译出版社（ID：cctphome）

淘宝店铺：中央编译出版社直销店（http://shop108367160.taobao.com）（010）55626985

本社常年法律顾问：北京市吴栾赵阎律师事务所律师　闫军　梁勤
凡有印装质量问题，本社负责调换，电话：（010）55626985

法布尔

法布尔的昆虫标本室

法布尔在朋友家中

译　序

　　19世纪末到20世纪初，在法国，一位昆虫学家的一本令人耳目一新的书出版了。全书共10卷，长达二三百万字。该书随即成为一本畅销书，其书名按照法文直译为《昆虫学回忆录》，但简单、通俗地称为《昆虫记》。该书出版后，好评如潮。法国著名戏剧家埃德蒙·罗斯丹称赞该书作者时说，"这个大学者像哲学家一般去思考，像艺术家一般去观察，像诗人一般去感受和表达"。罗曼·罗兰称赞道，"他观察之热情耐心，细致入微，令我钦佩，他的书堪称艺术杰作。我几年前就读过他的书，非常喜欢"。英国生物学家达尔文夸奖说，他是"无与伦比的观察家"。中国的周作人也说，"见到这位'科学诗人'的著作，不禁引起旧事，羡慕有这样好的书看的别国少年，也希望中国有人来做这翻译编纂的事业"。鲁迅先生早在"五四运动"以前就已经提到过《昆虫记》这本书，想必他看的是日文版。当时法国和国际学术界称赞该书作者为"动物心理学的创始人"。总之，这是一本根据对昆虫的生活习性详尽、真实地观察而写成的不可多得的书。书中所记述的昆虫的习性、生活等各方面的情况真实可信，而且作者描述时文笔精练清晰。因而，该书被称为"昆虫的史诗"，作者也被赞誉为"昆虫界的维吉尔"。

　　该书作者就是让-亨利·法布尔(1823—1915)。他出身寒门，一生勤奋刻苦，锐意进取，自学成才，用十二年的时间先后获得业士、双学士和博士学位。但这种奋发上进并未得到法国教育界、科学界权威们的认可，以致虽一直梦想着能执大学的教鞭但终未能遂愿，只好屈就中学的教职，以微薄的薪金维持一家七口的生活。但法布尔并未气馁，除兢兢业业地教好书之外，他利用业余时间对昆虫进行细心的观察研究。他的那股钻劲儿、韧劲儿简直到了废寝忘食的程度。他对昆虫的那份好奇、那份爱，非常人所能理解。他笔下的那些小虫子，一个个活灵活现，栩栩如生，充满着灵性，让人看了之后觉得十分可爱，就连一般人讨厌的食粪虫都让人看了觉得妙趣横生。

该书堪称鸿篇巨制，既可视为一部昆虫学的科普书籍，又可称之为描写昆虫的文学巨著，因而法布尔既被人称为大博物学家，又被称为大文学家。为此，在他晚年，也就是1910年，曾获得诺贝尔文学奖的提名。该书于1879年到1907年间陆续出版，最后一版于1919年到1925年间出版。后来，便一再以《选本》的形式出版发行，取名为《昆虫的习性》《昆虫的生活》《昆虫的漫步》，受读者欢迎的程度可见一斑。我的这个译本译自前两种《选本》。《选本》虽无《全集》10卷本那么广泛全面，却萃取了其中的精华。我劝大家不妨拨冗一读这本老少咸宜的书，你定会从中感觉出美妙、朴实、有趣来的。它既可以让你增加许多有关昆虫方面的知识，又可以让你从中了解到作者的那种似散文诗般的语言的美好。与此同时，你也会从字里行间看到作者的那份韧劲儿，那份孜孜不倦，那份求实精神，那份不把事情弄个水落石出、明明白白决不罢休的博物学家的感人至深的精神。

陈筱卿

2009年12月1日

目　录

耳熟能详的昆虫 1

螳螂捕食 3

蝉出地洞 12

灰蝗虫 22

绿蚱蜢 33

大孔雀蝶 38

小阔条纹蝶 55

天　牛 65

萤火虫 75

绿　蝇 87

红蚂蚁 97

意大利蟋蟀 113

田野地头的蟋蟀 117

有趣的昆虫习性 125

灰毛虫 127

松毛虫 135

圣甲虫 155

圣甲虫的梨形粪球 167

圣甲虫的造型术 ·· 177

西班牙蜣螂 ·· 185

南美潘帕斯草原的食粪虫 ································ 195

粪金龟与公共卫生 ·· 203

昆虫的装死 ·· 210

昆虫的"自杀" ·· 221

豌豆象 ·· 229

菜豆象 ·· 246

金步甲的婚俗 ·· 260

蟹　蛛 ·· 266

圆网蛛 ·· 273

迷宫蛛 ·· 291

克罗多蛛 ·· 299

耳熟能详的昆虫

螳螂捕食

有一种南方的昆虫，其令人感兴趣的程度至少与蝉一样，但声名却远不及后者，因为它总是悄无声息。如果上苍赐予它一个深得人心的第一要素——音钹的话，凭着它形体与习性的奇特，它准能让著名歌手蝉的声誉黯然失色。这里的人们称它为"祷上帝"，学名则叫螳螂，拉丁文名为"修女袍"①。

科学的术语与农民朴素的词汇在这儿是相互吻合的，都是把这种奇特的生物看成是一个传达神谕的女预言家，一个沉湎于神秘信仰的苦修女。这种比喻由来已久。古希腊人早就把这种昆虫称为"占卜者""先知"。庄户人在比喻方面也是乐行其事的，他们对所见的模糊材料大加补充。他们看见在烈日烤炙的草地上有一只仪态万方的昆虫半昂着身子庄严地立着，只见它那宽阔薄透的绿翼像亚麻长裙似的掩在身后，两只前腿，可以说是两只胳膊，伸向天空，一副祈祷的架势。只这些足矣，剩下的由百姓的想象去完成。于是乎，自远古以来，荆棘丛中就住满了这些传达神谕的女预言者、向上苍祷告的苦修女了。

啊，天真幼稚的好心的人们，你们犯了多么大的错误呀！它的种

---

① 修女袍系拉丁文直译名，因其长长的膜翅似修女长袍而得名。法国昆虫学界也以此名冠以这种昆虫。

种祈祷似的神态掩藏着许多残忍的习性；那两只祈求的臂膀是可怕的劫掠工具：它并不捻动念珠，而是要结果一切从旁经过的猎物。人们怎么也没想到螳螂竟然是直翅目食草昆虫中的一个例外，它专门吃活食。它是昆虫界和平居民的老虎，是埋伏着捕捉新鲜肉食的妖魔。可想而知，它力大无穷，又嗜肉成性，外加它那完美而可怕的捕捉器，使它可能成为野地上的一霸。"祷上帝"可能变成了凶神恶煞般的刽子手。

如果不提它那置人于死地的工具，螳螂其实没有什么可以让人担惊受怕的。它甚至不乏典雅优美，因为它体形矫健，上衣雅致，体色淡绿，薄翼修长。它没有张开如剪刀般的凶残大颚，相反却小嘴尖尖，好像生就是用来啄食的。借助从前胸伸出的柔软脖颈，它的头可以转动，左右旋转，俯仰自如。昆虫之中，唯有螳螂引导目光，可以观察，可以打量，几乎还带着面部表情。

它整个身躯呈现一副安详状，同极其准确地被誉为"杀人机器"的前爪相比起来，反差极大。它的腰肢异常地长而有力，其功用就是向前伸出狼夹子，不是坐等送死鬼，而是去捕捉猎物。捕捉器稍有点装饰，颇为漂亮。腰肢内侧饰有一个美丽的黑圆点，中心有白斑，圆点周围有几排细珍珠点作为陪衬。

它的大腿更长，宛如扁平的纺锤，前半段内侧有两行尖利的齿刺。里面一行有12颗长短相间的齿刺，长的黑色，短的绿色。这种长短齿刺相间，增加了啮合点，使利器更加锋利有效。外面的一行简单得多，只有4颗齿刺，两行齿刺末端有3颗最长。总之，大腿是一把双排平行刃口的钢锯，其间隔着一条细槽，小腿屈起可放入其间。

小腿与大腿有关节相连，伸屈非常灵活，它也是一把双排刃口钢锯，齿刺比大腿上的钢锯短些，但数量更多更密。末端有一硬钩，其尖利可与最好的钢针相媲美，钩下有一小槽，槽两侧是双刃弯刀或截枝剪。

这硬钩是高精度的穿刺切割工具，让我一看到就觉得后怕。我在捉螳螂时，不知有多少回我的手被这家伙给钩住，腾不出来，只好求助别人帮我摆脱这个顽固的俘虏！谁要是不先把刺入肉中的硬钩弄出来就硬拽开螳螂，那他的手肯定会像被玫瑰花刺儿扎了一样，出现道道伤疤。昆虫中没有谁比它更难对付的了。这家伙用截枝剪挠你，用尖钩划你，用钳子夹你，让你几乎无还手之力，除非你用拇指捏碎它，结束战斗，那样的话，你也就抓不着活的了。

螳螂在休息时，捕捉器折起来，举于胸前，看上去并不伤害别人，一副在祈祷的架势。但是，一旦猎物突然出现，它就立刻收起它那副祈祷姿态。捕捉器的那三段长构件突地伸展开去，末端伸到最远处，抓住猎物后便收回来，把猎物送到两把钢锯之间。老虎钳宛如手臂内弯似的，夹紧猎物，这就算是大功告成了：蝗虫、蚱蜢或其他更厉害的昆虫，一旦夹在那四排齿刺交错之中，便小命呜呼了。无论它如何拼命挣扎，又扭又蹬，螳螂那可怕的凶器是死咬住不放的。

如果要对螳螂的习性进行系统研究的话，必须要在家中饲养，在野外无拘无束的情况下，是研究不了的。饲养它并不困难，因为只要好吃好喝地伺候，它并不在乎被囚在钟形罩中。我们每天给它精美食物，天天换样儿，那它就不怎么会因失去荆棘丛而感觉遗憾了。

我准备了十来只宽大的金属网罩，用来关押我的囚徒，同饭桌上罩饭菜防苍蝇的网罩一样。每一个罩子都扣在一个装满沙子的瓦罐上。笼里放着一束干百里香、一块为将来产卵用的平石头，这就是它的全部家当。这一座座的小屋排放在我动物实验室的大桌子上，那儿白天大部分时间日照充足。我把我的俘虏们关在笼子里，有的单独囚禁，有的集体关押。

我是8月下旬开始在路边干草堆中和荆棘丛里看到成年螳螂的。肚子已经很大了的雌性螳螂日渐增多，而它们的瘦弱的雄性伴侣却比较少见，我有时得花很大的劲儿才能给我的那些雌性俘虏配对，因为囚笼中那些雄性小个子经常被悲惨地吃掉。这种惨剧我们暂且按下不表，先来说说那些雌性螳螂。

雌性螳螂饭量极大，喂养时间长达数月，所以食物的维系并非易事。几乎必须每天更换食物，而大部分都是被它们稍微尝上几口便不屑地弃之不食了。我敢相信，螳螂在它们的出生地荆棘丛中，会较注意节约的。由于猎物不充足，它们会把到手的食物吃干净为止，可在我的笼子里，它们就大手大脚了，常常是咬上几口之后，便把那鲜美的食物撇下不吃了。它们似乎在以这种方式排遣囚禁之烦恼吧。

为了对付这种奢侈浪费，我必须寻找援助了。附近的两三个无所事事的小家伙在我的面包片和甜瓜块的引诱下，每天早上和晚上跑到周围的草丛中去摆放用芦苇编成的小笼子，里面装着活蹦乱跳的蝗虫、蚱蜢。而我也没闲着，手拿网子，每天在围墙周围转悠，企盼能为我的住客们弄点鲜美猎物。

这些美味食物是我想用来了解螳螂的胆量和力气到底有多大的。在这些美味之中，大灰蝗虫个头儿要比吃它的螳螂大得多；白额螽斯的大颚有力，我们的指头都怕被它咬伤；蚱蜢长得怪模怪样，扣着金字塔形的帽子；葡萄树距螽音钹声嘎嘎响，圆乎乎的肚腹上还长有一

螳螂捕食

把大刀。除了这些难以下嘴的野味外，还有两种可怕的猎物：一个是圆网蛛，肚子似圆盘，带有彩花边饰，大小如一枚20苏①的硬币；另一个是冠冕蛛，形象凶恶，鼓腹腆肚，令人望而生畏。

当我看到笼子里的螳螂一见到面前的各种猎物便勇猛地冲上前去的劲头儿，我便毫不怀疑它们在野地里遇见类似对手时也一定是毫不畏缩的。如同在我的金属网罩中它尽享我慷慨奉上的美味一样，在荆棘丛中，它必定是毫不客气地享用偶然送上门来的肥美猎物的。对大猎物的这种捕猎充满危险，绝不是它心血来潮之举，应该是它习以为常的事。然而，这种捕猎似乎并不多见，因为机会不多，也许这是螳螂的一大憾事。

各种各样的蝗虫，还有蝴蝶、蜻蜓、大苍蝇、蜜蜂以及其他中不溜儿的昆虫，都是它日常所能抓到的猎物。反正，在我的笼子里，大胆的女猎手在任何猎物前都没有退缩过。无论是灰蝗虫还是螽斯，也无论是圆网蛛还是冠冕蛛，迟早都逃不脱它的利爪，在它的锯齿内动弹不得，被它津津有味地嚼食。这种情形是值得讲述一下的。

一看见罩壁上傻乎乎靠近的大蝗虫，螳螂痉挛似的一颤，突然摆出吓人的姿态。电流击打也不会产生这么快的效应。那转变是如此突然，样子是如此吓人，以致一个没有经验的观察者会立即犹豫起来，把手缩回来，生怕发生意外。即使像我这么已习以为常的人，如果心不在焉的话，遇此情况也不免吓一大跳。这就像是突然从一个盒子里弹出一种吓人的东西，一种小魔怪似的。

鞘翅随即张开，斜拖在两侧；双翼整个儿展开来，似两张平行的船帆立着，宛如脊背上竖起阔大的鸡冠；腹端蜷成曲棍状，先翘起来，然后放下，再突然一抖，放松下来，随即发出"噗、噗"的声响，宛如火鸡展屏时发出的声音一般。也像是突然受惊的游蛇吐信儿时的声响。

---

① 法国原辅币名，一法郎等于20苏。

身子傲岸地支在4条后腿上，上身几乎呈垂直状。原先收缩相互贴在胸前的劫持爪，现在完全张开，呈十字形挺出，露出装点着排排珍珠粒的腋窝，中间还露出一个白心黑圆点。这黑的圆点恍如孔雀尾羽上的斑点，再加上那些象牙质的纤细凸纹，是它战斗时的法宝，平时是密藏着的，只是在打斗时为了显得凶恶可怕，盛气凌人，才展露出来。

　　螳螂以这种奇特姿态一动不动地待着，目光死死地盯住大蝗虫，对方移动，它的脑袋也跟着稍稍转动。这种架势的目的是显而易见的：螳螂是想震慑、吓瘫强壮的猎物，如果后者没被吓破了胆的话，后果将不堪设想。

　　它成功了吗？谁也搞不清楚螽斯那光亮的脑袋里或蝗虫那长脸后面在想些什么。它们那麻木的面罩上没有任何的惊恐呈现在我们的眼前。但是，可以肯定被威胁者是知道危险的存在的。它看见自己面前挺立着一个怪物，高举着双钩，准备扑下来；它感到自己面对着死亡，但还来得及却没有逃走。它本是个长腿的蹦跳者，善于高跳，轻而易举地就能跳出对方利爪的范围，可它却偏偏蠢乎乎地待在原地，甚至还慢慢地向对方靠近。

　　据说，小鸟见到蛇张开的大嘴会吓瘫，看见蛇的凶狠目光会动弹不得，任由对方吞食。许多时候，蝗虫差不多也是这么一种状态。现在它已落入对方威慑的范围。螳螂将两只大弯钩猛压下来，爪子一抓，双锯合拢，夹紧。不幸的蝗虫已无还手之力：它的大颚咬不着螳螂，后腿只是胡乱地蹬踢。它的小命休矣。螳螂收起它的战旗——翅膀，复现常态，开始美餐。

　　在抓获蚱蜢和距螽这种危险小于大灰蝗虫和螽斯的昆虫时，螳螂那魔怪般的姿态没有那么咄咄逼人，持续时间也没那么长。它只需将大弯钩一伸就解决问题了。对付蜘蛛也是如此，只需拦腰抓住对方，就用不着担心其毒钩了。对于其日常食物里不起眼的蝗虫，无论是在我笼子里的还是野地里的，螳螂都极少用它的震慑法子，它只要一把抓住闯进它的势力范围的冒失鬼就完事了。

当要捕食的活物可能会进行顽强抵抗时，螳螂则不敢怠慢，要利用一种震慑、恫吓猎物的姿态，让自己的利钩有办法稳稳地钩住对方。随后，它的狼夹子便把吓傻了、无还手之力的受害者夹紧。它就是以这种迅猛的魔怪般的姿势把自己的猎物吓瘫了的。

在这种怪诞的姿势中，双翅起了很大的作用。螳螂的翅膀很宽大，外边缘呈绿色，其余部分系无色半透明的。纵向上有许多经翅脉，呈扇面状辐射开来。还有一些更细的、横向的翅脉，成直角地与纵向翅脉相切，与之形成无数的网眼。在呈魔怪姿态时，翅膀展开，立成两个平行的平面，几乎相互触及，犹如昼间休憩的蝴蝶的翅膀一样。两翅之间，翘卷着的腹端突然剧烈抖动起来。肚腹摩擦翅脉，发出一种喘息声，我把它比作处于防御的游蛇吐信儿的声音。如果要模仿这种声响，只需用指尖快速擦过展开的翅膀的正面即可。

几天没吃食的螳螂，因饥饿难忍，能一下子把与它相同大小或比它个头儿大的灰蝗虫全部吃掉，只撇下其翅膀，因为翅膀太硬而无法消化。要吃光这么个大猎物，两小时足够了。但这么狼吞虎咽的情况甚是罕见。我曾见到过一两次，我当时就一直纳闷儿，这个饕餮者是怎么找到存这么多食物的地方的？容量小于容积的原理是怎么颠倒过来为螳螂服务的？我惊叹它的胃的高超特性，竟能让食物立即消化、溶解，穿肠而过。

在我的笼子里，蝗虫是螳螂的家常饭菜，大小不等，种类各异。看着它用劫持爪上的那对钳子夹住蝗虫蚕食着，实属一件趣事。虽然说它那尖尖小嘴似乎并不像是生就为大吃大喝所用的，可猎物却被它吃光了，只剩下双翅，而且，翅根上多少有点肉的地方也没有放过。爪子、硬皮全都穿肠而过。有时候，螳螂抓住一条肥硕的后大腿，送到嘴边，细细地品味着，一副心满意足的神态。蝗虫的肥硕大腿对它来说可能是上等好肉，犹如一块上好羊肉对我们而言一样。

螳螂先从猎物的颈部下口。当一只劫持爪拦腰抓住猎获物时，另一只则按住后者的头，使脖颈上方断裂开来。于是，螳螂便把尖嘴从这失去护甲的地方插进去，锲而不舍地啃吃开来。猎物颈部裂开了大口，头部淋巴结已遭破坏，蹬踢也就随之停止，猎物便成了一个没有知觉的尸体，螳螂因而可以自由选择，想吃哪儿就吃哪儿了。

蝉出地洞

　　将近夏至时分，第一批蝉出现了。在人来人往、被太阳暴晒、被踩踏瓷实的一条条小路上，张开着一些能伸进大拇指、与地面持平的圆孔洞。这就是蝉的幼虫从地下深处爬回地面来变成蝉的出洞口。除了耕耘过的田地以外，几乎到处可见一些这样的洞。这些洞通常都在最热最干的地方，特别是在道旁路边。出洞的幼虫有锐利的工具，必要时可以穿透泥沙和干黏土，所以喜欢最硬的地方。

　　我家花园的一条甬道由一堵朝南的墙反射阳光，照得如同到了塞内加尔一样，那儿有许多的蝉出洞时留下的圆洞口。6月的最后几天，我检查了这些刚被遗弃的井坑。地面土很硬，我得用镐来刨。

　　地洞口是圆的，直径约2.5厘米。在这些洞口的周围，没有一点儿浮土，没有一点儿推出洞外的土形成的小丘。事情十分清楚：蝉的洞不像粪金龟这帮挖掘工的洞，上面堆着一个小土堆。这种差异是二者的工作程序所决定的。食粪虫是从地面往地下掘进：它是先挖洞口，然后往下挖去，随即把浮土推到地面上来，堆成小丘。而蝉的幼虫则相反，它是从地下转到地上，最后才钻开洞口，而洞口是最后一道工序，一打开就不可能用来清理浮土了。食粪虫是挖土进洞，所以在洞口留下了一个鼹鼠丘；而蝉的幼虫是从洞中出来，无法在尚未做成的洞口边堆积任何东西。

　　蝉洞约深4分米。洞是圆柱形，因地势的关系而有点弯曲，但始终

要靠近垂直线，这样路程是最短的。洞的上下完全畅通无阻。想在洞中找到挖掘时留下的浮土那是徒劳的，哪儿都见不着浮土。洞底是个死胡同，成为一间稍微宽敞些的小屋，四壁光洁，没有任何与延伸的什么通道相连的迹象。

　　根据洞的长度和直径来看，挖出的土有将近200立方厘米。挖出的土都跑哪儿去了呢？在干燥易碎的土中挖洞，洞坑和洞底小屋的四壁应该是粉末状的，如果只是钻孔而未做任何其他加工的话，容易塌方。可我却惊奇地发现洞壁表面被粉刷过，涂了一层泥浆。洞壁实际上并不是十分光洁，差得远了，但是，粗糙的表面被一层涂料盖住了。洞壁那易碎的土料浸上黏合剂，便被黏住不脱落了。

　　蝉的幼虫可以在地洞中来来回回，爬到靠近地面的地方，再下到洞底小屋，而带钩的爪子却未刮擦下土来，否则会堵塞通道，上去很难，回去不能。矿工用支柱和横梁支撑坑道四壁；地铁的建设者用钢筋水泥加固隧道；蝉的幼虫这个毫不逊色的工程师用泥浆涂抹四壁，让地洞长期使用而不堵塞。

　　如果我惊动了从洞中出来爬到近旁的一根树枝上去，准备在上面蜕变成蝉的幼虫的话，它会立即谨慎地爬下树枝，毫无阻碍地爬回洞底小屋里去，这就说明即使此洞就要永远被丢弃了，洞也不会被浮土堵塞起来。

　　这个上行管道不是因为幼虫急于重见天日而匆忙赶制而成；这是一座货真价实的地下小城堡，是幼虫要长期居住的宅子。墙壁进行了加工粉刷就说明了这一点。如果只是钻好之后不久就要丢弃的简单出口的话，就用不着这么费事了。毫无疑问，这也是一种气象观测站，外面天气如何在洞内可以探知。幼虫成熟之后要出洞，但在深深的地下它无法判断外面的气候条件是否适宜。地下的气候变化太慢，不能向幼虫提供精确的气象资料，而这又正是幼虫一生中最重要的时刻——来到阳光下蜕变——所必须了解的。

　　幼虫几个星期地，也许几个月地耐心挖土，清道，加固垂直洞壁，但却不把地表挖穿，而是与外界隔着一层一指厚的土层。在洞底它比在别处更加精心地修建了一间小屋。那是它的隐蔽所、等候室，如果气象报告说要延期搬迁的话，它就在里面歇息。只要稍微预感到风和日丽的话，它就爬到高处，透过那层薄土盖子探测，看看外面的温度和湿度如何。

如果气候条件不如意，如果刮大风下大雨，那对幼虫蜕变是极其严重的威胁，那谨小慎微的小家伙就又回到洞底屋中继续静候着。相反，如果气候条件适宜，幼虫便用爪子捅几下土层盖板，便可以钻出洞来。

似乎一切都在证实，蝉洞是个等候室，是个气象观测站，幼虫长期待在里面，有时爬到地表下面去探测一下外面的天气情况，有时便潜于地洞深处更好地隐蔽起来。这就是为什么蝉在地洞深处建有一个合适的歇息所，并将洞壁涂上涂料以防止塌落的原因之所在。

但是，不好解释的是，挖出的浮土都跑到哪儿去了？一个洞平均得有200立方厘米的浮土，怎么全都不见了踪影？洞外不见有这么多浮土，洞内也见不着它们。再说，这如炉灰一般的干燥泥土，是怎么弄成泥浆涂在洞壁上的呢？

蛀蚀木头的那些虫子的幼虫，比如天牛和吉丁的幼虫，好像应该可以回答第一个问题。这种幼虫在树干中往里钻，一边挖洞，一边把挖出来的东西吃掉。这些东西被幼虫的颚挖出来，一点一点地吃下，消化掉。这些东西从挖掘者的一头穿过，到达另一头，滤出那一点点的营养成分后，把剩下的排泄出来，堆积在幼虫身后，彻底堵塞了通道，幼虫也就不得再从这儿通过了。由胃或颚进行的这种最终分解，把消化过的物质压缩成比没有伤及的木质更加密实的东西，致使幼虫前边就出现一个空地儿，一个小洞穴，幼虫可以在其中干活儿。这个小洞穴很短小，仅够关在里面的这个囚徒行动。

蝉的幼虫是不是也是用类似的方法钻掘地洞的呢？当然，挖出来的浮土是不会通过幼虫体内的，而且，泥土，哪怕是最松软的腐殖土，也绝不会成为蝉的幼虫的食物的。但是，不管怎么说，被挖出来的浮土不是随着工程的进展在逐渐地被抛在幼虫身后了吗？

蝉在地下要待4年。这么漫长的地下生活当然不会是在我们刚才描绘的准备出洞时的小屋中度过的。幼虫是从别处来到那儿的，想必是从比较远的地方来的。它是个流浪儿，把自己的吸管从一个树根插到另一个树根。当它或因为冬天逃离太冷的上层土壤，或因为要定居于一个更好的处所而迁居时，它便为自己开出一条道来，同时把用颚这把镐尖挖出的土抛在身后。这一点是无可争辩的。

如同天牛和吉丁的幼虫一样，这个流浪儿在移动时只要很小的空间就足够了。一些潮湿的、松软的、容易压缩的土对于它来说就等于是天牛和吉丁的幼虫消化过后的木质糊糊。这种泥土很容易压缩，很容易堆积起来，留出空间。

困难来自另一个方面。蝉洞是在干燥的土中挖掘而成的，只要土始终保持干燥，那就很难被压紧压实。如果幼虫开始挖通道时就把一部分浮土扔到身后的一条先前挖好现已消失的地道中去，这也是比较有可能的，尽管还没有任何迹象可以证明这一点。不过，如果考虑到洞的容量以及极难找到地方堆积这么多的浮土的话，你就又会怀疑起来，心想："这么多的浮土，必须有一个很大的空间才能存放得下，而这个空间的挖成也同样要出现许多的浮土的，要存放起来同样是困难重重。这样就又得有一个空间，同样也就又会有许多浮土，如此循环不已。"就这么转来转去，没有个头。因此，光是把压紧压实的浮土抛到身后尚无法解释这个空间的出现这一难题。为了清除掉碍事的浮土，蝉应该是有一种特殊的法子。我们来试试解开这个谜。

我们仔细观察一只正在往洞外爬的幼虫，它或多或少总要带上点或干或湿的泥土。它的挖掘工具——前爪尖尖上沾了不少的泥土颗粒；其他部位像是戴上了泥手套；背部也满是泥土。它就像是一个刚捅完阴沟的清洁工。这么多污泥看了让人惊讶不已，因为它是从一个很干燥的土里爬出来的。本以为看见它满身的粉尘，但却发现它是一身的泥污。

再顺着这个思路往前观察一下，蝉洞的秘密就解开来了。我把一只正在对其洞穴进行挖掘的幼虫给挖了出来。我运气真好，幼虫正开始挖掘时我便有了惊人的发现。一个大拇指一样长的地洞，没有任何的阻塞物，洞底是一间休息室，眼下全部工程就是这个状况。那位辛勤的工人现在是个什么样呢？就是下面的这种状况。

这只幼虫的颜色显得比我在它们出洞时捉到的那些幼虫苍白得多。眼睛非常大，特别的白，浑浊不清，看不清东西。在地下视力有什么用？而出了洞的幼虫的眼睛则是黑黑的，闪闪发亮，说明能看得见东西。未来的蝉儿出现在阳光下，就必须寻找，有时还得到离洞口挺远的地方去寻找将在其上蜕变的悬挂树枝。这时候视力就非常重要了。这种在准备蜕变期间的视力的成熟足以告诉我们幼虫并非仓促地即兴挖掘自己的上行通道的，而是干了很长的时间。

另外，苍白而眼盲的幼虫比成熟状态时体形要大。它身体内充满了液体，就像是患了水肿。用指头捏住它，尾部便会渗出清亮的液体，弄得全身湿漉漉的。这种由肠内排出来的液体是不是一种尿液？或者只是吸收液汁的胃消化后的残汁？我无法肯定，为了说起来方便，我就称它为尿吧。

喏，这个尿泉就是谜底。幼虫在向前挖掘时，也随时把粉状泥土浇湿，使之成为糊状，并立即用身子把糊状泥压贴在洞壁上。这具有弹性的湿土便糊在了原先干燥的土上，形成泥浆，渗进粗糙的泥土缝隙中去。拌得最稀的泥浆渗透到最里层；剩下的则被幼虫再次挤压，堆积，涂在空余的间隙中。这样一来，坑道便畅通无阻了，一点浮土都不见了，因为已被就地和成了泥浆，比原先的没被钻透的泥土更瓷实、更匀称。

幼虫就是在这黏糊糊的泥浆中干活儿来着，所以当它从极其干燥的地下出来时便浑身泥污，让人觉得十分蹊跷。成虫虽然完全摆脱了矿工的又脏又累的活儿，但并未完全丢弃自己的尿袋；它把剩余的尿液保存起来当作自卫的手段。如果谁离得太近观察它，它就会向这个不知趣的人射出一泡尿，然后便一下子飞走了。蝉尽管性喜干燥，但在它的两种形态中，都是一个了不起的浇灌者。

不过，尽管幼虫身上积满了液体，但它还是没有那么多的液体来把整个地洞挖出的浮土弄湿，并让这些浮土变成易于压实的泥浆。蓄水池干涸了，就得重新蓄水。从哪儿蓄水，又如何蓄水？我觉得隐约地看到问题的答案了。

我极其小心地整个儿地挖开了几个地洞，发现洞底小屋壁上嵌着一根生命力很强的树根须须，大小有的如铅笔粗细，有的如麦秸管一般。露出来可以看得见的树根须须很短小，只有几个毫米。根须的其余部分全都植于周围的土里。这种液汁泉是偶然遇上的呢还是幼虫特意寻找的？我倾向于后一种答案，因为至少当我小心挖掘蝉洞时，总能见到这么一种根须。

是这样的：要挖洞筑室的蝉，在开始为未来的地道下手之前，总要在一个新鲜的小树根的近旁寻觅一番。它把一点根须刨出来，嵌于洞壁，而又不让根须突出壁外。这墙壁上的有生命的地点，我想就是液汁泉，幼虫尿袋在需要时就可以从那儿得到补充。如果由于用干土和泥而把尿袋用光了，幼虫矿工便下到自己的小屋里去，把吸管插进根须，从那取之不尽的水桶里吸足了水。尿袋灌满之后，它便重新爬上去，继续干活儿，把硬土弄湿，用爪子拍打，再把身边的泥浆拍实，压紧，抹平，畅通无阻的通道便做成了。情况大概就是这样的。虽然没法直接观察到，而且也不可能跑到地洞里去观察，但是逻辑推理和种种情况都证实了这一结论。

如果没有根须那个大水桶，而幼虫体内的蓄水池又干涸了，那会怎么样呢？下面这个实验会告诉我们的。我把一只正从地下爬出来的幼虫捉住了，把它放进一个试管的底部，用松松地堆积起来的一试管干土把它埋起来。这个土柱子高1.5分米。这只幼虫刚刚离开的那个地洞比试管长出3倍，虽说是同样的土质，但洞里的土要比试管里的土密实得多。幼虫现在被埋在我那短小的粉状土柱子里，它能重新爬到外面来吗？如果它努力挖的话，肯定是能爬出来的。对于一个刚从硬土地中挖洞的幼虫来说，一个不坚固的障碍能在话下吗？

然而我却有所怀疑。为了最后顶开把它与外界隔开的那道屏障，幼虫已经把最后储备的液体消耗光了。它的尿袋干了，没有活的根须它就毫无办法再把尿袋灌满。我怀疑它无法成功是不无道理的。果不其然，三天后，我看到被埋着的幼虫耗尽了体力，终未能爬上一拇指高。浮土被扒动过，因无黏合剂而无法当场黏合，无法固定不动，刚一拨弄开，便又塌下来，回到幼虫爪下。老这么挖、扒，总也不见大的成效，总是在做无用功。第四天，幼虫便死了。

如果幼虫的尿袋是满的，结果就大不相同。我用一只刚开始准备蜕变的幼虫进行了同样的实验。它的尿袋鼓鼓的，在往外渗，身子都全湿了。对于它来说，这活儿是小菜一碟。松松的土几乎毫无阻力。幼虫稍稍用尿袋的液体润湿，便把土和成了泥浆，黏合起来，再把它们抹开，抹平。地道通了，但不很规则，这倒不假，随着幼虫不断往上爬，它身后几乎给堵上了。看起来好像是幼虫知道自己无法补充水，因而为了尽快地摆脱一个它很陌生的环境而节约自己身上的那仅有的一点液体，不到万不得已绝不动用。就这么精打细算的，十来天之后，它终于爬到外面来了。

出洞口捅开之后，大张着嘴待在那儿，宛如被粗钻头钻出的一个孔。幼虫爬出洞来后，在附近徘徊一阵，寻找一个空中支点，诸如细荆条、百里香丛、禾蒿秆儿、灌木枝杈什么的。一旦找到之后，它便爬上去，用前爪牢牢地抓住，脑袋昂着。其余的爪子，如果树枝有地方的话，也撑在上面；如果树枝很小，没多少地方，两只前爪钩住就足够了。然后便休息片刻，让悬着的爪臂变硬，成为牢不可破的支撑点。这时候，中胸从背部裂开来。蝉从壳中蜕变而出，前后将近半个小时的工夫。蝉从壳中蜕变出来后，与先前的模样儿大相径庭！双翼湿润，沉重，透明，上面有一条条的浅绿色脉络。胸部略呈褐色。身体的其余部分呈浅绿色，有一处处的白斑。这脆弱的小生命需要长时间地沐浴在空气和阳光之中，以强壮身体，改变体色。将近两个小时过去了，却未见有明显的变化。它只是用前爪钩住旧皮囊，稍有点微风吹来，它就飘荡起来，始终是那么脆弱，始终是那么绿。最后，体色终于变深了，越来越黑，终于完成了体色改变的过程。这一过程用了半个小时。蝉儿上午9点悬在树枝上，到12点半的时候，我看着它飞走了。

旧壳除了背部的那条裂缝而外，并无破损，并且牢牢地挂在那根树枝上，晚秋的风雨也都没能把它吹落或打下。常常可以看到有的蝉壳一挂就是好几个月，甚至整个冬天都挂在那儿，姿态仍旧同幼虫蜕变时一模一样。旧壳质地坚固，硬如干羊皮，如同蝉儿的替身似的久久地待在那儿。

啊！如果我把我那些农民乡邻所说的全都信以为真的话，有关蝉儿的故事我可有不少好听的。我就只讲一个他们讲给我听的故事吧，只讲一个。

你受肾衰之苦吗？你因水肿而走路晃晃悠悠的吗？你需要治它的特效药吗？农村的偏方在对待这种病上有特效，那就是用蝉来治。把成虫的蝉在夏天里收集起来，穿成一串，在太阳底下晒干，然后好生地藏在衣橱角落里。如果一个家庭主妇7月里忘了把蝉穿起来晒干收藏，那她会觉得自己太粗心大意了。

你是否肾脏突然有点炎症，尿尿有点不畅？赶快用蝉熬汤药吧。据说没什么比这更有效的了。以前，我不知哪儿有点不舒服，一个热心肠的人就让我喝过这种汤药，我起先不知道，是事后别人告诉我的。我很感谢这位热心者，但我对这种偏方深表怀疑。令我惊诧不已的是，阿那扎巴①的老医生迪约斯科里德也建议用此偏方，他说：

---

① 小亚细亚的一座古城，迪约斯科里德的故乡。

"蝉，干嚼吃下，能治膀胱痛。"从佛塞①来的希腊人把蝉和橄榄树、无花果树、葡萄等传授给了普罗旺斯的农民，从此，自那遥远年代起，普罗旺斯的农民便把这宝贵的药材奉若至宝。只有一点有所变化：迪约斯科里德建议把蝉烤着吃；现在，大家把蝉用来煨汤，作为煎剂。

说此偏方可以利尿，纯属幼稚天真。我们这儿人人皆知，谁要想抓蝉，它就立即向谁脸上撒尿，然后飞走。因此，它告诉了我们其排尿的功能，以致迪约斯科里德及其同时代的人便以此为据，而我们普罗旺斯的农民至今仍这么认为。

啊，善良的人们！如果你们获知蝉的幼虫能用尿和泥来建自己的气象站的话，那你们又会怎么想呢！拉伯雷描写道，卡冈都亚②坐在巴黎圣母院的钟楼上，从自己巨大的膀胱里往外尿尿，把巴黎成百上千的闲散的人淹死，还不包括妇女和儿童，否则人数会更多。你们知道这个故事后，也会信以为真吗？

---

① 小亚细亚的一座古城，公元前7世纪时的商业重镇。

② 法国16世纪著名作家拉伯雷的《巨人传》中的主人公。

灰 蝗 虫

　　我刚刚看到一件激动人心的事：一只蝗虫在最后蜕皮，成虫从幼虫的壳套中钻了出来。情景壮观极了。我观察的是一只灰蝗虫，是我们蝗虫族类中的巨人，9月葡萄收获季节在葡萄树上常常见到它。它身体有一指长，所以比别的蝗虫观察起来方便得多。

　　幼虫肥胖难看，但已初具成虫的粗略模样，通常呈嫩绿色，但也有的是青绿色、淡黄色、红褐色，甚至有的已像成虫的那种灰色了。其前胸呈明显的流线型，并有圆齿，还有小的白点，多疣；后腿已像成年蝗虫一样粗壮有力，饰有红色纹路，而长长的前腿上长着双面锯齿。

　　鞘翅再过几天就将大大超过肚腹，但目前还只是两片不起眼的三角形小羽翼，上端贴在流线型前胸上，下端边缘往上翘起，呈尖形披檐状。鞘翅勉强能遮住裸体蝗虫背部，宛如西服的垂尾，因省料子而剪短不够长，显得十分难看。鞘翅遮盖着的是两条细长小带子，那是翅膀的胚芽，比鞘翅还要短小。

　　总之，很快将成为灵巧漂亮的羽翼，眼下还是两块为节省布料而剪得难看至极的破布头。从这堆破烂玩意儿里将有什么东西跑出来呢？是一对极其宽阔而美丽的翅膀。

　　咱们先仔细地观察一番事情的经过。幼虫感到自己已经成熟，可以蜕变了，使用后爪和关节部位抓住网纱。而前腿则收回，交叉在胸前待命，以支持背朝下躺着的成虫翻转身来。鞘翅的鞘——三角形小翼成直角地张开其尖帆；那两条翅膀胚芽的细长小带子在暴露出的间隔处的中央竖起，并微微分开。这样，蜕皮的架势业已摆好，稳稳当当的。

首先必须让旧外套裂开。在前胸前端下部，由于反复一张一缩的缘故，推动力便产生了。在颈部前端，也许在要裂开的外壳掩盖下的全身都在进行着这种一张一缩的反复运动。关节部位薄膜细薄，可以让人一眼看到在这些裸露地方的张缩运动，但前胸中央部位因有护甲挡着，就看不出来了。

蝗虫中央部位血液在一涌一退地流动着。血液涌上时宛如液压打桩机一般一下一下地撞击着。血液的这种撞击，机体集中精力产生的这种喷射，使得外皮终于沿着因生命的精确预见而准备好的一条阻力最小的细线裂开。裂缝沿着整个前胸的流线体张开，宛如从两个对称部分的焊接线裂开一样。外套的其他部分都无法挣开，只有在这个比其他部位都薄弱的中间地带裂开。裂缝稍稍往后延伸了一点，下到翅膀的连接处，然后再转到头部，直至触须底部，在此处分成左右短叉。

背部从这个裂口显露出来，软软的，苍白的，稍稍带点灰色。背部在缓慢地拱起，越拱越大，终于全拱出来了。

随后头也拱出来了。外壳被撇在原地，完好无损，但两只玻璃状的眼睛已什么也看不见了，样子极怪；触须的套子没有一丝皱纹，也未见任何异样，处于自然状态，垂在这张变成半透明的已无生气的脸上。

触须在从这么窄小又裹得如此紧的外套中钻出来时并没有遇到任何阻力，所以外套没有翻转过来，没有变形，连一点儿褶皱都没弄出来。触须的体积与外壳大小一样，而且同样是有节瘤的，可它却并未损坏外壳，却轻易地从中钻了出来，如同一个光滑直溜儿的物件从一个宽大无障碍的管子里滑落出来一般。后腿的伸出也一样轻而易举，且更令人震惊。

现在该是前腿、然后是关节部位摆脱臂铠和护手甲的时候了，但也未见有丝毫的撕裂，没有丝毫的褶皱，没有丝毫的自然位置的变异。此时蝗虫只用长长的后腿的爪子抓住网罩。它垂直悬吊着，头冲下，我一碰纱网，它就像钟摆似的摆动起来。它的悬吊支点是4个细小的弯钩。

如果这4个弯钩一松，没抓住，这只蝗虫就没命了，因为除了在空中以外，它的巨大翅膀在其他地方是张不开的。但是，它们抓得牢牢的，因为在它们从外壳伸出来之前，生命就使它们变得坚硬牢固，能稳稳当当地承受起随后的从外壳中挣脱的使命。

现在鞘翅和翅膀在出来。那是4个窄小的破片，隐约可见一些条纹，状如被撕裂的小纸绳，顶多只有最终长度的四分之一。

它们软极了，支撑不了自身重量，耷拉在头朝下的身子两侧。翅膀末端无所依靠，本该冲着后部，但现在却冲着倒挂的蝗虫的头部。蝗虫未来飞行器官那副惨相如同原本肉乎乎的4片小叶子被暴风雨打得破败不堪的模样。

为了让自己臻于完善，必须进行一项深入细致的工作。这项机体

灰蝗虫

内的工作甚至已经在充分地进行着，也就是把黏液凝固，让不成形的结构定型，但是，从外部丝毫看不出来其内部的这种神秘的实验。外面看上去，蝗虫似乎毫无生气。

这期间，后腿摆脱开来。粗大的大腿呈现出来，向内的一侧呈淡粉红色，但很快便变成了鲜艳的胭脂红。后腿出来很容易，把收缩的骨头一伸，道路便畅通无阻了。

但小腿就是另一码事了。当蝗虫成为成虫时，整条小腿上竖着两排坚硬锋利的小刺。另外，下部顶端有4个有力的弯钩。这是一把货真价实的锯，有两排平行的锯齿，极其粗壮有力，除了小点外，真可以与采石工人的大锯相媲美。

幼虫的小腿结构相同，因此也是裹在有着同样装置的外套里。每个弯钩都嵌在一个同样的钩壳之中，每个锯齿都与另一个同样的锯齿相啮合，而且咬合得严丝合缝，即使用刷子刷上一层清漆来替代要蜕掉的外壳也不如它们那么紧紧相贴。

然而，胫骨的这把锯子从中蜕出来时却没有让紧贴着外壳的任何地方有一点点损伤。如果我没有一而再、再而三地仔细观察，我是不敢相信的。被抛弃的小腿护甲完完整整，毫发未损。无论末端的弯钩还是双排锯齿都没有弄坏一点软嫩的外壳。那外壳细嫩得一口气都能把它吹破的，但尖利的大耙在其间滑动却未留下一丝的擦伤。

我远未想到会是这么种情况。我看到那披着刺棘的铠甲时，我就以为小腿上的外壳会像死皮似的自己一块块脱落，或者被擦碰掉下。但事实却远非如此，这大出我所料！

弯钩和刺棘毫不费力、没有一点阻碍地从薄膜里出来了，可它们却是能让小腿形同一把可锯断软木头的锯子的呀。脱下来的衣服靠其爪状外皮，钩在网罩的圆顶上，无一丝一毫的褶皱和裂缝，用放大镜也没看到有什么硬擦伤。外壳蜕皮前后完全一模一样。那蜕下的护胫也同那条真腿一样，无丝毫的差异。

谁要是让我们把一把锯子从贴在其上的极薄的薄膜套里抽出来而

又不对薄膜套有丝毫损伤，那我们必然是哈哈大笑，因为这根本就办不到。但生命却嘲弄了这类的不可能。生命在必要时有办法实现荒诞的事情，这一点蝗虫的爪子就告诉了我们。

既然胫骨锯一出了套是那么的坚硬，所以紧紧地裹住它的套子不被弄碎它肯定是出不来的。但困难被它绕开来了，因为胫甲是它唯一的悬挂带，必须绝对地完好无损，才能给它提供牢固的支撑直至它完全摆脱出来。

正在努力挣脱的腿还不是能够行走的肢体，它还没有达到随后不久的那种硬度。它非常软，极易弯曲。我对它的蜕皮部分做了实验，我把网罩倾斜，便会看到已经蜕皮部分因受重力影响，随我的意愿在弯曲。呈细小的带状弹性胶质也没什么弹性了。但是，它很快就硬了起来，只几分钟工夫，它便具有了所必需的硬度。

再往前些，在外套遮住我看不见的部分里，小腿肯定要软，处于一种极具弹性的状态，可以说是流体状的，这使得它几乎可以像液体似的从通道中流出来。

小腿上这时已经有锯齿了，但并不像它出来之后那么尖利。的确，我可以用小刀尖替小腿部分地剔去外壳，并拔除被模子紧裹着的小刺。这些小刺是锯齿的胚芽，是柔软的肉芽，稍加外力便会弯曲，外力一除又立刻恢复原状。

这些小刺是向后仰倒以利蜕出，而随着小腿的往外伸出，它们也在逐渐地竖起，变硬。我所观察的不是单纯地把护腿套蜕去，露出在盔甲中已成形的胫骨，而是一种令我惊讶不已迅速的诞生过程。

螯虾的钳子在蜕皮时把两只手指的嫩肉从硬如石头的旧套中挣脱出来时，情况差不多也是这样，但细腻精确的程度却远不及蝗虫。

现在，小腿终于自由了。它们软软地折进大腿的骨沟里，一动不动地成熟起来。肚腹蜕皮了，它那件精细的外套出现了皱纹，在往上蜕去，直至顶端，只有这顶端还在壳内卡了一会儿，除此而外，蝗虫全身都已露在外面。

它垂直地吊挂着，头朝下，由现已空了的小腿护甲的钩爪钩住。

蝗虫一动不动，后部由破烂衣衫固定着。它的肚子鼓胀得非常之大，看上去像是由储存的机体液汁撑起来的，翅膀和鞘翅很快就要动用这些液汁了。蝗虫在休息，在恢复元气。一直这么等了有20分钟。

然后，只见它脊椎一着力，由倒悬成正挂，用前跗节抓牢挂在头上的旧壳。用脚倒钩高空秋千倒挂着的杂技演员为了正过身来，腰部也没有这么用力的。这么用力的一个翻转之后，其他的就不在话下了。

蝗虫依靠自己刚刚抓住了支撑物后，便稍稍往上爬，碰到了罩子的网纱，这网纱恍若它在野地里蜕变时所依托的灌木丛。它用4只前爪把自己固定在网纱上。这么一来肚腹末端就完全解脱了，然后又猛地最后一挣，旧壳便掉了下去。

旧壳的落下让我颇感兴趣，它使我想起了蝉衣是如何顽强坚毅地顶着凛冽寒风而未从挂住的小树枝上掉下去的。蝗虫的蜕变方式几乎与蝉一模一样。可蝗虫的悬挂点怎么会那么不牢固呢？

只要挺身动作没结束，弯钩就牢牢地钩住，而这个动作一做完，似乎全身的一切都动摇了，稍微一动便脱落下来。足见这时的平衡很不稳定，这就再一次显出蝗虫从外套中出来是何等地精确无误啊。

我因为找不到更好的术语，所以便用了"挺身"一词，其实这并不完全贴切。"挺身"意味着猛烈，而这个动作中没有猛烈，因为平衡的不稳定的缘故，而稍微一用力，蝗虫便会摔下来，一命呜呼，它就会干死在那儿，或者至少它的飞行器官因无法展开而将成为一堆破烂。蝗虫并不是硬挣出来，它小心谨慎地从外套中滑动出来，仿佛有一根柔软的弹簧在把它轻轻弹出。

我们再回头看看那些蜕皮之后表面上没有丝毫变化的鞘翅和翅膀吧。它们仍旧残缺不全，几乎像是上面有细竖条纹的小绳头。它们要等到幼虫完全蜕皮并恢复正常姿态之后才会展开。

我们刚才看到蝗虫翻转身子，头朝上了。这种翻身动作足以让鞘翅和翅膀回到正常位置。原先它们极其柔软地因自身重量而弯曲地垂着，自由的一端朝着倒置的头部。

此刻，它们仍旧因自身的重量而使姿势被修正，处于正常方向。已不再有弯曲的花瓣，颠倒的位置也调整过来，但这并没使它们那不起眼的外表有任何的改变。

翅膀完全张开时呈扇形，一束轮辐状的粗壮翅脉横贯翅膀，成为可张可缩的翅膀构架。翅脉间，有无数横向排列的小支架层层叠起，使整个翅膀成为一个带矩形网眼的网络。鞘翅粗糙而过小，也是这种网络结构，但网眼是方块形的。

鞘翅和翅膀状若小绳头时，都看不出这种带网眼的组织来。上面仅仅是几条皱纹，几条弯曲的小沟，表明这些残废肢体是经精巧折叠使体积达到最小的织物构成的东西。

翅膀的展开是从肩部附近开始的。那儿一开始看不出有什么变化，但很快便现出一块半透明的纹区，有着清晰而美丽的网络。

渐渐地，这块纹区用一种连放大镜都观察不到的缓慢速度在一点点扩张，致使末端那胖得不成形状的东西在相应缩小。在逐渐扩展和已经扩展的这两部分的相接处，我怎么看也看不出个所以然来：我什么也没看出来，如同我在一滴水中什么也看不出来一样。但是，少安毋躁，不一会儿那方块网络组织就非常清晰地显现出来了。

根据这初步观察，我们真的会以为一种可以组织成实物的液体突然凝固成带肋条的网络了；我们还会以为眼前的是一种晶体，因其突如其来，颇像显微镜载玻片上的溶化盐似的。其实并非如此，情况不会是这样的。生命在其创作中是没有这种突如其来的。

我折断一个发育了一半的翅膀，用大倍数的显微镜对着仔细观察。这一次，我满意了。似乎在逐渐结网的两部分的交接处，这个网络实际上已预先存在着。我很清楚地辨别出其中已经粗壮的竖翅脉；我还看见其中横向排着的支架，尽管它们确实还很苍白且不凸出。我成功地把末端的几块碎片展开来，找到了要找的一切。

这已经证实了。翅膀此刻并不是织布机上由电动梭子生产出来的一块布料，而是一块已经完全织成了的成品布料。它所欠缺的只是展开和刚性，无须费多少事了，这就像熨衣服时用熨斗一熨就成了。

3个多小时过后，鞘翅和翅膀就全部展开来。它们竖立在蝗虫背上，呈一张大帆状，忽而无色，忽而嫩绿，如同蝉翼一开始那样。联想到它们原先只像是个不起眼的小包袱，如今展开得这么宽大，真令人拍案叫绝。这么多东西怎么在那小包袱里装下去的呀！

小说中说过一粒大麻子里装着一位公主的全套衣裳，而我们这儿所见的是另一粒更加惊人的"子"。小说里的那粒大麻子为了发芽不断地增长繁殖，最后用了多年的时间才长出办嫁妆所需的那么多大麻来，而蝗虫的这粒"子"，短时间内便长出一对漂亮的大翅膀来了。

这个竖起四块平板来的绝妙大翅膀缓慢地坚硬起来，还增加了色彩。第二天，那颜色便已定型。翅膀第一次折合成一把扇子，贴在自己应在的地方；鞘翅则把外边缘弯成一道钩贴在体侧。蜕变完成了。大灰蝗虫只剩下在灿烂的阳光下使自己更加壮实，使自己的外衣晒成灰色的过程了。让它去享受自己的快乐，我们还是稍稍回头看看。

前面说过，在紧身甲顺着底部中线裂开后不久便从外套中出来的那4个残缺不全的东西，包含着有着翅脉网络的鞘翅和翅膀，这网络即使谈不上完美无缺，但至少整体看来无数细部已经定型。为打开这寒碜的包袱，并让它变成美丽的翅膀，只需让起压力泵作用的机体把储存着为此一时刻而用的液汁注入已准备好的管道里面去即可，而这一时刻是最为辛劳的时刻。通过这个事先弄好的管道，一股细流便把翅膀给撑开了。

但是，仍旧包裹在外套里的这4片薄纱究竟是个什么情况呢？幼虫翅膀的镰刀、三角翼端是不是一些模具，按照它们那弯曲折叠的皱襞的模样，把包裹着的东西加工定型，从而编织出来的鞘翅和翅膀的网络？

如果我们看到的不是个真正的模具，我们就可以稍许歇上一歇了。我们会想：用模具铸出来的东西跟凹模一样，这是很简单的。但是，我们脑子的歇息只是表面的，因为我们必然会想，模具那样复杂的结构也得有自己的出处呀！我们也别追得那么深。对我们来说，这一切可能都是两眼一抹黑的，我们就局限在所观察到的情况就行了。

我把一只已成熟要蜕变的幼虫的一个翼端放在放大镜下仔细观察，看到上面有一束呈扇形辐射开来的粗壮翅脉。在其间，夹杂着另外一些苍白而细小的翅脉。最后，还有许多很短的横线，更加细微，弯成人字形，补足了这个组织。

这就是未来鞘翅的简略雏形，它与成熟了的鞘翅真是有天壤之别！与似建筑物梁木的翅脉的辐射状布局完全不一样；由横翅脉构成的网络丝毫不像未来的复杂结构。继粗略雏形的是极其复杂的结构，而在粗糙的基础上的是臻于完善。翅膀的翼及其结果，即最终的翅膀也同样是这种情况。

当准备状态和最终状态都呈现在眼前时，就一目了然了：幼虫的小翼并不是按其模样加工材料并按照其凹模来制造鞘翅的简单模具。

不是这样的。所期待的包裹状薄膜还没在这个雏形当中，这个包裹一旦打开，其组织之大、之极其复杂将会令我们惊讶不已。或者更确切地说，这个包裹状薄膜就在雏形中，但却是处于潜在状态。在成为真正的实物之前，它只是个虚拟形态，但可以变成实物。它存在于雏形之中，就好比橡树就存在于橡栗之中一样。

翅膀的镘刀和鞘翅的翼端没有固定着的边缘为一圈半透明的小肉球所包围。经高倍放大镜放大之后，可以看见其中有几个似有似无的未来锯齿的雏形。这很可能是生命将使其物质运动的工地。没有任何可以看得出来的东西使人感觉到那个神奇的网络的存在，我们感觉不到这个网络的每一个网眼将都会有自己明确的形状及其精确的位置。

因此，能使这种可以组织起来的材料具有薄纱状，并让脉序构成一个难以绕出的迷宫，势必有比模具更巧妙更高级的结构，势必有一张标准的平面图，有一个让每一个原子进入规定位置的理想的施工说明书。在材料动起来之前，外形已经明确地勾勒出来，供塑性液流流动的管道也已经铺设好了。我们建筑物的砾石已按照建筑师思考好的施工说明书码放好了；它们先按设想的码放，然后便真正地垒砌起来。

同样，蝗虫翅膀这个从不起眼的外套中挣脱出来的美丽的花边薄翼，让我们知道了有另一位建筑师，它画出了一些平面图，生命则按它们去建造。

生物的诞生方式多种多样，有比蝗虫的诞生更让人惊叹不已的，但是，那都是在不知不觉中进行的，被时间这巨大的帷幕遮盖住了。如果我们不具备持之以恒的精神，那神秘缓慢的进程就会让我们看不到最激动人心的场面。而蝗虫的蜕变却不一样，快得出奇，所以必须全神贯注，即使你在犹豫也不能放松警惕。

谁要是想看一看生命以多么不可思议的灵巧在工作而又不想枯燥乏味地等候的话，那就去看葡萄树上的大蝗虫好了。种子发芽，叶子舒展，花朵绽放都极其缓慢，我们的好奇心难以得到满足，但葡萄树上的大蝗虫却可以代替之，以了却我们的心愿。我们无法看到小草的缓慢生长，但我们却能十分清楚地观察到蝗虫的鞘翅和翅膀的蜕变过程。

看到这个"大麻子"几个小时就变成了一张漂亮的大帆，真让人惊得目瞪口呆。啊！生命在编织蝗虫的翅膀，真不愧是个能工巧匠，而蝗虫只是那些微不足道的昆虫中的一种而已。老博物学家普林尼谈到它时说道："葡萄树蝗虫在这个刚向我们指出的不为人知的角落里，显示出它是多么强大，多么聪慧，多么完美！"

我听说有一位博学的研究者，他认为生命只不过是物理力和化学力的一种冲突而已，他苦思冥想，希望有一天以人工的方法能获得那种可加以组织的材料，亦即行话所说的"原生质"。如果我有这种能力，我会急于满足这位雄心勃勃的人的。

喏，就这样，你准备好了各种各样的原生质。经过深思熟虑、深入研究、耐心细致、谨慎小心，你的愿望实现了；你从你的实验仪器中提取了一种易于腐败、过几天就发臭的蛋白质黏液，总之，是一种脏得很的玩意儿。你将如何处置你的产品？

你将把它组织起来吗？你将给它以活的建筑结构吗？你将用一种注射器把它注入两片不会搏动的薄片中间去，以获取哪怕是一只小飞虫的翅膀？

蝗虫几乎就是按这种方法干的。它把它的原生质注入小翅膀的两个胚层之间，材料也就在其间变成了鞘翅，因为它在那儿有我们前面所说的原型作为指引。它在自己行程的迷宫中按照先于它存在在那儿并且已制定好的施工说明书行动。

这种对形状进行协调的原型，这个事先存在的调节物，你的注射器里有吗？没有。所以说你就把你的产品扔掉了吧。生命是绝不会从这种化学垃圾中迸发出来的。

绿 蚱 蜢

现在已是7月中旬了，按照气象学，三伏天刚刚开始，但实际上，酷热赶在日历的前头到来，几个星期以来，简直是酷热难当。

今晚，村子里在举行庆祝国庆的晚会。村童们正围着一堆旺火在欢蹦乱跳，我影影绰绰地看到火光映到教堂的钟楼上面，"嘭啪嘭啪"的鼓声伴随着"钻天猴"烟火的"唰唰"声响，这时候，我独自一人在晚上9点钟光景那习习凉风中，躲在暗处，侧耳细听田野间那欢快的音乐会，这是庆丰收的音乐会，比此时此刻在村中广场上那烟花、篝火、纸灯笼，尤其是劣质烧酒组成的节日晚会更加庄严壮丽，它虽简朴但却美丽，虽恬静但却具有威力。

夜已深了，蝉鸣声止。整个白昼，它们饱尝阳光和炎热，尽情欢唱不止，而夜晚来临，它们要歇息了，但是它们却常常被搅扰得无法休息。在梧桐树那浓密的枝杈中，突然会传来一声如哀鸣般的闷响，短促而凄厉。这是被绿蚱蜢突然袭击所惊扰的蝉的绝望哀号；绿蚱蜢是夜间凶猛凌厉的猎手，它向蝉扑去，拦腰将蝉抱住，把它开膛破肚，掏心取肺。欢歌曼舞之后，竟是杀戮。

在我的住处附近，绿蚱蜢似乎并不多见。去年，我计划着研究研究这种昆虫，但是一直没有找到过它，只好恳求一位看林人帮忙，他终于帮我从拉加尔德高原弄到两对绿蚱蜢。那里是严寒地区，山毛榉现在正开始往旺杜峰长上去。

好运总是要先捉弄一番，然后才向着坚韧不拔者微笑的。去年久寻不见的绿蚱蜢，今夏已经几乎是随处可见了。我用不着走出我那狭小的园子，就能捉到它们，想要捉多少就有多少。每天晚上，我都听见它们在茂密的树丛草柯中鸣叫。把握好这个好时机，机不可失，时不再来。

　　自6月份起，我便把我所捉到的足够的一对对绿蚱蜢关进一只金属网钟形罩中，下面是一只瓦罐，铺了一层沙子作底。这漂亮的昆虫简直棒极了，全身淡绿色，身体两侧有两条淡白色的饰带。它体形优美，身轻体健，一对罗纱大翅膀，是蝗虫科昆虫中最优雅美丽的。我因捉到这样的一些俘虏而扬扬自得。它们将会告诉我些什么呀？等着瞧吧。眼下必须把它们喂养好。

　　我给这帮囚徒喂莴苣叶。它们果然在啃咬，但是吃得极少，而且不屑吃的样子。我很快就弄明白了：我养的是一些不太甘愿吃素的家伙。它们需要别的，看上去是想捕捉活食。但到底是哪种活食呢？一个偶然的机会碰巧让我知道了是什么。

　　破晓时分，我在门前溜达，突然旁边一棵梧桐树上掉下点什么东西，还吱吱地在叫。我赶忙跑上前去。是一只蚱蜢在掏空被它抓住的一只蝉的肚腹。蝉徒劳地鸣叫，挣扎，蚱蜢始终紧咬住不放，把脑袋深扎进蝉的内脏中，一小口一小口地撕拽出来。

　　我明白了：蚱蜢是一大早在树的高处趁蝉歇息时发动袭击的，受袭的被活活地开膛的蝉猛然一惊，随即进攻者和被袭者扭成一团跌落下来。那次以后，我曾多次看到这类似的屠杀场面。

　　我甚至见到过胆量过人的蚱蜢蹿起追扑晕头转向、乱飞逃命的蝉，犹如在高空中追逐云雀的苍鹰。与胆量过人的蚱蜢相比，

绿蚱蜢捕食

猛禽略逊一筹。苍鹰是专攻比自己弱小的动物，而蝗虫类则相反，攻击比自己个头儿大得多、强壮得多的庞然大物，而这场个头儿相差许多的肉搏的结果是小个头儿必赢无疑。蚱蜢有极强的下颚和利爪，很少不把对手开膛破肚的，而后者因没有武器，只有哀号和挣扎的份儿了。

要紧的是要把猎物捉住，这倒并不难，趁夜间猎物打盹儿的工夫下手即可。凡是被夜巡的凶猛的蚱蜢撞上的蝉都难免惨死。这就可以理解了，为什么夜阑人静、蝉声停叫之时，有时会突然听见树冠中传出吱吱的惨叫声。那是身着淡绿色衣服的强盗刚刚捉住一只入睡了的蝉。

我找到了我的食客们所需之食物了：我就用蝉来喂养它们。它们对这道菜觉得非常合胃口，所以两三个星期的工夫，我那笼子里就一片狼藉，蝉脑袋、空胸壳、断翅膀、断肢碎爪，无处不在。只有肚子几乎整个儿地不见了。肚腹是块好肉，虽然营养成分不高，但看来味道很好。

确实，蝉腹中的嗉囊里积存着糖浆，那是蝉用自己的小钻从嫩树皮里汲出来的香甜液汁。是否就因为这种蜜饯的缘故，蝉的肚腹才成为猎人的首选？这很可能。

为了使食谱多样化，我其实还专门喂它们一些香甜的水果，比如梨片、葡萄、甜瓜片等。这些水果它们全都很爱吃。绿蚱蜢就像英国人：它非常喜欢浇上果酱的牛排。也许这就是为什么它一抓住蝉就开膛破肚的缘故：肚子里装着裹着果酱的鲜美肉食。

并非在任何地方都可以吃到这种甜蝉美味的。在北方地区，绿蚱蜢遍地皆是，它们不可能找得到它们在我们这儿所热衷的这种美食。它们大概还有别的吃食。

为了弄清楚这个问题，我给它们喂细毛鳃角金龟，这是一种夏季鳃角金龟，与春季鳃角金龟相同。这种鞘翅昆虫一扔进笼里，绿蚱蜢们便毫不迟疑地扑上去了，吃得只剩下鞘翅、脑袋和爪子。我又投进去漂亮而肉肥的松树鳃角金龟，结果也一样，第二天我发现它被那帮凶神恶煞给开膛破肚了。

这些例子已足以说明问题了。这证明蚱蜢是个嗜食昆虫者，尤其爱吃没有过硬甲胄保护的那些昆虫；这还证明它们特别喜欢肉食，但又像螳螂那样只吃自己捕获的猎物。这个蝉的刽子手还知道肉食热量太高，须用素食加以调剂。吃完肉喝完血之后，还要来点水果什么的，有时候，实在没有水果，来点草吃吃也是可以的。

然而，同类相残仍然存在。其实我还从未看到我笼中的飞蝗像螳螂那样的野蛮行径，后者经常拿自己的情敌开刀，吞食自己的情侣。不过，假若笼中的某个体弱的飞蝗倒下，幸存者们会像对待一般猎物那样毫不迟疑地扑上去的。它们并不是因为食物匮乏才以死去的同伴充饥的。不管怎么说，凡是身有佩刀的昆虫都不同程度地有以伤残同伴为食的癖好。

除了这一点以外，我笼子里的飞蝗们倒是和平共处地生活着。它们彼此之间从未见有过狠打狠斗，顶多也就是因食物而稍许争抢一番而已。我刚扔进笼子里一片梨，一只飞蝗便立即霸占上了。因为怕别人来争抢，它就踢腿蹬脚，不让别人过来抢它的美食。自私自利无处不在。它吃饱了，就把位子让给别人，后者随即也霸道地占着梨片。笼中的食客就这么一个一个地飞上去占上一番。吃饱喝足之后，大家便用大颚尖挠挠脚掌，用爪子蘸点唾沫擦擦额头和眼睛，然后便用爪子抓住网纱或躺在沙地上，作沉思状，悠然自得地在消食。白天的大部分时间都睡大觉，尤其是天气炎热时，更是如此。

到了日落西山、夜幕降临时，这帮家伙劲头儿便上来了。9点钟光景，闹腾得最欢。忽而猛地冲上圆顶高处，忽而又兴冲冲地下来，一会儿再冲上去。大家吵嚷着来来去去，在环形道上跑跑跳跳，遇上好吃的便咬上两口，也不停下来。

雄性绿蚱蜢待在一旁，用触须挑逗路过的雌性。未来的母亲们庄重严肃地踱着步，佩刀半抬着。对于那些猴急的狂热雄性来说，现在的大事就是交配。有经验者一看就知道它们想干什么。

这也是我所观察的主要内容。我的愿望得以满足，但并不是完全满足，因为下面的好事拖得太晚，我没能看到最后那一幕。那最后的一幕要拖到深夜或者凌晨。

我所看到的那一点点只局限于没完没了的序幕那一段。热恋的情侣面对面，几乎头碰头地用各自的柔软触角彼此触摸，互相试探。它们仿佛两个用花剑互击来互击去以示友好的对手。雄性不时地鸣叫几声，用琴弓拉上几下，然后便寂然无声，也许是因为过于激动而没继续拉下去。11点了，求爱仍未结束。我实在是困得不行，颇为遗憾地撇下了这对情侣。

第二天早晨，雌性产卵管根部下方吊挂着一个奇特的玩意儿，是装着精子的口袋，宛如一只乳白色的小灯泡，大小如天平砝码，隐约地分成数量不多的长圆形囊泡。当雌性绿蚱蜢走动时，那小灯泡擦着地，粘上一些沙粒。然后，它拿这个受孕的小灯泡当作盛筵，慢慢地将其中的东西吸尽，再咬住干薄皮囊，久久地反复咀嚼，最后再全部吞咽下去。不到半天工夫，那乳白色的赘物消失了，连渣渣末末都全部被它美滋滋地吃光了。

这种难以想象的盛筵似乎是从外星球传入的，因为它与地球上的筵席习惯大相径庭。蝗虫科昆虫真是个奇特的世界，它们是陆地动物中的最古老的动物中的一种，而且如同蜈蚣和头足纲昆虫一样，是古代习性沿用至今的一个代表。

大孔雀蝶

　　这是一个难忘的晚会。我将把它称作大孔雀蝶晚会。谁不认识这美丽的蝴蝶？它是欧洲最大的蝴蝶，穿着栗色天鹅绒外衣，系着白色皮毛领带。翅膀上满是灰白相间的斑点，一条淡白色之字形线条穿过其间，线条周边呈烟灰白，翅膀中央有一个圆形斑点，宛如一只黑色的大眼睛，瞳仁中闪烁着黑色、白色、栗色、鸡冠花红色的呈彩虹状的变幻莫测的色彩。

　　它的体色模糊泛黄的毛虫也同样美丽好看。它那稀疏地环绕着一圈黑纤毛的体节末端，镶嵌着青绿色的珍珠。它那粗壮的褐色茧形状极其奇特，口部状如渔民的捕鱼篓，通常紧贴在老巴旦杏树根部的树皮上。这种树的树叶是其毛虫的美味食物。

　　5月6日那天早上，一只雌性大孔雀蝶在我面前的实验室桌子上破茧而出。它因孵化时的潮湿而浑身湿漉漉的，我立即用金属网罩把它罩了起来。我这也是灵机一动才这么做的，因为我还没有针对它的特殊安排。我只是凭着观察者的简单习惯，把它关了起来，时刻密切注意可能会出现的情况。

　　我很有运气。晚上9点钟光景，全家人都躺下睡觉了，我隔壁房间乱糟糟的一阵响动。小保尔没怎么穿衣服，来回走动，又蹦又跳，跺脚踢物，弄翻椅子，简直像疯了似的。只听见他在喊我。"快来呀，"他在大声喊叫，"快来看这些蝴蝶呀，像鸟儿一样大！房间里都飞满了！"

大孔雀蝶

　　我赶忙奔过去。一看，怪不得孩子会那么兴奋，那么乱喊乱叫。那是从未发生过的擅闯民宅，是巨大的蝴蝶的入侵。有4只已经被抓住，关进了麻雀笼里。还有大量的全都在天花板上飞来飞去。

　　见此情景，我立刻想起了早晨被我关起来的那只雌性大孔雀蝶来。"快穿上衣服，孩子，"我对儿子说，"把你的笼子放那儿，跟我走。咱们去看看稀罕玩意儿。"

　　我们往下走，来到住宅右翼我的实验室。在厨房里时，我碰见保姆，她也被眼前发生的事弄得惊愕不已。她在用她的围裙驱赶一些大蝴蝶，一开始她还以为是蝙蝠呢。

　　看起来，大孔雀蝶已经差不多把我的住宅全都占据了。这肯定是那只被囚女俘引来的，它周围的那方天地会成什么样儿了呀！幸好，实验室的两扇窗户有一扇是开着的，道路通畅。

　　我们手里拿着一支蜡烛，冲进了房间。我们第一眼所见简直是终生难忘。一群大蝴蝶轻拍着翅膀，围着钟形罩飞舞，落在罩子上，忽而又飞走，然后又飞回来，再飞向天花板，继而又飞下来。它们扑向蜡烛，翅膀一扇，蜡烛灭了。它们又扑向我们肩头，钩住我们的衣服，轻擦着我们的面孔。这屋子简直成了一个巫师招魂的秘窟，成群的蝙蝠在飞舞。为了壮胆，小保尔紧攥住我的手，比平时用力得多。

它们有多少只呢？将近20只。再加上误入厨房、孩子们的卧室和其他房间的，总数将近有40只。我要说，这是一次难忘的晚会，一次大孔雀蝶的晚会。它们不知是如何得知消息的，从四面八方赶来。其实，那是40来个情人，急不可耐地赶来向今晨在我实验室的神秘氛围中诞生的女子致意的。

今天，我们就别再多打扰这一大群追求者了。蜡烛的火焰伤着了这群来访者，它们冒冒失失地向火上扑去，烧着了点身子。明天我完成一份事先拟定的实验问卷再来进行这项研究。

现在，我们先来整理一下思路，来谈谈我观察的这一个星期里的所有情景中重复见到的情况。每次都发生在晚上8点到10点之间；蝴蝶们是一只一只飞来的。是暴风雨的天气，天空乌云翻滚，一片漆黑，花园里，露天地，树丛内，伸手不见五指。

对于这些到访者来说，除了这漆黑之夜而外，住所也难以进入。房屋掩映在一些高大的梧桐树下；屋前向外前厅似的是一条两边长着厚厚的丁香和玫瑰树篱的甬道；屋前还有丛丛松树和杉柏帷幕在抵挡凛冽的西北风的侵袭。大门不远处还有一道小灌木丛形成的壁垒。大孔雀蝶要赶到朝圣地就必须在漆黑的夜晚穿越这杂乱的树枝屏障，左冲右突，迂回前进。

在这样的情况下，猫头鹰都不敢离开它那油橄榄树的巢穴贸然闯入的。而大孔雀蝶装备精良，长着多面的小光学眼睛，比大眼睛的猫头鹰技高一筹，敢于毫不迟疑地勇往直前，顺利通过，没有发生碰撞。它迂回曲折地飞行着，方向掌握得非常之好，所以尽管越过了重重障碍，抵达时仍精神抖擞，大翅膀没有丝毫的擦伤，完好无损。对于它来说，黑夜中的那点光亮已足够了。

即使认为大孔雀蝶具有某些普通视网膜所没有的特殊视觉，那这种异乎寻常的视觉也不会是通知在远处的它飞来这里的东西。远隔着的距离和其间的遮挡物肯定使这种视觉起不了这么大的作用。

再说，除非有迷惑性的光的折射——这儿并不是这种情况——大孔雀蝶会直扑所见到的东西，因为光线的指引是非常准确的。不过大孔雀蝶有时也会出错，但错的不是要走的大方向，而是引诱它前去的所发生事情的确切地点。我刚才说过，孩子们的卧室是在此时此刻到访者们的真正目的地——我的实验室的对面，在我们秉烛闯入之前，已经被一群蝴蝶占据了。它们肯定是因情急搞错了。在厨房里也是一样，也有一群满腹狐疑的蝴蝶，因为在厨房里有一盏灯，挺亮，对于夜间活动的昆虫来说是一种无法抗拒的诱惑，所以它们可能因此而迷了路。

我们只考虑黑暗的地方吧，在这种地方迷失方向者也不在少数。我在它们要前往的目的地附近几乎到处都发现一些。因此，当被囚女俘身陷我的实验室时，蝴蝶们并不是全都从那个直接而可靠的通道——开着的窗户——飞进来的，那通道离钟形罩下的女囚只不过三四步远。有不少是从下面飞进来的，它们在前厅四处乱窜，顶多飞到了楼梯口，可那是一条死路，上面有一个门关着，进不去的。

这些情况说明，赶来求爱的大孔雀蝶们并没有像普通光辐射告诉它们之后它们所做的那样（这些光辐射是我们的身体能感觉到或不能感觉到的），直奔目标飞来。另有什么东西在远处告诉它们，把它们引到确切地点附近，然后让最终的发现物处于寻找和犹豫的模糊状态之中。我们通过听觉和味觉获得的信息差不多也是这种情况，当必须准确地弄清声音或气味的来处时，听觉或味觉却是很不准确的。

发情期的大孔雀蝶夜间朝圣时究竟是靠什么样的信息器官呢？人们怀疑它们的触角。雄性大孔雀蝶的触角似乎确实是用它们那宽阔的羽状薄翼在探测。这些美丽的羽饰只是一些普通的服饰呢，还是也起着一种引导求爱者找寻气味的作用呢？似乎不难进行一个带结论性的实验。咱们不妨来试一试。

入侵发生的翌日，我在实验室里找到了头天夜袭的访客中的8位。它们在关着的那第二扇窗户的横档上盘踞着，一动不动。其他的在一番飞舞尽兴之后，于晚上10点钟光景从进来的那个通道，也就是日夜全都敞开着的那第一扇窗户飞走了。这8只坚韧不拔者正是我要做实验所必需的。

　　我用小剪刀从根部剪掉大孔雀蝶的触角，但并未触及它们身体的其他部位。它们对这种手术并未有什么反应。谁都没有动，只不过稍稍抖动了一下翅膀。手术非常成功：伤口似乎不怎么严重。被剪去触角的大孔雀蝶没有疼得乱飞乱舞，这对我的实验计划是最好不过的了。一天结束了，它们一直静静地一动不动地待在窗户的横档上。

　　余下要做的还有另外几项事情。特别是当被剪去触角的大孔雀蝶在夜间活动时，应给女囚换个地方，不让它待在求爱者们的眼皮底下，以保证研究的成果。因此，我把钟形罩和女囚搬了家，把它放在地上，在住宅另一边的门廊下，离我的实验室有50来米。

　　夜幕降临，我最后一次查看了一下我那8只动过手术者。有6只已经从敞开着的那扇窗户飞走了；还留下2只，但是已经摔在了地板上，我把它们翻过来，仰面朝天，它们都没有力气翻转身子了。它们已精疲力竭，奄奄一息。可别责怪我的手术不好，即使我不用剪刀剪去它们的触角，它们照样会衰老垂危。

　　那6只大孔雀蝶精力充沛，已经飞走了。它们还会飞回来寻找昨天引它们飞来的诱饵吗？它们没有了触角，还能找得到现已移往别处、离原先的地点挺远的那只钟形罩吗？

　　钟形罩放在黑暗之中，几乎是在露天地里。我时不时地拿着一只提灯和一个网跑过去看看。来访者被我捉住，辨认，分类，并立即在我关上了门的相邻的一间屋子里放掉。这样做可以精确地计数，免得同一只蝴蝶被计算上好几次。另外，这临时的囚室宽敞空荡，绝不会损伤被捉住的蝴蝶，它们在囚室里会觉得很安静，而且有很大的空间。在我以后的研究中，我也将采取类似的安全措施。

10点半钟，再没有到访者了，实验结束了。捉住的一共是25只雄性，只有一只失去触角。昨天被动过手术的那6只大孔雀蝶，身强力壮，得以飞出我的实验室，回到野外，其中只有一只回来寻找那只钟形罩。如果必须肯定或者否定触角的导向作用，那我尚不敢信任这种收获不大的结果。让我们在更大的范围内再作一番实验吧。

第二天早上，我去查看头一天被捉住的俘虏们。我看到的情况并不令人鼓舞。有许多都落在地上，几乎没有了生气。我把它们用手指夹住时，有几只只是略微有点生命的气息。这些瘫痪了的囚徒还能有什么用处？咱们还是试一试吧。也许到了寻欢求爱的时刻，它们又会恢复生气。

有24只新来的接受了截去触角的手术。先前被剪去触角的那一只被剔除了，因为它差不多已奄奄一息了。最后，在这一天剩余的时间里，监狱的大门是敞开的，谁想飞走就飞走，谁想去赴盛大晚会就去参加吧。为了让飞出去的接受试验，它们在门口必然会遇见的那只钟形罩又被挪了地方。我把它放置在一楼对面那一侧的一个套间里。当然，这个房间进出是自由的。

这24只被剪去触角者中，只有16只飞到了外面。有8只已精疲力竭，不多久就会死在这儿。飞走的那16只中，有多少只晚上会回来围着钟形罩飞舞呢？一只也没有。第二晚我只逮着7只，全都是新飞来的，也全都是羽饰完整的。这一结果似乎表明剪去触角是较为严重的事。不过，我们还是先别忙着下结论：还有一个疑点，而且是很重要的疑点。

"瞧我这副德性吧！我还敢在别的狗面前露面吗？"刚被别人无情地割掉两只耳朵的小狗莫弗拉说。我的蝴蝶们会不会有小狗莫弗拉同样的担忧？一旦失去美丽的装饰，它们就不再敢出现在其情敌们面前向雌性示爱吗？这是它们的惶恐吗？是它们少了导向器的缘故吗？是不是因为久等而未能如愿所致，因为它们的狂热是短暂的？实验将解答我们的疑问。

第四天晚上，我捉到14只蝴蝶，全都是新来者，我逐个把它们关在一间房间里，它们将在里面过夜。第二天，我趁它们习惯于昼间歇息不动之机，把它们前胸的毛拔掉少许。拔去这么一点点毛对昆虫无伤大雅，因为这种丝质的下脚毛很容易长出来，所以不会伤及它们在要回到钟形罩前的时刻到来时所必需的器官的，对于这些被拔毛者这算不了什么，可对于我来说，这将是我识别谁来过谁是新来者的重要标记。

这一次没有出现精疲力竭、无法飞舞者。入夜，14只被拔毛者飞回野外去了。当然，钟形罩又挪了地方。两个小时里，我逮住20只蝴蝶，其中只有两只是拔过毛的。至于前天晚上被剪去触角的大孔雀蝶，一只也没有出现。它们的婚期结束，彻底结束了。

在有拔过毛标记的14只中，只有2只飞回来了。其他12只虽然有着所推测的导向器，有着它们的触角羽饰，但为什么没有回来呢？另外，在囚禁了一夜之后，为什么总是有那么多被证实为体力不支者呢？对此我只有一个回答：大孔雀蝶被强烈交尾的欲望迅速地耗得精疲力竭。

大孔雀蝶为了结婚这个它生命的唯一目的，具备了一种奇妙的天赋。它能飞过长距离，穿过黑暗，越过障碍，发现自己的意中人。两三个晚上的时间里，它用几个小时去寻觅，去调情。如果不能遂愿，一切全都完了：极其准确的罗盘失灵了，极其明亮的灯火熄灭了。那今后还活个什么劲儿呀！于是，它便缩到一个角落里，清心寡欲，长眠不醒，幻想破灭，苦难结束。

大孔雀蝶只是为了代代相传才作为蝴蝶生存的。它对进食为何事一无所知。如果说其他的蝴蝶是快乐的美食家，在花丛间飞来飞去，展开其吻管的螺旋形器官，插入甜蜜的花冠的话，那大孔雀蝶可是个没人可比的禁食者，完全不受其胃的驱使，无须进食即可恢复体力。它的口腔器官只是徒具形式，是无用的装饰，而非货真价实、能够运转的工具。它的胃里从未进过一口食物：如果它不是活不长的话，这可是个绝妙的优点。灯若想不灭就必须给它添油。大孔雀蝶则拒绝添油，不过它也就因此而活不长。只两三个晚上，那正是配对交欢最起码的必需时间，这就是一切：大孔雀蝶也就寿终正寝了。

那么失去触角的大孔雀蝶一去不复返又是怎么回事呢？它们是否在证明没有了触角它们就无法再找到那只女囚在等候它们的钟形罩呢？绝对不是。如同被拔掉毛身体受损但却安然无恙的昆虫一样，它们也是在宣告自己的寿命已经终结了。它们无论被截肢还是身体完整者，现在皆因年岁大的缘故而派不上用场了，它们的存在与不存在已无意义。由于实验所必需的时间不够，我们未能了解到触角的作用。这种作用先前让人摸不着头脑，今后仍旧是一个疑团。

我囚禁在钟形罩下的那只雌性大孔雀蝶存活了8天。它根据我的意愿，每晚在居住处的一隅或另一处，为我引来数目不等的一群造访者。我用网随到随捕，然后立即把它们关进封闭的房间，让它们过夜。第二天，它们起码要在喉部剪掉些绒毛，以做标记。

来访者的总数在这8天当中高达150只，考虑到今后两年为了继续这项研究必需的资料我所要费劲乏力地去寻找这种活物的话，这个数目可真让人瞠目结舌。大孔雀蝶的茧在我住所附近虽说并非找不到，但至少是十分罕见，因为其毛虫的栖息地老巴旦杏树并不太多。那两年的冬天，我对这些衰老的树全都一一检查过，翻查它们那藏于一堆杂乱的木本植物中的树根，可我有多少次都是无功而返，空手而回呀！因此，我的那150只大孔雀蝶是从远处，从很远的地方，也许是从方圆两公里以外或更远的地方飞来的。它们是如何获知我实验室里的情况而纷纷前来的呢？

有三个信息因子是易感性的决定条件：光线、声音和气味。大孔雀蝶从敞开的窗户飞进来之后，视觉在指引着它，但仅此而已。但在进来之前，在外面那未知的环境中则不然！说大孔雀蝶具有猞猁那种穿墙视物的视觉是不足以说明问题的，还必须解释为什么它有一种敏锐的视觉，能够神奇地看见几公里之外的东西。这个问题太大太难，咱们别去讨论了。

声音同样与此无关。胖胖的雌性大孔雀蝶虽能够从很远的地方招引来情人，但它却是静默无语的，连最敏锐的耳朵也听不见它的声音。说它春心萌动，激情颤抖，也许可以用高倍显微镜观察得到，严格地说，这是可能的。但是，我们不要忘了，到访者应该是在很远的距离之外，在数千米之外获得信息的。在这种情况下，我们就别去考虑声学的因素了，否则的话，就无宁静可言，周围一定是乱哄哄一片。

剩下的就是气味了。在感官范畴内，气味的散发比其他东西可以说更能解释为什么蝴蝶们会稍作迟疑之后便纷纷前来追逐吸引它们的那个诱饵。是否确实有这么一种类似于我们称之为气味的散发物呢？这种散发又是极其难以发觉的，是我们所感觉不到又能让比我们的嗅觉更敏锐的嗅觉能够感觉出来？得做一个实验，这实验极其简单，就是把这些散发物掩藏起来，用气味更大更浓烈而经久的一种气味压住它们，成为主导气味，这样一来，微弱的气味就几乎不存在了。

我事先在晚上雄性大孔雀蝶将被招来的那个屋子里撒了点樟脑。另外，在钟形罩下，在雌性大孔雀蝶旁边我也放了一只装满樟脑的宽大圆底器皿。大孔雀蝶来访的时刻来到时，只需待在房间门口就能闻到这股子樟脑味儿。我的巧计未能奏效。大孔雀蝶们像平时一样，如约而至；它们闯入房间，穿越那股浓烈的气味，像在没有气味的环境中一样，方向准确地向钟形罩飞去。

我对嗅觉能否起作用已产生了疑惑。再说，我现在也无法继续实验了。第九天，我的女俘因久等无果已精疲力竭，把未能孵出幼虫的卵产在钟形罩的金属纱网上之后死去了。没了雌性大孔雀蝶，也就无事可做，只好等到明年再说。

这一次，我将采取一些预防措施，储备了充足的必需品，以便如我所愿地重复已经做过的和我考虑要做的实验。说干就干，不必拖延了。

夏日里，我以每只一个苏的价格买了一些大孔雀蝶毛虫。我的几

大孔雀蝶幼虫

个邻居小孩——我日常的供货者们——对这种交易十分起劲儿。每个星期四，他们在摆脱那令人生厌的动词变位的学习之后，便跑到田间地头，不时地会找到一条大毛虫，用小棍子尖端挑着给我送来。这帮可怜的小鬼不敢碰毛虫，当我像他们抓熟悉的蚕时那样用手指捉住毛虫时，他们都吓呆了。

我用老巴旦杏树枝喂养我昆虫园中的大孔雀蝶毛虫，不几天便有了一些优等的茧。到了冬天，我在老巴旦杏树根部一丝不苟地寻找，获得不少的成果，补足了我的收集物。一些对我的研究感兴趣的朋友跑来帮我。最后，通过精心喂养，四处搜寻，求人代捉，虽身上被荆条划得伤痕累累，但却有了不少的茧，其中有12只较大较重的是雌性的。

失望一直在等待着我。5月来临，这是个气候变化无常的月份，把我的心血化为乌有，使我痛心疾首，愁苦不堪。说话又到了冬季，寒风凛冽，吹掉了梧桐树的新叶，落满一地。这是天寒地冻的腊月，晚上必须生上旺火，穿上已经脱去的厚厚的冬衣。

我的大孔雀蝶也饱受煎熬。卵孵化得晚了，孵出来一些迟钝呆滞的家伙。在一只只钟形罩里，雌性大孔雀蝶根据出生先后今天一只明天一只地住了进去，可是很少或者压根儿就没有外面飞过来探望的雄性大孔雀蝶。在附近倒是有一些，因为我收集的长着漂亮羽饰的试验用雄性大孔雀蝶，一旦孵化出来，辨认清楚之后便会立即关进园子里。它们不管离得远的还是就在附近的，都很少飞过来，而且，即使来了也是无精打采的。

也许低温也对提供信息的气味散发物有很大的影响，而炎热则可能有利于气味的散发。我这一年的心血算是白费了。唉！这种实验真难呀，它受到季节变换的快慢和反复无常的制约！

我又开始进行第三次实验。我喂养毛虫，到田野里去寻找虫茧。到了5月份，我已经收集了不少。季节很好，符合我的要求。我又见到了一开始导致我进行这种研究的那次令人振奋的大孔雀蝶的入侵的盛况。

每天晚上都有大孔雀蝶飞来，有时十一二只，有时20多只。雌性大孔雀蝶肚腹鼓鼓的，紧贴在钟形罩的金属网上。它毫无反应，甚至连翅膀都没颤动一下。它好像对周围所发生的事情无动于衷。我家人中嗅觉最灵敏的也没有嗅出什么气味来；我家亲朋中被拉来做证的听觉最敏锐的也没听见任何响动。那只雌性大孔雀蝶一动不动地、屏息凝神地在等待着。

　　雄性大孔雀蝶三三两两地扑到钟形罩圆顶上，绕着飞来飞去，不停地用翅尖拍打着圆顶。它们之间没有因争风吃醋而发生打斗。每只雄性大孔雀蝶都在尽力地想闯入钟形罩，看不出对其他的献殷勤者有任何的嫉妒。徒劳地尝试一番之后，它们厌倦了，飞走了，混入正在飞舞着的蝶群中去。有几只绝望者从那扇敞开的窗户飞走了，一些新来者替代了它们；而在钟形罩的圆顶上，直到10点钟左右，不断地有蝴蝶尝试闯入，随即失望而去，随即又有新来者代替之。

　　钟形罩每天晚上都要挪挪地方。我把它放在北边或南边，放在楼下或二楼，放在住所右翼或左翼50米开外，放在露天地里或一间僻静小屋的暗处。这一番神不知鬼不觉的突然搬来搬去，如果不知情者想找可能都找不着，但是却一点儿也没骗过蝴蝶们。我的时间与心思全白费了，没有迷惑住它们。

　　这里并不是对地点的记忆在起作用。譬如头一天晚上，那只雌性大孔雀蝶被放置在住所的某间房间里。羽饰美丽的雄性大孔雀蝶飞到那儿舞了两个小时，甚至还有一些在那儿过了一夜。第二天，日落时分，当我转移钟形罩时，雄性大孔雀蝶都在外边。尽管寿命转瞬即逝，但新来者仍有能力进行第二次、第三次的夜间远征。这些只能存活一日的家伙首先将飞往何处？

　　它们了解昨夜幽会的确切地点。我还以为它们将凭着记忆回到那儿去；而在那儿发现人去楼空时，它们将飞往别处继续追寻。但并不是这么回事：与我的期盼恰恰相反，根本就不是这样的。它们谁也没有再出现在昨晚一再光顾的地方，谁都没在那儿做过短暂逗留。此地已看出是没有人烟了，记忆似乎并没有事先向它们提供任何情报。一个比记忆更加可靠的向导把它们召唤去了另外的地方。

在此之前，雌性大孔雀蝶一直公开地待在金属网眼上。那些到访者在漆黑的夜晚目光仍是敏锐的，它们凭借那对我们而言简直如同漆黑的夜色的一点微光能够看见那只雌性大孔雀蝶。如果我把雌性大孔雀蝶关进不透明的玻璃罩中，那会出现什么情况呢？这种不透明的玻璃罩难道就不能让提供信息的气味自由散发或完全阻止它散发吗？

今天，物理学使我们能够发明利用电磁波的无线电报了。大孔雀蝶在这个方面是不是可能超越我们？为了吸引周围的雄性大孔雀蝶，通知几公里以外的求爱者，刚刚孵化出来的适婚雌性大孔雀蝶难道已拥有已知的或未知的电波和磁波吗？这种电波、磁波难道会被某种屏障隔断而被另一种屏障放行吗？总而言之一句话，它是不是会按照自己的方法利用某种无线电呢？我觉得这并没有什么不可能的，昆虫是这种高级发明的强者。

于是，我把雌性大孔雀蝶放在不同材质的盒子里，有白铁的、木质的、硬纸壳的。全都关得严严实实，甚至还用油性胶泥给封上。我还用了一只玻璃钟形罩，摆放在一小块玻璃的绝缘柱上。

在这种严密封闭的条件下，没有飞来一只雄性大孔雀蝶，一只也没有，尽管晚上既凉爽又安静，环境宜人。无论是什么材质的——金属的、玻璃的、木质的还是硬纸壳的——密封盒，都使传递信息的气味物无法散发出去。

一层两横指厚的棉花层也产生同样的效果。我把雌性大孔雀蝶放进一只很大的短颈大口瓶里，用棉花盖上瓶口，扎紧。这足可以使周围的雄性大孔雀蝶无法知晓我实验室的秘密了。一只雄性大孔雀蝶都没有露面。

反之，我们把盒子不要密封，让它微微开着点，再把这些盒子放进一只抽屉里，装进大衣橱中，但尽管这么藏了又藏，雄性大孔雀蝶仍然蜂拥而来，多得就像明显地把钟形罩放在一张桌子上时一样。

女俘被放在帽盒里，裹进一只关好的壁橱等待着的那个晚上的情景至今仍历历在目。雄性大孔雀蝶们扑向壁橱门，用翅膀扑打着，啪啪连声，想闯进去。这些过路的朝圣者，也不知从何处飞进田野来到此处，它们非常清楚门后面藏着什么。

因此，任何类似无线电报的通讯手段都无法接受，因为一道屏障无论是好导体还是坏导体，一经出现便立即阻断了雌性大孔雀蝶的信号。为了让信号畅通无阻，传得很远，必须具备一个条件：囚禁雌性大孔雀蝶的囚室不能关得严丝合缝，密不透风，要让内外空气相通。这又使我们回到了存在一种气味的可能性上，但那是经我用樟脑所做的实验给否定了的。

我的大孔雀蝶的茧业已告罄，但问题仍然没有弄个一清二楚。我第四年还要继续搞下去吗？我放弃了，原因如下：如果我愿跟踪观察一只大孔雀蝶夜间婚礼中的亲昵举动，那是颇为困难的。献殷勤的雄性为达到目的肯定是无须亮光的，但我那人的微弱视力夜间无亮光是看不见什么的。我起码得点上一支蜡烛，但又常常被飞舞的群蝶给扇灭了。提灯倒是可以免此烦恼，但是它光线昏暗，又会出现阴影，根本无法让你看得清清楚楚。

还不光是这一点。灯的亮光还会把蝴蝶从它们的目标引开，使之无法成其美事，而且照得太久，还会严重影响整个晚会的成功。来访者一飞进屋内，便疯狂地扑向火光，烧坏身上的绒毛，而且，从今以后因为被烧伤而疯狂，就无法用来取证了。如果它们没有被烧着，被隔在玻璃罩外面，落在火光旁边，便会像是被施了魔法似的，不再动弹。

一天晚上，雌性大孔雀蝶被放置在餐厅的一张桌子上，正对着敞开着的窗户。一盏煤油灯点着，灯上装有一个搪瓷的宽大灯罩，吊挂在天花板上。一些来访者落在钟形罩的圆顶上，在女俘面前急不可耐的样子，另外的一些来访者，飞过女俘囚室时略微致意一番，便向煤油灯飞去，盘旋片刻之后，被搪瓷灯罩的反射光照得迷迷糊糊的，便贴在灯罩下面一动不动了。孩子们已经伸手要去捉它们了。"别动，"我说，"别动。别惊扰它们，别搅扰这些前来光明圣体龛朝圣的客人们。"

整个晚上，它们全都没有动弹过。第二天，它们仍留在原地。对亮光的迷恋使它们忘掉对爱情的陶醉。

面对这样的一些迷恋亮光的家伙，精确而长久的实验是无法进行的，因为观察者需要照明。我放弃了对大孔雀蝶及其夜间婚礼的观察。我需要一只习性不同的蝴蝶，它得像大孔雀蝶一样勇敢地奔赴婚礼幽会，但又能在白天行房。

在用一只满足上述条件的蝴蝶进行研究之前，暂时先别顾及时间的先后次序，说几句我结束研究之前飞来的最后一只蝴蝶的事。那是一只小孔雀蝶。

别人不知从哪儿给我弄来一只很棒的茧，裹着一个宽大的白色丝套。从这个不规则的大褶皱的丝套中，很容易抽出一只外形似大孔雀蝶茧但体积要小一些的茧来。丝套端口用松散但又聚集的细枝结成网状，可出而不可进，我一眼便可看出那是一只夜间活动的大孔雀蝶的同类。丝套上有编织者的名号。

果然，3月末，圣枝主日那一天的清晨，那只茧孵出一只雌性小孔雀蝶，我立刻把它关进实验室的钟形金属网里。我打开房间的窗户，好让这件大事传布到田野中去，而且必须让可能前来的探访者自由进入房间。被囚的这只雌蝶贴在金属网纱上，一个星期都没再动一动。

我的小孔雀蝶女囚美丽极了，一身呈波纹状的褐色天鹅绒华服，上部翅膀尖端有胭脂红斑点，4只大眼睛，宛如同心月牙，黑色、白色、红色和赭石色混在一起。如果不是色泽那么发暗的话，几乎就是大孔雀蝶的装饰。这种体形和服饰如此华美的蝴蝶，我一生中见到过三四次。我昨天见了茧，但从未见到过雄性蝶。我只是从书本上知道雄性比雌性要小一半，体色更加鲜艳，更加花枝招展，下部翅膀呈橘黄色。

我还不了解的陌生贵客、羽饰漂亮的雄蝶，它会飞来吗？在我们周围这一片似乎很少见到它。在它那遥远的藩篱墙中，它能得知那只适婚雌蝶在我实验室的桌子上正等待着它吗？我敢保证它会来的，而且我不会错。瞧，它来了，甚至比我预料的来得还要早。

晌午时分，我们正要吃午饭，因心悬可能会出现的情况尚未来用餐的小保尔，突然跑到饭桌前，面颊红彤彤的。只见一只漂亮的蝴蝶在他的指间扑扇着翅膀，它正在我实验室对面飞舞时，被小保尔一下子捉住了。小保尔递过来给我看，以目光询问我。

"哇！"我说，"正是我们等待着的朝圣者呀。先别吃了，赶快去看看是怎么回事。回头再吃吧。"

因奇迹的出现，午饭都给忘了。雄性小孔雀蝶令人难以置信地按时被女囚神奇地召唤来了。它们艰难曲折地飞翔，终于一只接一只地飞来了，都是从北边飞过来的。这个情况很有价值。的确，乍暖还寒已经一个星期了。北风呼啸，吹落了老巴旦杏树新绽开的花蕾。这是一场凶猛的风暴，通常在我们这里是预示着春天不远了。今天，气候突然转暖，但北风依然在呼啸着。

在这段时间的陡变的天气中，飞来找那只雌小孔雀蝶的所有雄小孔雀蝶全都是从北边飞到我的拘蝶园中的；它们是顺着气流飞的；没有一只是逆流而来的。如果它们有与我们相似的嗅觉作为罗盘，如果它们是受分解于空气中的有味道的微粒指引的，那它们就应该是从相反的方向飞来才对。如果它们是从南边飞来的，我们就会认为它们是闻到风吹来的气味才找到地方的；在北风呼啸、空气吹净、什么味道也闻不到的天气里，从北边飞来，怎么可能假定它们在很远的地方就嗅到了我们所说的气味呢？我觉得有气味的分子不可能会顶着强风传给它们。

两个小时中，在阳光灿烂之下，来访的雄小孔雀蝶们在我的实验室门前飞来飞去。其中大部分都在一个劲儿地寻来觅去，或撞墙碰人，或掠地而过。见它们如此犹豫不决，我想它们是因找不到引它们飞来的那个诱饵的确切位置而十分着急。它们从老远飞来，没有弄错方向，可到了地方却又拿不准确切地点了。不过，它们迟早会飞进屋内去向女俘致意的，但也不会恋栈。下午两点钟时，一切便结束了。一共飞来了10只雄小孔雀蝶。

整整一个星期，每当中午时分，阳光极其明亮时，一些雄小孔雀蝶便会飞来，但数量在减少，前后加起来一共将近有40来只。我觉得无须重复实验了，因为不会给我已知的情况再添加点资料了，所以我只是在注意两个情况。首先，小孔雀蝶是昼间活动的，也就是说它们是在光天化日之下举行婚礼的。它们需要充足明亮的阳光。而与它成虫的形态和毛虫的技艺相近的大孔雀蝶则完全相反，需要日暮天黑之后。这种相反的习性谁有本事解释清楚谁就去解释吧。

其次，一股强气流从相反方向吹散能够给嗅觉提供信息的分子，但却不会像我们的物理学所假设的那样，阻止小孔雀蝶飞抵有气味的气流的相反的一面。

为了继续研究，我们需要的是夜间举行婚礼的大孔雀蝶，而不是小孔雀蝶。后者出现得太晚了，而我并没有在研究它。我需要的是大孔雀蝶，不管是什么样的，只要它在婚庆时行房敏捷能干即可。这种大孔雀蝶，我能获得吗？

小阔条纹蝶

是的，我将能得到它；我甚至已经得到它了。一个7岁的男童，脸上透着灵气，但并不每天洗脸，他光着脚，短裤破烂，用一条带子系着，他每天都给我家送萝卜和西红柿。一天早晨，他提着蔬菜篮子来了，收下了我给的蔬菜钱，放在手心里一枚一枚地数着那几枚他母亲期盼的苏，然后便从口袋里掏了一件东西，是他头天沿着一个藩篱捡拾兔草时发现的。

"还有这个，"他把那东西递给我说，"这个您要不？""要呀，我当然要。你想法再给我找一些，你找到多少我要多少，而且我答应你每个星期天带你去玩旋转木马。喏，我的朋友，这是两个苏，给你的。把这两个苏单放，别同萝卜钱混在一起，免得向你妈报账时报不清楚。"我的这位头发乱蓬蓬的小家伙看到这么多钱简直开心极了，隐约感到自己要发大财了。

他走了之后，我仔细地观察着那个东西。这东西值得花气力去寻找。那是一个漂亮的茧，呈圆盾形，使人很容易联想到蚕房里的蚕茧，它很坚硬，呈浅黄褐色。从书本上的一些简单介绍来看，我几乎肯定这是一只橡树蛾的茧。如果真的是的话，那真是老天所赐！我就可以继续我的研究，也许还可能让我补足大孔雀蝶让我隐约瞥见的材料。

橡树蛾确实是一种传统的蝶蛾，没有一本昆虫学论著不谈及它在婚恋期间的突出表现的。据说有一只雌性橡树蛾被困在一个房间里，

55

甚至还刚刚在一只盒子底部孵卵。它远离乡野，困于一座大城市的喧闹之中。但是，孵卵之事还是传给了树林里和草坪间的相关者。雄性橡树蛾们在一个不可思议的指南针的引导之下，从遥远的田野间飞来，飞到盒子跟前，谛听、盘旋、再盘旋。

这些奇闻趣事我是从书本中了解到的，但是看到，亲眼看到，同时还再稍作一番实验，那完全是另一回事。我花了两个苏买的那东西里面有什么呢？会从中飞出来那个著名的橡树蛾吗？

它还有另一个名字：布带小修士。这个新颖别致的名字是由其雄性的外衣导致的，那是一件棕红色修士长袍，但它不是棕色粗呢，而是柔软的天鹅绒，前面的翅膀横有一条泛白的、长有像眼珠似的小白点。

这里所说的布带小修士，也就是小阔条纹蝶，不是那种在合适的时候，我们心血来潮，带上个网子出去一捉就能捉到的平淡无奇的蝴蝶。在我们村子周围，特别是在我的荒石园中，我住了20来年还从来没有见到过它。确实，我不是狩猎迷，标本上的死昆虫我并不太感兴趣，我要的是活物，要能表现其天赋才能的。不过，我虽无收集者的那种热情，但我对田野里生机盎然的一切都十分关注。一只身材和服饰如此与众不同的蝴蝶要是被我遇上，我肯定会捉住它的。

我许诺带他去骑旋转木马的那个小家伙再也没能捉到第二只。3年里，我拜托朋友和邻居帮我找，特别是求那些年轻人，他们是荆棘丛林中眼明手快的搜索者。我自己也在枯叶堆中翻来找去，查看一堆堆的石块，掏摸一个个的树洞。但都一无所获，稀罕的蝶茧仍未能找到。这足以说明在我住处周围小阔条纹蝶十分罕见。到时候我们将会看到这一点是多么重要。

我猜测得没错，我那只唯一的茧正是那种著名的蝴蝶。8月20日，一只雌蝶从茧中出来，胖嘟嘟的，肚子大大的，衣着与雄蝶一样，但是其长袍是米黄色，更加淡雅。我把它放在我工作室中间的一张大桌子上，用金属钟形网罩罩住。大桌子上放满了书籍、短颈大口瓶、陶罐、盒子、试管以及其他一些器械。大家知道，这个环境就是我为大孔雀蝶准备的那个处所。有两扇窗户朝向花园，阳光照进屋里。一扇窗户是关着的，另一扇则白天黑夜全都敞开着。小阔条纹蝶就待在这两扇窗户中间那四五米间隔之处的半明半暗之中。

小阔条纹蝶

当天余下的时间以及第二天过去了，没有什么值得一提的事情发生。小阔条纹蝶用前爪抓住金属网纱，吊挂在朝阳的那一边，一动不动，像死了似的，翅膀未见颤动，触角也没有抖动，如同大孔雀蝶的情况一样。

雌小阔条纹蝶发育成熟了，细皮嫩肉在变结实。它运用一种我们的科学尚毫无意识的方法在制作一种无法抗御的诱饵，把一些拜访者从四面八方吸引过来。它那胖嘟嘟的身体里出现什么状况了？里面发生了什么变化把周围闹得个天翻地覆？如果我们能了解它那炼丹术的秘诀，那我们将会增加很多的知识。

第三天，新娘子已经准备好了。像过节似的热闹起来了。我当时正在花园里，因为事情拖得太久，对成功已经感到绝望，突然，下午3点钟光景，天气很热，阳光灿烂，我隐约看见一群蝴蝶在开着的那扇窗框间飞来飞去。

它们是一些来向美人儿献媚取宠的情郎。有一些从房间里飞出去，另一些则飞进去，还有一些落在墙上休息，好像因长途跋涉而疲惫不堪了。我隐约看见一些从远处飞来，飞进高墙，飞过高高的柏树冠。它们从四面八方飞来，但数量越来越少。我未能看到婚庆开始的情况，现在客人们差不多都已到齐了。

我们上楼去看看吧。这一次是在大白天，任何细节都没漏掉，我又见到了头一回那只夜巡大孔雀蝶让我见到的令人惊讶不已的情景。在我的工作室里，一大片的雄性小阔条纹蝶在翻飞，转来绕去，我尽量地以目测估算，大概有60来只。在围着钟形罩绕了几圈之后，有一些便向敞开的窗户飞去，但随即又飞了回来，又开始围着钟形罩转悠开来。最猴急的则停在钟形罩上，用爪子相互抓挠、推搡，竞相取代别人抢占最佳位置。钟形罩里面的女俘大肚子垂着贴在网纱上，声色不动地等待着，在这群纷乱的雄蝶面前，没有一丝激动的表情。

雄性小阔条纹蝶无论是飞走的还是飞来的，无论是坚守在钟形罩上的还是在室内飞舞的，在3个多小时的过程中，一直在疯狂地舞动着。但是日已西下，气温有点下降，雄蝶们的激情也随着降温。有许多飞走了，没再飞回来。另外一些占好位置以利明日再战，它们紧贴着那扇关着的窗户的窗棂上，如同雄性大孔雀蝶一样。今天的节庆活动到此结束。明天肯定还将继续，因为受网纱阻隔，活动尚未有任何结果。

可是不然！令我大为沮丧的是活动并未再继续，这都是我的错。晚上，有人给我送来一只螳螂，个头儿特别小，所以我非常喜欢。由于老是想着下午的种种情况，我便不经意地匆忙把它这个食肉昆虫放进了那只雌性小阔条纹蝶的钟形罩里了。我压根儿就没想到这两种昆虫共居一室是会产生恶果的。那只螳螂一副小样儿，而那只雌性小阔条纹蝶却是那么胖嘟嘟的！所以我一点也没起疑心。

唉！我对带铁钳的食肉昆虫的凶残性认识太差！第二天，我惊呆了，痛苦地发现那只小螳螂正在啃咬那只胖蝴蝶。后者的脑袋和前胸已经没有了。可怕的昆虫！你让我度过了多么惨痛的时刻啊！再见了，我整夜冥思苦想的研究工作。3年中，我因无研究对象而无法继续我的研究。

但愿这倒霉事别让我们忘掉刚了解到的那一点点情况。仅一次聚会，就将近有60只雄性小阔条纹蝶飞来。如果我们考虑到这种蝴蝶的稀少，如果我们记起我和我的助手们那整整数年连续无果的研究，那这个数目将会让我们惊讶不已。找不到的那种蝴蝶在一只雌蝶的引诱下，一下子来了这么多。

那么它们是从哪里飞来的呢？毫无疑问，是从老远的地方，是从四面八方。很久以来一直在我住处附近寻来找去，一丛丛荆棘，一堆堆石块，我都翻了个遍，所以我可以肯定我们周围没有橡树蛾。为了在我的工作室里聚集一大群这种蝶蛾，我曾这儿那儿地寻遍郊外各地，也不知找了多少地方。

3年过去了，我日思夜求的运气终于给我送来两只小阔条纹蝶茧。8月中旬前后，这两只茧相隔几天为我孵出一只雌蝶来，这使我得以丰富并重复我的实验。

我很快便又重新进行大孔雀蝶已经给了我非常肯定答复的种种实验。白昼的朝圣者也很灵巧，并不比夜间朝圣者差。它挫败了我所有的计谋。它准确地飞向被金属网罩罩着的那个女俘，无论网罩置放在什么地方；它能够在壁橱暗处发现女俘；它能够在一只盒子的最里面找到女俘，只要这只盒子不要盖得太严。如果盒子关得严丝合缝，它得不到信息，它也就不再来了。在此之前，它一再重复的是大孔雀蝶的英勇行为，别无其他。

一只盖得严严实实的盒子，空气无法流通，雄性小阔条纹蝶也就完全无法知晓女俘的情况。即使把这盒子放在窗户上的十分显眼的地方，也没有一只雄性飞来。因此，这又立即使我想起了无论是金属的、木质的、硬纸板的还是玻璃质的隔墙，都传导不了有气味的散发物。

我对夜巡大孔雀蝶就此做过实验，它没被樟脑味蒙骗，在我看来，樟脑气味大极了，人的嗅觉就感觉不到被它压住的细微气味了。我用小阔条纹蝶重新进行了这种实验。这一回我把我所存的汽油和有气味物统统都用上了。

一打的碟子放好了，一部分放在囚禁女俘的金属钟形网罩里，另一部分放在网罩四周，围成一圈。有几个装着樟脑，有几个装着宽叶薰衣草香精，有几个装着汽油，还有几个装着臭鸡蛋味的碱硫化物。不能再多放什么了，否则女俘会被窒息身亡的。这些小碟子早晨便放好了，为的是聚会开始时屋子里弥漫着这种种气味。

　　下午，工作室变成了恶心的配药室，一股浓烈的薰衣草香气加上碱硫化物恶臭的混合气味。而且别忘了我还在这间屋里大量地熏烟。煤气厂、烟馆、香料厂、炼油厂、臭气熏天的化工厂全都集中在这间屋子里了，这样能否使小阔条纹蝶迷失方向呢？

　　根本就没有。3点钟光景，雄性小阔条纹蝶像通常一样纷纷飞来。它们都往钟形罩那儿飞，其实为了增大难度事先我已经用一块厚布把罩蒙上了。它们一飞进屋内，便被一种混杂着各种气味的浓烈氛围包围住了，但它们仍旧是朝着女俘的囚室飞去，想从厚布的褶皱下面钻进去与女俘相会。我的计谋未能奏效。

　　这次实验完全失败了，重复了大孔雀蝶实验的结果。这次失败后，我理所当然地要放弃是有气味的散发物在引导小阔条纹蝶参加婚庆的观点。我之所以没有放弃，应该归功于一次偶然的观察。意外和偶然有时会给我们带来惊喜，把我们引向此前一直在毫无结果地寻觅的真理的道路。

　　一天下午，我想弄清楚蝴蝶一旦飞进屋里，视觉在寻找目的物中是否还起点作用，便把那只雌性小阔条纹蝶放在一只钟形玻璃罩中，还给它弄点带枯叶的橡树小枝让它停靠。玻璃罩就放在桌子中间，冲着敞开的那扇窗户。雄蝶飞进屋里一定能看见女俘，因为后者就在它们必经之路上。雌蝶在其上待了一夜和一个早上的那个金属纱网钟形罩下的放了一层沙土的陶罐，我觉得很碍事，未加任何考虑地便把它放到屋子的另一头的地板上，那个角落只能透进半明半暗的光线，离窗户有十来步远。

　　接下来发生的事把我的思绪搅成一团。飞进来的到访者中没有一位在玻璃罩那儿停下来，而玻璃罩就在明亮的阳光下面，女俘显眼地居于其中。它们全都没朝雌蝶看一眼，没有探询一下。它们全都飞向房间另一头我放着陶罐钟形罩的那个暗黑的角落。

　　它们落在金属纱网罩圆顶上，久久地在探寻，扑扇着翅膀，还稍稍在相互争斗。整个下午，直到日影西斜，它们都围在空空的圆顶飞舞，以为雌蝶就身陷其中。最后，它们飞走了，但没有全飞走。有几个执着者不想走，死死地钉在那儿，像是被施了定身法似的。

这真是个奇怪的结果：我的这些蝴蝶飞到那人去楼空之地，长留不去，尽管眼见罩中无人仍死不甘心。从雌蝶所在的那只玻璃钟形罩旁飞过时，来来去去的这群雄蝶中不可能一个也没看出有雌蝶的，但它们就是没有在此哪怕作稍事的停留。它们被一个诱饵给弄得神魂颠倒，竟置真实物于不顾了。

它们是被何物所欺骗的呢？第一天整个夜晚和第二天的整个上午，雌蝶都是待在金属纱网钟形罩里的，它忽而吊在纱网上，忽而在陶罐的沙土层上歇息。它碰过的东西，特别是它那大肚子蹭过的东西，长时间接触之后，浸透了一些散发物的气味。那就是它的诱饵，就是它的激发情欲的药物，那就是引得雄蝶神魂颠倒、纷至沓来的尤物。沙土层把这尤物保存一段时间，并向四周扩散出去。

因此，是嗅觉在引导雄蝶们，在远处向它们发出信息。它们为嗅觉所控制，不去考虑视觉所提供的信息，所以途经美人儿正被关押的玻璃囚室时，一飞而过，直奔神奇气味在散发的纱网、沙土层，直奔女魔法师除了气味而外什么也没留下的那座空房。

那无法抗拒的尤物需要一定的时间才能配制好。我想它像一种挥发性气体，一点点地散发出去，让一动不动的大肚雌蝶沾过的东西便浸满了这种气体。玻璃钟形罩放在桌子正中间，或者更好一些，放在一块玻璃上，但因为内外都无法很好地沟通，而且，雄蝶因为凭嗅觉什么也感觉不到，所以它们就不会前来，无论你试验多久都无济于事。可我眼下不能以这种内外无法沟通作为理由，因为即使我搞出一个好的沟通环境，用3个小垫子把钟形罩抬离支座，雄蝶们也不会一下子飞来，尽管屋子里蝴蝶为数不少。但是，等上半个小时左右，盛有雌蝶尤物的蒸馏器就开始启动了，求欢者们立即就会像通常那样纷纷而来。

掌握了这些出乎意料的驱云拨雾的材料，我就可以进行不同的实验了，这些实验在同一个方面全都是具有结论性的。早晨，我把雌蝶放在一个钟形金属网罩里。它的栖息处是同先前一样的一根橡树细枝。雌蝶在里面一动不动，像死了似的。它在细枝上待了许久，藏在大概浸润着其散发物的叶丛中。当探视时间临近时，我把浸足了散发物的细枝抽出来，放在离敞开的那扇窗户不远处。另外，我让钟形罩中的雌蝶待在房间中央的桌子上显眼的地方。

蝴蝶纷纷来到，先是一只，然后是2只、3只，很快就是5只、6只。它们进来，出去，又回来，飞上飞下，飞来飞去，始终是在那扇窗户附近，那根细橡树枝放在椅子上，离窗户不远。谁也没往那张大桌子飞，而雌蝶就在那儿的金属网罩中等候它们，离它们并没有多远。它们在迟疑，这可以清楚地看出来：它们在寻找。

最后，它们终于找到了。那它们找到什么了？找到的正是那根细枝，它早晨曾是胖雌蝶的粉床。它们急速扑扇着翅膀；它们飞落在叶丛上；它们忽上忽下地搜寻、抬起、移动树叶，以致最后那束很轻的细枝被弄掉到地上去了。它们仍在落在地上的细枝叶丛中搜索。在翅膀和细爪的扑打抓挠下，细枝在地上移动着，仿佛被一只小猫用爪子抓扑的破纸团。

当细枝连同那群搜索者移动到远处时，突然新飞来两只小阔条纹蝶。那把刚才放有细枝叶的椅子就在它俩飞经的途中。它俩在椅子上落下，急切地在刚才放过细枝的地方嗅闻个没完。然而，对于先来者和新到者来说，它们热盼的那个真实目标就在那儿，很近，被一只我忘了遮盖起来的金属网罩罩着。它们谁也没有注意到它。它们在地上继续推挤雌蝶早上睡过的那个小床；它们在椅子上继续嗅闻那张粉床曾经放过的地方。日影西斜，撤退的时刻到了。再说，撩拨的气味也在渐渐地淡去，消散。拜访者们没什么可做的了，只好飞走，明日再来。

我从随后的实验中得知，任何材料，不管是哪一种，都可以代替我那偶然的启示者——带叶的细枝。我稍许提前一点把雌蝶放在一张小床上，上面时而铺垫着呢绒或法兰绒，时而放些棉絮或纸张。我甚至还强迫雌蝶睡木质的、玻璃的、大理石的、金属的硬硬的行军床。所有这些东西在雌蝶接触了一段时间之后，都像雌蝶本身似的对雄蝶们有着同样的吸引力。它们全都具有这种吸引雄蝶的特性，只不过是有的强些有的弱些。最好的是棉絮、法兰绒、尘土、沙子，总之是那些多孔隙的东西。而金属、大理石、玻璃反而很快地便失去它们的功效。总而言之，但凡雌蝶接触过的东西，都能把其吸引力的特性传出去。因此，橡树细枝掉到地上之后，雄蝶们仍旧纷纷飞到那把椅子的坐垫上。

我们来选用一张最好的床，比如法兰绒床，我们将会看到新奇的事。我在一根长试管或小阔条纹蝶正好可以飞进去的一只短颈大口瓶里放一块法兰绒，让雌蝶整个上午都待在上面。来访者们钻入器皿中，在里面拼命扑腾，但却怎么也飞不出来了。我给它们布置了个陷阱，可以让它们有多少死多少。我们把那些落难者放走吧，把藏于盖得严严实实的盒子的最秘密处的那块床垫抽出来。晕头转向的雄蝶们又回到那支长试管里，又钻进了陷阱之中。它们是受到浸透尤物的法兰绒传给玻璃的那种气味的引诱。

我因此便坚信了自己的想法。为了邀请周围的众蝶飞赴婚宴，为了老远地通知它们并引导它们，婚嫁娘散发出一种我们人的嗅觉感觉不出来的极其细微的香味。我的家人们，包括孩子们那最灵敏的鼻子，凑近那只雌性小阔条纹蝶也没有闻出一丝一毫的气味来。

雌性小阔条纹蝶停留过一段时间的任何东西都很容易地浸润了这种尤物，因而这些东西自此也就如雌性小阔条纹蝶一样成为具有同样功效的吸引力的中心，只要它的散发物不消失掉。

没有任何可以用眼看出的诱饵。在求欢者们心急火燎地在围床纷飞的刚刚弄好的纸床上，没有任何看得出的痕迹，也没有一点浸润的样子，其表面在浸润了尤物之后与没有浸润之前一样地干净整洁。

这种尤物配制得很慢，须一点一点地积聚，然后才能充分地散发出去。雌蝶被从其粉床弄走，移到别处，暂时失去了诱惑力，变得冷漠起来；雄蝶们飞往的是因长时间浸润之后的雌蝶栖息地。然而，御座重新放好，被抛弃的女皇又重新掌权了。

信息流通的出现时间有早有晚，根据昆虫品种而定。刚孵出的那只雌性小阔条纹蝶需要一段时间才能发育成熟，才能安排自己的蒸馏器似的器官。雌性大孔雀蝶早晨孵出，有时候当晚便有探访者飞来，但更经常的是第二天，经过40来个小时的准备之后才有求欢者。雌性小阔条纹蝶则把自己召唤异性的活动推得更迟；它的征婚广告要等个两三天之后才发布。

让我们稍稍回过头来看看其触角的蹊跷功用。雄性小阔条纹蝶与其婚恋方面的竞争对手一样有着漂亮的触角。把其层叠状的触角视作导向罗盘是否合适？我并无太大把握地对它们进行了我以前做过的那种截肢手术。被动过手术的雄性小阔条纹蝶没有一只再飞回来过。但也别忙于下结论。我们从大孔雀蝶那儿已经知道，它们的一去不复返有着比截肢的结果更加重要的原因。

另外，第二种小阔条纹蝶——苜蓿蛾蝶这种与第一种小阔条纹蝶很相近的蝴蝶，也有着华美的羽饰，它也给我们出了一道难题。在我家附近常常见到它们，就在我的那座荒石园里我都发现过它的茧，极容易与橡树蛾的茧搞混。我一开始就曾把它们搞混过。我原指望从6只茧中得到小阔条纹蝶，但将近8月末时，我得到的却是6只另一品种的雌蝶。这下可好，在这6只我家孵出的雌蝶周围，从未见过有一只雄蝶出现，尽管附近无疑就有雄性小阔条纹蝶出没。

如果宽大而多羽的触角真的是远距离信息传输工具的话，那为什么我的那些有着华美触角的邻居却未获知在我工作室中发生的情况呢？为什么它们的美丽羽饰并未让它们对一些事情发生兴趣呢？而所发生的这些事情本会让另一种小阔条纹蝶纷纷飞来的呀？这再一次说明器官并不决定才能。尽管有着相同的器官，但某种才能一种昆虫会有，而另一种却并没有。

天　牛

　　年轻时，我曾经面对著名的肯迪拉克的雕像顶礼膜拜。肯迪拉克认为天牛具有很强的嗅觉，它嗅着一朵玫瑰花，然后仅仅依靠所闻到的香气，便能产生各种各样的念头。对于这种推理，我曾经一直深信不疑了整整20来年，对于这位富有哲学思想的教士的神奇说教佩服得五体投地。我以为，只要嗅一下这个伟人的雕塑他就会活过来，能使我增强视觉、记忆、判断等方面的能力。然而，经我的良师们——昆虫们的耐心教导，我抛弃了这种幻想。昆虫们所提出的问题比起教士的说教来，更加深奥，更加使我受益匪浅。天牛将要告诉我的就是这种颇有教益的知识。

　　冬天即将来临，天老是灰蒙蒙的，这是冬日的明显前兆。我开始储备树段、木头，以备过冬取暖之用。我还向樵夫们订购了一些被蛀虫蛀得千疮百孔的朽木树段。樵夫们以为我是个傻子，暗地里在嘲讽我。我当然知道好木头更经烧，但我自有用处，他们也就按照我的要求去做了。

　　我有了一些满是虫眼的树干，有的是一条条伤痕，有的是一道道深沟，树枝被咬烂，树干遭啃噬。我观察到，在干燥的沟痕里，各种要过冬的昆虫都已经做好了宿营的准备。吉丁已经准备好了扁平的长廊；壁蜂用嚼碎的树叶在长廊里为自己修建好了房屋；切叶蜂在前厅和蛹室里用树叶做好了睡袋；我在这一章中要介绍的天牛正在多汁的树干里休憩着，它可是毁坏橡树的罪魁祸首。

天牛的幼虫非常奇特，它们就像是一段蠕动着的小肠子。每年仲秋时节，我都能看到两种年龄段的天牛幼虫：年长些的幼虫有一根手指头那么粗；年幼些的幼虫则粗如粉笔。此外，我也见到过颜色深浅各不相同的天牛蛹，以及一些完全成形了的天牛。它们的腹部都是鼓鼓的。待到春暖花开、天气暖融融的时候，它们就会爬出树干。它们在树干里大约要生活3年时间。天牛是怎么度过这漫长的孤独的囚徒似的生活的呢？它们缓慢地在粗壮的橡树干内爬行，在挖掘通道，以挖掘出来的东西充饥。天牛的上颚如同木匠的半圆凿，黑乎乎的，短短的，但却非常坚硬有力，虽无锯齿，但却像是一把边缘锋利的汤勺，是天牛用来挖掘通道的有力工具。被凿出来的木屑，经幼虫消化之后被排泄出来，堆积在其身后，留下一条被啃噬过的深痕。幼虫一边在挖掘通道，一边在进食。随着工程的进展，道路开通了；随着残渣不断地阻断了后路，幼虫在不断地向前。就这样，幼虫既获得了食物，又得到了安身之所。

天牛交配

天牛幼虫将肌体的全部力量都集中到身体的前半部，使之成为杵头状，这样，两片半圆凿形的上颚便可顺利地进行工作。上颚既然充当挖掘的工具，就必须有很强的支撑和强劲的力量。天牛幼虫便用围绕其嘴边的黑色角质盔甲来加固它那半圆凿形的上颚。除了这硬硬的上颚以外，其身体其他部位的皮肤却是非常细腻的，而且白如象牙。皮肤之所以如此细腻与洁白，全都是其体内所含之丰富脂肪导致的。确实也是，幼虫每天唯一要做的事，就是整天都在不停地啃噬；不停地进入幼虫胃里的木屑，在不断地给它补充着营养。

　　幼虫的足分三个部分：第一部分呈圆球状，最后一部分为细针状，这两部分都是退化了的器官。它的足长只有一毫米，对于爬行并不起什么作用，因为身体肥胖，足够不着支撑面，连支撑身体都不能够，又怎么可以爬行呢？幼虫用来爬行的器官属于另一种类型。它既可以仰面爬行，也可以腹部冲下爬行，非常灵活自如。它用爬行器官取代了胸部那软弱无力的足。这种爬行器官与众不同，长在背部。

　　天牛幼虫有7个环节，上下长着一个满是乳突的四边形平面。这些乳突可使幼虫随心所欲地鼓胀、突出、下陷、摊平。上面的四边形平面又一分为二，从背部的血管分开来；下面的四边形平面则看不出有两个部分。这就是天牛幼虫的爬行器官。如果幼虫想要往前，它便先把后部的步带鼓起来，也就是说，把背部和腹部的步带鼓起来，压缩前半部的步带。由于表面很粗糙，后面的几个步带便把身体固定在狭窄的通道壁上，以得到支撑。在压缩前面的几个步带的同时，它尽量地把身子伸长开来，缩小身体的直径，使它能够向前滑动，爬行半步。当它走完一步时，它还要在身体伸长之后，把后半部身子拖上前来。为此，幼虫必须让前部步带鼓胀起来，作为支点；同时，又让后部步带放松，让体节自由收缩。

　　幼虫凭借背部与腹部的双重支撑，交替收缩和放松身体，能够在自己所开凿的隧道里进退自如。但是，假如上方和下方的行走步带只能动用一个时，那么幼虫就无法前进了。假如把幼虫放在表面很光滑的桌面上，它便会慢慢地弯起身子，动弹个不停，一会儿伸长身子，一会儿收缩身子，总也无法向前爬去。等你把它放到有裂痕的橡树干上时，它便神气起来，因为橡树皮很粗糙，凹凸不平，像是被撕裂开来似的，它可以在上面从左往右、从右往左地缓缓地扭动身子的前半部，抬起，放低，一再重复这一动作。这是幼虫最大的行动幅度。幼虫那已经退化了的足一直都没有动，一点作用也起不了。如果说这些残肢废足作为成年天牛的前身而存在的话，成虫那敏锐的眼睛在幼虫身上却未见丝毫雏形。在幼虫身上，看不到任何微弱的视觉器官的痕迹存在。幼虫生活在树干内，黑漆漆的一片，视力又有何用？与此同时，幼虫也没有听觉。在橡树树干那黑暗的深处，没有任何声响，与视觉一样，听觉自然也失去了作用。如果谁对此心存疑惑，我们不妨来做一个实验，以便释疑解惑。我把树干剖开来，留下半截通道，便可以跟踪监视在树干里面正在劳作的居民。环境十分安静，幼虫忽而挖掘前方的长廊，忽而停下活计，歇息一会儿。休息的时候，它便用步带将身子固定在通道的两侧壁上。我趁它休息之机，想测试一下它对声音的反应。我先用硬物互相敲击，继而用金属击打发出回响，最后改用锉刀锉锯子，但是却未见到天牛幼虫有什么反应。它对这种种声响无动于衷，既不见它的皮肤有任何的颤动，也不见它有何警觉的表现，即使我用尖尖的硬物刮擦它身旁的树干，模仿幼虫啃噬树干发出的声音，也都不能奏效。这就足以证明天牛幼虫毫无听觉。

那么，天牛幼虫是否有嗅觉能力呢？各种情况都在表明它不具有嗅觉能力。嗅觉只是作为寻找食物的辅助功能，但天牛幼虫却用不着费心劳神地去寻找食物。它的住所就是它的食物，它所栖身的木头就在向它提供活命的东西。另外，我也对此做过实验。我找了一段柏树，把树干挖了一条沟痕，直径与天牛幼虫所挖掘的长廊的直径一样大小，然后，我就把幼虫置于其中。柏树的气味浓重，具有大多数针叶植物所具有的那种很浓烈的树脂味。当我把幼虫一放到那条沟痕里去的时候，它很迅速地便爬到了通道的尽头，然后就一动不动了。它的这种静止不动不正是它没有嗅觉能力的证明吗？天牛幼虫长期生活在橡树干里，树脂这种独特的气味应该引起它的不适或厌恶的，它本应通过身体的颤动或逃跑的企图来表现自己的厌恶之感的，但是，它却并没有作出这种反应来。它在找到合适的位置时，便立刻停下脚步，待着歇息，一动不动了。然而，我又做了另外一个实验。我把一小包樟脑放在长廊里，离天牛幼虫很近，仍然未见它有什么反应。然后，我又用萘做了同样的实验，结果依然相同。做了这么多实验之后，我觉得天牛幼虫没有嗅觉能力是毋庸置疑的了。

当然，它肯定是有味觉的。只是这种味觉应该属于"残缺不全"的。天牛幼虫在橡树树干中一直生活了3年，其食物很单一，就是橡树木纤维，别无其他。那么，幼虫对这唯一的食物又会有什么评价呢？顶多也就是吃到新鲜多汁的橡树干时会觉得很鲜美，而吃到干燥无汁的树干时便觉得没太大滋味罢了。

剩下的就是它的触觉了。它的触觉点分布得很散，而且是被动的。任何有生命的肉体都具有触觉，一旦被尖刺儿刺着，就会觉得疼痛，就会抽搐、扭曲。总之，天牛幼虫的感觉只有味觉与触觉，而且还都非常迟钝。

我不禁在想，既然如此，那么天牛幼虫这种消化功能很强但感觉功能却极弱的昆虫，其心理状态又是由什么构成的呢？触觉与味觉会给那些已经退化了的感觉器官带来些什么呢？很少，几乎什么也没有。天牛幼虫只知道，好的木头有一种收敛性的味道，未经精心刨光的通道壁会刺痛皮肤，仅此而已。这就是天牛幼虫的智力所能达到的最大程度。而肯迪拉克却错误地认为，天牛具有很好的嗅觉，这是科学的一个奇迹，一颗灿烂的宝石。它可以回想往事，可以比较、判断，甚至推理。可是，现实中，这个几乎似睡非睡、似醒非醒的大腹便便的昆虫，它真的会回忆、会比较、会推理吗？我就认为天牛幼虫犹如一截会爬行的小肠而已，我觉得我的这一比喻十分贴切，天牛幼虫的全部感觉能力，就是一截小肠所能拥有的能力罢了。

不过，也别小看了这个小家伙，它虽然对自己现在的情况昏昏然，但却能预知未来，具有神奇的预测能力。对我的这一奇怪的观点，请读者允许我慢慢地道来。在整整3年的时间里，天牛幼虫在橡树干里过着流浪的生活。它爬上爬下，忽而在这里，忽而又在那里；为了另一处的美味，它会放弃眼下正在啃噬的木块，不过它始终不会远离树干深处，因为这儿温度适宜，环境幽静而安全。当危险的日子来临时，它将被迫离开隐蔽所，去面对外界的种种危险。光吃还不够，它还得离开自己的生活之地。天牛幼虫有着精良的挖掘工具和强健的身体，钻入另一处去躲灾避祸，对它来说并不犯难。但是，未来的成虫天牛，将去外界度过它那短暂的时光，那么，它是否具有这样的能力呢？在橡树干内那幽暗的环境中诞生的长角昆虫，它知道替自己挖掘一条逃离的通道吗？

　　这就必须依靠天牛幼虫凭借自己的直觉去解决这一难题了。我又做了点实验，以弄清这一问题。在实验中，我发现，成年天牛若想利用幼虫挖掘的通道从树干深处逃逸，是不可能的事。天牛幼虫的通道犹如一座迷宫，十分复杂，非常长，不见尽头，而且还堆满了坚硬的障碍物；另外，其直径又是从尾部往前逐渐地缩小。幼虫钻入橡树干时，它只有一段麦秸那么长那么细，而此刻它已变得如手指头一般粗细了。它在树干里3年的挖掘工作，始终是根据自己的身体大小进行挖掘的。结果不言自明，幼虫钻入树干的通道和行动路线对于成年天牛的离去已经起不了作用了。成年天牛触角很长，足也不短，而且其甲壳也无法折叠，原先的那条通道对它来说已经是一个无法逾越的障碍了；它若想以这通道为逃逸之路，就必须清除掉坑道内的障碍物，并且还要大大地拓宽通道。这么一来，倒不如另辟蹊径，挖掘一条新的通道来得便当一些。但是，成年天牛有这种能力吗？我们不妨做一实验来观察一番。

　　我把一段橡树干一劈两半，并在其中挖掘出一些适合成年天牛的洞穴。在每一个洞穴中，我都放了一只刚刚成年的天牛。这些天牛是我10月份从冬储木柴中发现的。

然后，我便把两半树干用铁丝紧紧地捆在一起。6月已经来到。只听见树干里传出来敲击的声音。它们能够出来吗？它们是不是没法从里面逃出来呀？我原以为从里面逃出来，对它们来说易如反掌，因为它们只要钻一个两厘米长的通道便可逃生了。可是，竟然未见一只天牛从树干里跑出来。等到树干里面听不见一点动静时，我颇觉蹊跷，便把捆着的树干松开，却发现里面的俘虏们全都死了。洞穴里只有一小撮木屑，还不足抽了一口烟的烟灰量。这就是它们的全部劳动成果。

我对成年天牛的上颚估计过高，以为它是无坚不摧的利器，但是，工具好并不一定就能造就一名好的工匠。尽管良好的挖掘工具在握，但长期隐居者却缺少技艺，只好在洞穴里等死。然后，我又找了一些成年天牛，对它们进行比较缓和点的实验。我把它们拘于直径与天牛天然通道直径相同的芦苇管里。我找了一块天然隔膜作为障碍物，这隔膜很薄，只有三四毫米厚，一捅就破。经实验发现，有一些天牛能够从芦苇管里逃生，有一些则死于其中。这就说明，遇到障碍，勇往直前者胜。一个隔膜这么小小的障碍都闯不过去，待在坚硬

天牛

的橡树干里岂不必死无疑。

从这些实验的结果来看，我相信，天牛成虫徒有其表，外强中干，靠自己的力量竟然无力逃离树干监牢。劈开逃生门，还得仰仗貌不惊人的肠子状的天牛幼虫的智慧。这种情况在告诉我们，幼虫天牛在以另一种方式再现卵蜂的壮举。卵蜂的蛹身上带有钻头，为以后那长翅无能的成虫挖掘通道。天牛幼虫不知是由于何种神秘预感的驱动，离开其安然宁静的隐蔽所，离开其无法攻破的城堡，爬向橡树表面，不顾其正在寻找美味多汁的昆虫的天敌对它的威胁。幼虫就这么冒着生命危险，勇敢无畏地挖掘着通道，一直挖到橡树表层，只留下一层薄薄的阻隔作为窗帘，遮挡自己。有些冒失的幼虫，甚至把这块窗帘捅破，干脆留出了一个洞口。这儿就是天牛成虫的出口，它只需用上颚和额角轻轻地一触，就能把窗帘捅破，得以逃生。刚才已经说了，有的幼虫连窗帘也不留，干脆就留出了一个洞口，天牛成虫无须劳作，便可直接逃离。每到春暖花开，天气转暖时，身披古怪羽饰、笨手笨脚的成虫便从黑暗中出来了。

天牛幼虫在把逃生之路准备完毕之后，又开始忙乎起眼前的活计来。挖好逃生通道，它就退回到长廊中不太深的地方，在出口一侧，凿了一个蛹室。这间蛹室陈设豪华，壁垒森严，前所未见。蛹室为一扁椭圆形的宽敞的窝，长有近百毫米，扁椭圆结构的两条中轴，长度不同，横向轴长25毫米到30毫米，纵向轴则只有15毫米。这么大的空间，比成虫的体积要大，使成虫的足部可以自由伸展。当打破壁垒，逃出牢笼的时刻到来的时候，这样的蛹室是不会让天牛成虫感到有任何的不便的。

这儿所说的壁垒，是指蛹室的封顶，那是天牛幼虫为了防御外敌入侵而建造的，封顶有两层或三层。外层由木屑构成，那是天牛幼虫挖掘树干时留下的残留物；里面的一层是一个矿物质的白色封盖，呈凹半月形。通常，在最内侧还有一层木屑壁垒与前两层连在一起。有了这种多层壁垒的保护，天牛幼虫便可在房间里踏踏实实地为变成蛹做准备工作了。天牛幼虫从房间壁上锉下来一条一条的木屑，这便是细条纹木质纤维的呢绒。天牛幼虫又把这些呢绒贴回到房间四周的墙壁上去，铺成壁毯，厚度几近一毫米。这就是天牛幼虫在自己蛹室墙壁上挂上的精细双面绒挂毯。我们不难看出，天牛幼虫为了变成蛹，在不停地劳作，做了精心的准备。

我们再来看看这间房间布置得最奇特的那个部分——那层堵住入口的矿物质封盖。这个封盖是个椭圆形帽状封盖，呈白石灰色，系坚硬的含钙物质，内部十分光滑，外面呈颗粒状突起，犹如橡栗的外壳。这种颗粒状突起表明，这层封盖是天牛幼虫用糊状物一口一口地筑成的。封盖外部由于无法触碰到，幼虫无法加以修饰，因而凝固成了细小的突起。而内侧的那一面在天牛幼虫力所能及的范围内，所以被抹得光滑平整。这种封盖像钙一样，既坚硬又容易破碎。不用加热，它就能溶于硝酸，并且立即释放出气体来。不过，溶解过程却比较缓慢，一小块封盖往往需要几个小时的时间才能逐渐地溶化掉。溶化之后，剩下一些泛黄的沉淀物质，看上去像是有机物。如果对封盖进行加热，它就会变黑，足见其中含有可以凝结矿物的有机物。如果在溶液中加入草酸，溶液会变得浑浊，并留下白色沉淀。这种情况说明，其中含有碳酸钙。我原想从中发现一些尿酸氨的成分，因为在昆虫变成蛹的过程中，常见有尿酸氨存在，可是，我在封盖的溶液里，并未发现有尿酸氨。因此，我可以认为，封盖仅仅是由碳酸钙和有机凝合剂构成的，这种有机物大概是蛋白质，使钙体变得十分坚硬。

我相信，天牛幼虫的胃部是分泌这些石灰质物质的器官，而这一能乳化的生理器官为它提供了钙质。胃从食物里把钙分离出来，或者直接得到钙，或者通过与草酸氨的化学反应来获得。在幼虫期结束时，它便将所有的异物从钙中剔除，并将钙保存下来，留作构筑壁垒之用。这一点并不令人惊讶，某些芫菁科昆虫，如西塔利芫菁，通过化学反应能在体内产生尿酸氨；飞蝗泥蜂、长腹蜂、土蜂等，就是在自己体内生产茧所需要的生漆的。

通道修筑完工，房间粉刷装饰完毕，用三重壁垒封好之后，灵巧而勤劳的天牛幼虫便完成了自己的使命，挖掘工具也完成了其历史使命，它便进入了蛹期。襁褓状态之下的蛹十分虚弱，躺在柔软的睡垫上，头始终冲着门的方向。这一点看似无关紧要，实际上却是至关重要的。天牛幼虫身子柔软，伸缩翻转，随心所欲，因此，在这间小房间里，头无论朝向何方，都无伤大雅。可是，从蛹中出来的天牛成虫却没有随心所欲地翻来倒去的自由，它浑身披挂着坚硬的角度盔甲，无法在小房间内将身体从一个方向转向另一个方向，甚至因房间太狭小，连弯曲一下身子都办不到。所以，它的头必须始终冲着出口，否则便会在自己所建造的囚室里等死。

不过，不必担心有这种意外发生，因为这节小肠素来知晓未雨绸缪，早就为将来做好了准备，不会出此差错，头朝里地进入蛹期。到了该出洞的时节，向往光明的天牛的面前没有太大的障碍，只不过是一些细碎的木屑，扒拉几下便可以清理掉。然后，便是那层石质封盖，它也用不着费心乏力地去把它打碎，只要用其坚硬的前额这么一顶，或者用脚这么一推，封盖便会整体松动，从框框里脱落。我发现，被弃置的封盖全都完好无损。最后就是那第二层壁垒了，是木屑构成的，这就更不在话下，比第一层更加容易清除。这么一来，通道畅通，天牛成虫只要沿着通道便可准确地爬到出口。如果窗帘没有掀开，它只需用牙一咬，那薄薄的窗帘也就破了，这对它来说，易如反掌。它终于走出了黑暗，见到了光明，长长的触须激动得不停地颤抖着。

萤 火 虫

在我们这个地区，萤火虫可谓无人不知，无人不晓，没有什么昆虫像它那样家喻户晓。这个人见人爱的小东西，为了表达生活的欢乐，竟然在屁股上面挂了一只小小的灯笼。炎热的夏夜里，没有人没见过它。古希腊人把它称为"朗皮里斯"，意为"屁股上挂灯笼者"；法语中则称它为"发光的蠕虫"。其实，萤火虫绝对不是什么蠕虫，即使是从外表上来看，它也不像蠕虫。它有6只短小的脚，而且十分明白如何使用自己的脚。它是可以用小碎步奔跑的昆虫。雄性萤火虫发育完全后，如同真正的甲虫一样，长着鞘翅。但雌性萤火虫却无此造化，享受不到飞翔的快乐，终身保持着幼虫的形态。不过，雄性萤火虫在尚未到达交尾期之前，形态也是不完全的。即使如此，称它为"蠕虫"也是不恰当的。法国有句通俗语，叫"像蠕虫一样一丝不挂"，用以形容身上未穿任何保护性的衣物，但是，萤火虫可是穿着衣服的，就是说它有

萤火虫

略为坚韧的外皮，而且它还有斑斓的色彩，身体呈棕色，胸部呈粉红色，环形服饰的边缘还点缀着两个红红的小斑点。这哪儿会是蠕虫呢？

我们先来看看萤火虫以什么为生吧。萤火虫看上去既小又弱，像是与他人无害，可它却是一种食肉动物，是猎取野味的猎手，而且，捕猎时还相当的狠毒。它的猎物通常是蜗牛。昆虫学家们早已知道萤火虫的这一习性。但是，我从他们书中的介绍中，总感到人们对这一点了解得很不充分，特别是对萤火虫的奇怪的攻击方法，几乎是一无所知。

萤火虫在啃噬猎物之前，先对它施之麻醉，使之失去知觉。它的猎物通常是很小的蜗牛，个头儿还没有樱桃大，是处于变形状态的蜗牛。夏日里，这种蜗牛一大群一大群地聚集在稻子和麦子的茎秆上，或者其他植物的干枯的长茎上，在上面一动不动地要待上整整一个炎热的夏季。正是在这种时候，在猎物处于这种状态中，我不止一次地观察到萤火虫对猎物发动攻击，对之施予灵巧的外科麻醉手术，使猎物在颤动着的茎秆上昏死过去，然后，对之下口，美餐一顿。

萤火虫对其猎物的其他藏身处所也了如指掌。它经常飞到沟渠旁边，因为那儿土地潮湿、杂草丛生，是蜗牛喜爱的栖身之所。在这种情况之下，萤火虫便在地上对蜗牛施予麻醉术。我在家中也饲养了一些萤火虫，它们很容易被捕捉到，也很容易喂养，因此，我可以仔细地观察研究这些外科医生做手术的详细过程。

我在一个大玻璃瓶里放上一些草，把捉到的几只萤火虫和几只蜗牛也放了进去。蜗牛个头儿正合适，不大不小，正在等待变形，正符合萤火虫的口味。我寸步不离地监视着玻璃瓶中的情况，因为萤火虫攻击猎物是瞬间的事情，转瞬即逝，不高度集中精力，必然会错过观察的机会。

我终于发现是怎么个情况了。萤火虫稍微探了探捕猎对象。蜗牛通常是全身藏于壳内，只有外套膜的软肉露出一点点在壳的外面。

萤火虫见状，便立刻打开它那极其简单、用放大镜才能看到的工具。这是两片呈钩状的颚，锋利无比，细若发丝。用显微镜观察之，可见弯钩上有一道细细的小槽沟，这就是它的工具。它用它的这种外科手术器械不停地轻轻击打蜗牛的外膜，其动作不像是在施予手术，而像是在与猎物亲吻。用孩子们的话来说，它像是在与蜗牛"拉钩"。它在"拉钩"时，有条不紊，慢条斯理，不慌不忙，每拉一次，都要稍事休息片刻，似乎是在观察"拉钩"的效果如何。它"拉钩"的次数并不多，顶多五六次，就足以把猎物给制服，使之动弹不得。然后，它就要动嘴进食了，它很可能也是要用弯钩去啄，因为我几次都未观察清楚，所以对这一点我却说不太准。总之，萤火虫在施行麻醉手术时，动作麻利，立竿见影，快如闪电，不用问，它利用带细槽的弯钩已经把毒液注入蜗牛体内，使之昏死过去。

我检查了一下猎物。在萤火虫与蜗牛拉了四五下钩之后，我便立即从它口中夺下它的猎物，用针尖刺蜗牛的前部，亦即缩在壳内的蜗牛所暴露在外的身体。我没看到它有任何反应，仿佛像是一具没了生气的尸体。

我还发现一个令我信服的例子。有一次，我幸运地看到一只蜗牛正在爬行，其足正在蠕动着，突然，萤火虫向它发动了袭击。蜗牛十分惊慌，乱动了几下，然后便一动不动了。它的脚不再爬行，身体的前部也失去了如同天鹅脖颈那种优美的弯曲状，触角软软地耷拉下来，如同一只折断了的手杖。它一直保持着这种状态。

蜗牛是否真的被蜇死了呢？没有，根本没有。我可以让这只表面上看似已死的蜗牛活过来。我把这位处于半死不活状态下的病人隔离开来，给它洗了个澡，尽管这对于取得实验的成功并非绝对必要。

两天过后，这只被萤火虫施予麻醉术的蜗牛终于复活了，它又能动弹了，又有了感觉了。我用针尖刺它，它有反应，它开始蠕动，爬行，伸出触角，仿佛什么危险都没有发生过，像个没事人似的。那种昏昏沉沉、如死一般的全麻状态已经消失，它苏醒过来了。

对于蜗牛这样的一个与世无争、平和温顺的对手，萤火虫又何必要先对之施予麻醉术呢？这使我想起了另一种昆虫，名叫德里尔虫，生活在阿尔及利亚。这种昆虫虽说不会发光，但其身体结构，尤其是在习性方面，与我国的萤火虫却颇为相似。德里尔虫以陆生软体动物为食，它所捕食的是一种圆口类的动物，这种动物有着美丽雅致的陀螺形外壳。一块结实的肌肉把一个石质封盖固定在这种圆口类动物身上，这个石质封盖把甲壳闭合得严严实实。这个封盖是个活动的门。居于甲壳内的隐居者只需缩回身子，封盖便立即盖上。当隐居者想要外出时，此门也很容易打开。德里尔虫被黏附器（我们下面将会看到萤火虫也具有这种同等器具）固定在蜗牛的甲壳表面，耐心地等待着、窥伺着，等着甲壳里面的蜗牛憋不住，露出身子，便立刻冲到门边，把门挡住，使之关闭不上，自己则进入门内，占领了这个城堡。我并没有经常见到这种德里尔虫，但我认为，它的进攻策略与我们的萤火虫颇为相似。它钻进甲壳内，身子扭动几下，里面的隐居者也就丧失了反抗的能力。

我们还是回过头来谈谈我们的萤火虫吧。如果蜗牛在地上爬行，甚至就龟缩在壳里，萤火虫袭击它是很容易的事，因为蜗牛的壳没有封盖，而且，蜗牛身体的前部暴露在壳外，因此它无法自卫，很容易被伤害。即使蜗牛待在高处，紧贴在一棵禾本植物的茎秆上，或者紧贴在一块光滑的石头上，袭击者无从下手，但是，只要是这个外界的封盖稍有缝隙，它仍然难逃厄运。

萤火虫施予麻醉术时，总是非常小心、轻手轻脚地对待它的猎物，不想引起对方的注意，免得它挣扎、乱动，从高处掉到地上。如果猎物掉到地上，萤火虫也就不会再想方设法地寻找它了，因为它只是依靠运气去捕捉落入口中的猎物，而不想费心劳神地去寻来找去。因此，萤火虫在发动袭击的时候，从不掉以轻心，总是小心谨慎地不让猎物感到疼痛，使其肌肉失去反应，否则猎物便会从高处掉下地来，到嘴的猎物便化为乌有了。由此不难看出，突然对猎物施予深度麻醉，一针见血，是它捕捉猎物的绝招。

萤火虫如何享用其猎物呢？它是不是真的在吃它？也就是说，它是不是把蜗牛切成细小的碎块，然后用自己所谓的咀嚼器把它们嚼烂、咽到肚子里去？我看并非如此。我所捕捉到的萤火虫，嘴上从未发现有固体食物的碎渣细末什么的。萤火虫的所谓"吃"，并不是真正意义上的那种吃，而是吮吸，如同蛆虫那样，把猎物化为汁液，然后吸入肚里。与双翅目昆虫爱吃肉的幼虫一样，萤火虫也是先把猎物变为流质，对之进行液化处理、加工，然后食之。我把我所见到的萤火虫"吃食"的过程介绍如下：

萤火虫对蜗牛施行了麻醉。它几乎总是单独操作，即使是遇到一只个头很大的蜗牛，它也不找助手。在它施行完麻醉手术后，总会有宾客不请自来，两三位，四五位，甚至更多。众宾客来到餐桌前，与食物的真正主人并无纷争，毫不客气地尽情享用，不分彼此。两天后，主人与食客都离去了，我便把蜗牛壳口冲下翻倒过来，只见壳里的东西如同锅口朝下倒浓汤似的，全流了出来。主客吃饱喝足了之后，不屑一顾地把残羹剩饭给撒下了。

事情很明显，我先前所说的"拉钩"之后，也就是萤火虫东一口西一口地轻轻拍击蜗牛之后，蜗牛昏死过去，然后，众宾客齐上阵，都在用特有的消化素对猎物进行加工，最后，蜗牛肉便变成了蜗牛肉粥了，接着，大家便一起尽情享用，尽兴而去。这样看来，萤火虫嘴上的那两只弯钩外表上看去并无保护层，是其进攻猎物的利器，刺入对方体内，注入麻醉药剂，并使对方的肉质液化，而这麻醉药剂很有可能就是萤火虫的体液。在放大镜下仔细地进行观察，可以很清楚地看到它的这种微型器械，可我感到它们却不像是钩子。它们的中心是空的，与蚁蛉的那对工具颇为相似；蚁蛉就依靠这种工具吸食猎物的肉，而并不把猎物肉切成小细块。不过，萤火虫又与蚁蛉的表现颇为不同：蚁蛉用餐完毕，会从沙地的漏斗状陷阱中抛出大量的丰盛食物；而萤火虫有液化装置，绝不糟蹋食物，或者说，几乎不糟蹋食物。二者掌握着类似的工具，但是，一个是用来吮吸猎物的血液，而另一个则采用液化设备，使食物变成流质，全部食之。

有时候，蜗牛所处的位置不太好，难以保持平衡，但是，萤火虫毕竟动作敏捷，不以为然，干净利落地就处理完了。我透过喂养着萤火虫的那个大口玻璃瓶，清楚地看到了全过程。大口瓶上盖着一块玻璃，蜗牛沿着玻璃瓶内壁往上爬，一直爬到瓶口边沿，停了下来，用少许黏液把壳体粘挂在那儿。它只是在那作短暂的停留，所以舍不得用太多的软体组织所生产出来的胶黏剂。这样一来，只要稍微地震动一下瓶子，蜗牛壳口就会松脱，从粘黏的地方摔到瓶底上。

我看到瓶子里的那只萤火虫也在不断地往高处爬去，爬到蜗牛暂时停留的地方。它依靠某种攀缘器官沿着瓶子内壁爬着，这种攀缘器官弥补了萤火虫足爪此刻的功能缺陷。萤火虫已经来到了蜗牛的身旁，找到了一处可以下手的缝隙，便轻轻地拍击了几下躲在缝隙内的蜗牛，使之昏死过去，随即开动其液化装置，使蜗牛肉变为蜗牛肉汤，美美地吮吸起来。

当萤火虫吃饱喝足之后，蜗牛就剩下一个空壳了，肉没有了，汤也没有了。但是，这只空壳虽然只用了少许黏液粘在玻璃上，却并未开胶，仍然牢牢地粘在那里，没有丝毫的移位。壳中的那个隐居者没有挣扎，没有反抗，一点一点地从固态变成了液态，全都从萤火虫开始发起攻击的那个点上流了出来，流得干干净净，只剩下一个空壳了。由此，我们不难看出，萤火虫的麻醉手术之高超、之快速，简直是迅雷不及掩耳，让对方防不胜防。而且，我们还可以看出，萤火虫吃蜗牛的手段之奇妙，让人叫绝，都没有让蜗牛空壳从极其光溜而又垂直的玻璃瓶内壁上掉落下来，甚至都没让只有些许胶粘着的空壳有丝毫的晃动、移位，这真是不可思议。

萤火虫要在玻璃上或草茎上攀爬，它的又短又笨的爪子显然是无法承担这一重任的，必须拥有一种特殊的工具。这种特殊工具必须不怕光滑，能攀住无法抓住的物体。萤火虫确实拥有这种特殊工具。

它的后腿末端有一个白色的点，用放大镜仔细观察，可以看到那上面约有12个很短小的肉刺，它们有时收拢起来，缩成一团，有时却又伸展开来，好似玫瑰花瓣。这就是它的吸附并移动的器官。萤火虫想要把自己附着在某个地方，甚至是个极其光滑的表面上，比如附着在禾本植物的茎秆上，它就把这12个短小的肉刺展开来，呈玫瑰花瓣状，就可以牢牢地铺展在所吸附的物体上了，用自己的身体的黏性，把自己紧紧地贴附在支撑物上。这个特殊器官通过抬高和放低，张开和闭合，帮助萤火虫行走。总而言之，萤火虫可以说是一个双腿残疾者，它在自己的后腿上放上一朵漂亮的白色玫瑰花，一种没有关节、可向四下里活动的有12个趾肢节的爪子，而这种管状的趾肢节，并非抓住而是黏附着物体。这个器官还有一个用途，它可以当作海绵和刷子来使用。萤火虫在进餐之后，便用这把刷子刷头、背、尾及两侧。它之所以全身上下地刷来刷去，是因为它的脊椎很柔韧，可以弯来弯去，哪儿都能够得着。萤火虫在这儿全身进行擦拭时，非常仔细，一处不漏，足见它对这种运动颇感兴趣，乐此不疲。它这样做的目的究竟是什么呢？很显然，它这是要擦去沾在身上的灰土或者蜗牛肉的残渣剩汤。

　　如果萤火虫只会像亲吻似的轻拍蜗牛，对它施予麻醉术，而没有其他什么本领的话，那它也就不会这么出名，这么家喻户晓了。它真正名扬四海的原因，是它能在尾部亮起一盏红灯。我们来特别仔细地观察一番雌性萤火虫吧。它在达到婚育年龄，在夏季酷热期间发出亮光的过程中，一直保持着幼虫状态。它的发光器是在腹部的最后三节处，其中前两节的发光器呈宽带状，另外一个组群是最后一个体节的两个斑点。具有那两条宽带的只有发育成熟了的雌性萤火虫；未来的母亲用最绚丽的装束来打扮自己，锃亮了这光亮灿灿的宽带，以庆贺自己的婚礼，而在这之前，自刚孵化的时候起，它只有尾部的那个发光斑点，这种绚丽的彩灯显示着雌性萤火虫那惯常的身体变态。身体的变态使之长出翅膀，能够飞翔，从而宣告其生理演变过程的结束。这盏亮灿灿的灯点亮时，还标志着其交尾期即将来临。这之后，雌性萤火虫就没有翅膀了，不能再飞翔，一直保持着这种幼虫的可怜的卑屈形态，但是，它的那盏明灯却始终点亮着。

雄性萤火虫则有所不同，它得到了充分的发育，改变了形态，拥有着鞘翅和翅膀。与雌性一样，从孵化时起，它的尾部就有这盏明灯。总之，萤火虫不管是雌性还是雄性，不管是处在发育时期的什么阶段，其尾部均可发光，这就是整个萤火虫大家族的一大特点。而且，这个发光点从背部或腹部都可以看见，但只有雌性萤火虫才有的那两条宽带，才在腹部下面发光。

萤火虫的发光器官

我的手和眼仍然很听使唤，做起解剖来还算得心应手，因此，我便想解剖一下萤火虫的发光器官，以便彻底搞清楚其构造。我终于成功地把一根发光宽带的大部分给剥离开来。我在显微镜下仔细地观察了这条宽带，发现其上有一种白色涂料，系极其细腻的黏性物质构成的。这白色涂料显然就是萤火虫的光化物质。紧靠着这白色涂料，有一根奇异的气管，主干很短但却很粗，下面长了不少的细枝，延伸至发光层上，甚或深入到体内去。

发光器受到呼吸气管的支配，发光是氧化所导致的。白色涂层提供可氧化的物质，而长有许多细枝的粗气管则把空气分送到这物质上。现在，我很想搞清楚这个涂层的发光物质究竟为何物。起初，人们以为那是磷，还把它加以燃烧，以化验其元素，但是，据我所知，这种办法并没获得理想的效果。显然，磷并非萤火虫发光的原因，尽管人们有时把磷光称为萤光。这个问题的答案肯定不在这里，而是另有原因。

萤火虫能够随意地散布它的光亮吗？它能否随意地增强、减弱、熄灭其亮光？它怎么做的呢？它有没有一个不透明的屏幕朝着光源，把光源或遮住或暴露呢？现在，我们对这个问题已很清楚，萤火虫并没有这样的器官，这样的器官对它来说是没有用的，它拥有更好的办法来控制它的明灯。若想增强光的亮度，遍布光化层的光管就会加大空气的流量；如果它把通气量减缓甚至停止供气，光度就变弱，甚至灯会熄灭。总之，这个机理犹如油灯的机理一样，其亮度是由空气进入灯芯的量来加以调节的。

遇到激动的情况，气管就运作起来，灯也就亮了。需要加以区别的是光带和尾灯这两种情况。其一，发光的是那漂亮的宽带，亦即已到婚育年龄的雌性萤火虫的独特饰物；其二，也就是那盏尾灯，萤火虫无论雌雄，无论长幼，都在其最后一个体节上点着一盏小灯。在这后一种情况下，由于突然的惊恐不安，萤火虫的情绪发生变化，这盏尾灯或完全地或近乎完全地熄灭。我在夜晚曾经捕捉过萤火虫，眼见那盏尾灯在草上发着亮光，可是，只要我稍不留神，碰着了那棵草，草一晃动，灯立即就熄灭了，我想要捕捉的这只昆虫也就不见了踪影。但是，发育完全的雌性萤火虫身上的宽光带，即使受到惊吓，也毫无影响，照样亮着。

我捉了几只雌性萤火虫，把它们关进笼子里，放到屋外，笼子旁边放了一把枪。我放了一枪，但枪声并未产生效果，宽带依旧在发光，与没有放枪前一样明亮。然后，我又用喷雾器把水雾喷洒到它们身上，它们身上的光带依然光亮闪闪，没有一盏灯熄灭的，顶多也就是亮度上有短暂的减弱而已，而且也只是个别的雌性萤火虫这样，并不是每只都如此，我猛抽了一口烟斗，把烟吹进笼子里，光带的亮度倒是更加弱了，甚至灭了一会儿，但时间非常短暂。很快，萤火虫便平静下来，恢复了常态，灯又亮了起来，而且比先前还要明亮。这之后，我又用指头抓住它，把它翻过来掉过去地折腾，又轻轻地摆弄它，只要是捏得不太重，它照旧在发光，亮度也保持不变。即将处于交尾期的萤火虫，对于自己灯的光亮十分沾沾自喜，没有极其严重的情况发生，它们是不会把自己的灯完全熄灭掉的。

从各种实验的结果来看，极其明显的是，萤火虫是自己在控制着其身上的发光器，它可以随意地使之或亮或灭。不过，在某种情况之下，有无萤火虫的调节都无关紧要。我从其光化层上弄下来一块表皮，把它放进玻璃管里，用湿棉花把管口堵住，免得表皮过快地蒸发干了。只见这块表皮仍在发光，只不过其亮度不如在萤火虫身上那么强而已。在这种情况下，有无生命并不要紧。氧化物质，亦即发光层，是与其周围空气直接接触的，无须通过气管输入氧气，它就像是真正的化学磷一样，与空气接触就会发光。还应该指出的是，这层表皮在含有空气的水中所发出的亮光，与在空气中所发出的亮光的强弱一样。不过，如果把水煮开，沸腾，没了空气，那么表皮的光就熄灭了。这就更加证明，萤火虫的发光是缓慢氧化的结果。

萤火虫发出来的光呈白色，很柔和，但这光虽然很亮，却不具有较强的照射能力。在黑暗处，我用一只萤火虫在一行印刷文字上移动，可以清楚地看出一个个字母，甚至可以看出一个不太长的词儿来，但是，在这小小的范围之外的一切东西，就看不见了，因此，夜晚，以萤火虫为灯看书，那是不可能的。

如果把一群萤火虫放在一起，彼此紧挨着，每只萤火虫都放着光，那么它的光就会通过反射而可以照亮旁边的萤火虫，我们似乎也就能够看清一只只的萤火虫了。但是，事实又并非如此。这群萤火虫只是杂乱无章地聚集在一起，就算彼此离得很近很近，我们也无法看清萤火虫的模样来，因为这所有的亮光把萤火虫全都混在了一起，成了模模糊糊的一片。

我通过照相技术非常清楚地证实了这种情况。我用钟形金属网罩罩住20来只充分发光的雌性萤火虫，把它们置于露天地里。罩子里，有一丛百里香插在其中央，形成一片小林子。夜晚时分，那20来只雌性萤火虫全都爬到罩子顶上去了；它们在竭力地朝着各个方向展示着它们那发光的服饰。因此，沿着百里香小枝形成了一串串的花序。我指望这一串串花序能够对相板和相纸产生作用，但是，我却未能遂愿，只得到了一些不成形的白色斑点，根据萤火虫群体的不同情况，有些地方浓些，有些地方浅些，而萤火虫的模拟斑点却一点也没有显现，连百里香丛的痕迹也没有显现出来。因缺乏充足的光照，美妙如画的光彩只显现出一团模糊不清的黑乎乎的水浆似的东西来。

　　由此看来，雌性萤火虫的灯光并不是用来照明的。那么，它到底是干什么用的呢？我想，它是用来召唤情郎的。但是，雌性萤火虫的灯是在其肚子下面冲着地面发光的，而雄性萤火虫则是在随意乱飞，它是在上面，在空中，有时是在老远的地方往下看的，应该说它是看不见雌性萤火虫那盏灯的。但是这种不正常的情况却被巧妙地予以纠正了。雌性萤火虫自有其高明的调情手段。每天晚上，天完全黑下来的时候，被我拘于钟形罩里的囚徒们就到我用来作为监狱的百里香丛中。到了这个花丛中，它们便爬到显现得很清楚的细枝上，不像在灌木丛下时那样老老实实、安安生生地待着，而是在那儿做着激烈的体操运动，一个个把小屁股扭来扭去，一颠一颠地，朝这边扭一下，再朝那边扭一下，把灯光向各个方向打去，这么一来，寻偶求欢的雄性萤火虫从附近经过时，无论是在地上还是在空中，肯定都能看到这盏随时都在亮着的灯。这一招儿，有点像捕捉云雀的旋转镜子的运作方式。这面旋转小镜静止不动时，云雀对它并无什么反应，但是，它只要一旋转起来，把它的光弄成了迅速闪动的碎裂的光亮，云雀见了就会激动起来。

　　雌性萤火虫自有其召唤求欢者的绝招，而雄性萤火虫也不甘示弱，它有着一种光学器具，能够老远就看到雌性萤火虫那盏灯所发出的最微弱的光。其护甲胀大成盾形，大大地超出了头部，像帽檐或灯罩似的伸向前去，它的作用就在于缩小视野，把目光集中于需识别的光点上去。而在其颅顶下面，长着两只大眼睛，非常鼓凸，呈球冠形，彼此接近，中间只有一条狭窄的槽沟，以便收放触须。它的这个复眼几乎占据了它的整个面孔，缩在大灯罩所形成的空洞里，真像库克普罗斯[①]的眼睛。

---

① 库克罗普斯：希腊神话中的独眼巨人，掌管雷霆。

雌雄交配的时候，那盏灯的灯光会变弱，几近熄灭，只有尾部那盏小灯还亮着。春暖花开、暖意融融的时节，田野里，昆虫们都在求欢寻爱，低吟婚庆颂歌，陶醉于男欢女爱之中，萤火虫的这盏尾灯虽能通宵达旦地亮，也没有哪位去注意它的，不会发生任何的危险。待交配完毕，萤火虫便立刻产卵，它们并无夫妻感情，没有什么家庭观念，没有慈母之爱，它把白白的圆圆的卵产在——或者更确切地说是抛撒在——随便什么地方。

有一点却非常奇怪：萤火虫的卵，甚至还在其母体内时，就是发光的。如果我在捕捉时，一不小心，捏破了雌性萤火虫那装满了卵的肚子，就会看到一道道汁液，闪闪发光地流在了我的指头上，好像我把一只装满着磷液的囊给捏破了似的。我用放大镜仔细地进行了观察，确实是被挤出卵巢的虫卵所发出的光亮。此外，将要临产时，卵巢里的萤光已经显现出来了，雌性萤火虫肚皮表面已经在透出一种柔和的乳白色的光。

卵产下不久就会孵化。萤火虫幼虫雌与雄的尾部都有一盏小灯。寒冬将至时节，幼虫会到地下不太深的地方，顶多也就是三四寸深。我在大冬天里，从地下挖出过几只幼虫，发现它们的尾灯一直亮着。4月将要来临，天气转暖，幼虫便钻出地面，继续完成其演化过程。

总而言之，我通过观察研究得知，萤火虫自生下来之日起，一直到寿终正寝时止，都一直在发光。它的卵在发光；它的幼虫在发光；雌性萤火虫亮着的是华丽的灯；雄性萤火虫保留着幼年时期的那盏已有的小灯。对于雌性萤火虫光带的作用，我可以说是已经有所了解了，但是，它的尾灯又是干什么用的呢？我很遗憾地说，我尚不得而知。昆虫物理学要比我们书本上的物理学更加深奥，这个问题可能在很长的时间里，甚至在永远的将来，也都会是个不解之谜。

绿 蝇

我在一生中曾经怀有几个愿望，希望在自家附近能拥有一个池塘。这池塘要能避开冒失唐突的过路人的视线，周围还要长着一些灯芯草，水面上还得漂浮着浮萍、荷叶。空闲时，我可以坐在池塘边，柳荫下，思考那水中的生活，那是一种原始的生活，比我们现在所过的生活更加单纯，温馨与野蛮中尚带着淳朴。

我可以观察研究软体动物生活的天堂，可以观赏嬉戏的鼓甲、划水的尺蝽、跳水的龙虱和逆风行进的仰泳蝽。仰泳蝽仰躺在水面上，摇动着它那长长的桨在划水，而它那两条短小的前腿则收缩于胸前，等着猎物的出现，准备抓捕。我可以研究正在产卵的扁卷螺，在它那模模糊糊的黏液里凝聚着生命之火，宛如朦朦胧胧的一片星云中聚集着恒星一般。我可以观察新的生命在蛋壳里旋转，勾画出螺纹，也许那就是未来哪个贝壳的轮廓。如果扁卷螺略通几何学的话，它也许能够勾画出如同地球围绕太阳运转的轨道来。

经常跑到池塘边小憩，可以产生很多的想法。可是，命运却不让我遂愿，池塘终成泡影。我尝试着用4大块玻璃构成一座小池塘，可是心有余而力不足，这个我梦寐以求的水族馆未能建成。

春天来临，美国山楂树开花了，蟋蟀齐鸣。这时节，我脑海里又不断地浮现出我的第二个愿望。我走在路上时，看见了一只死鼹鼠和一条被石头砸死的蛇。二者的死都是人为的。鼹鼠正在掘土刨坑，驱除害虫，正巧有一农夫在翻地，他的铁锹一下子挖到了它，把它拦腰斩断，扔到一边。而那条游蛇，它是被春意融融唤醒的，来到了阳光下，蜕去旧衣，换上新衣。正在这时，被人发现。此人便说："啊！你个可恶的东西，我要为民除害。"他边说边用石头把它的脑袋砸个稀巴烂。这条保护庄稼、在消灭害虫的激烈战斗中帮助过我们的无辜的蛇，就这么一命呜呼了。

这两个动物的尸体已经腐烂。人们经过它们的身旁时，扭头便走。只有观察家停下脚步，捡起了这两具尸体，瞧了瞧，只见一群活物在其上爬来拱去，这些生命力旺盛的昆虫正在啃噬着它们。我把它们又放回原处，"殡葬工"会继续处理这两具尸体的，它们会非常精心地负责完成自己的殡葬任务。

我的脑海中一直浮现着一个愿望：了解清楚这些清除腐尸的清洁工的习俗，看着它们不停地在分解尸体，观察它们把死亡物质迅速地加工后收到生命的宝库中去。

我的这种愿望也许让人觉得荒诞，认为我不干正事，却关注腐尸烂肉和食尸虫等令人作呕的昆虫。请大家切勿作如是想。我们的好奇心所牵挂的最主要之点，一个是起始，一个是终结。物质是如何聚集的，如何获得生命的？生命终止时，物质又是如何分解的？如果我拥有一个小池塘，那些带有光滑螺纹的扁卷螺就可以为我的第一个问题提供宝贵的资料；而那只腐烂了的鼹鼠将会解答我的第二个问题，它将会向我显示熔炉的功能，一切都将在熔炉里熔化，然后重新开始。

我现在可以实现我的第二个愿望了。我有场地，有我的荒石园昆虫实验室。没有人会跑到我这儿来打扰我、嘲讽我，我的研究也得罪不了什么人。到目前为止，一切都很顺利，只是有一点小小的麻烦，因为我养了一些猫，它们会到处乱串，如果它们发现了我的观察物，就会前来捣乱、破坏，把它们叼得乱七八糟。为了防止我的那些猫的骚扰，我想了一个办法：建造了一个空中楼阁，四条腿的动物上不去，只有专攻腐烂物者才能飞抵那儿。

我把3根芦苇绑在一起，做成三脚架，放在荒石园中不同的地方，每个三脚架上吊有一只陶罐，里面装满沙子，离地面一米高，罐子底部钻一个小孔，如果下雨，雨水则可从小孔中流出。我把尸体放在罐子里。我选中的尸体是游蛇、蜥蜴、蟾蜍，因为它们皮肤光滑无毛，我可以很容易地监视入侵者的一举一动。不过，毛皮动物、禽类和爬行动物，我有时也要选用。我以两个苏作为酬劳，让邻居家的孩子为我提供货源。一到春天、夏天，他们便常常满心欢喜地跑到我这里来，有时用小棍挑着一条死蛇，有时用甘蓝菜叶包着一条蜥蜴。他们还向我提供用捕鼠器捕捉到的褐色家鼠，渴死的小鸡，被园丁打死的鼹鼠，被车轧死的小猫，被毒草毒死的兔子。这是一桩买家和卖家都十分满意的交易，以前村子里不曾有过，将来恐怕也不会有。4月很快地过去了，罐子里的昆虫越聚越多。首先到访的是小蚂蚁。为了远离蚂蚁这不速之客，我才把罐子吊在空中的，可蚂蚁却对我的这番图谋嗤之以鼻。一只死动物刚放进罐子里还没两个钟头，尚未发出尸臭，它们不知怎么就赶来了。这帮贪婪的家伙沿着三脚架的支脚攀缘而上，爬进罐内，开始解剖尸体。如果此肉正合它们的胃口，那它们就会在沙罐里安营扎寨，挖一个临时蚁穴，以便逍遥自在地处理这丰富的食物。

这一季节，正是蚂蚁工作最繁忙的时节。它们总是第一个发现死动物。并且，总是等到死尸被啃噬得只剩下一点被太阳晒得都发白了的骨头时才最后一个撤离。这帮流动大军离得老远，怎么就会知道那看不见的高高的三脚架顶上有吃的东西呢？而那帮真正的肢解尸体者则必须等到尸体腐烂，发出强烈的气味，才会得知方向的。这就说明，蚂蚁的嗅觉比其他昆虫要灵敏得多，在臭气开始扩散开来之前，它们就已经嗅到尸体所在的地点了。

当尸体搁置了两天，被太阳烤熟烤烂了之后，臭气就散发出来了。这时候，啃尸族也就纷纷地赶了来。只见皮蠹、腐阎虫、扁尸甲、埋葬虫、苍蝇、隐翅虫等一窝蜂地向尸体冲上去，啃噬它，消耗它，几乎把它吃个精光。如果光是蚂蚁在打扫战场的话，它们只能一点一点地搬，打扫卫生的工作要拖得很久。但上述那帮昆虫，干起活来雷厉风行，很快就能完成清扫任务。有些使用化学溶剂的昆虫，其效率更加高。

最值得一提的当然是苍蝇那一类昆虫，它们简直就是高级净化器。苍蝇的种类繁多，如果时间允许的话，这些骁勇善战的勇士每一位都值得我们去仔细观察，大书一笔。但这会让读者们感到厌烦的。我们只需了解几种苍蝇的习性，便可知其他种类苍蝇的习性了。在此，我只把自己的观察研究范围局限在绿蝇和麻蝇身上。

绿蝇浑身上下一片闪亮，是大家都司空见惯的双翅目昆虫。它那通常呈金绿色的金属般的光泽，可以与最漂亮的鞘翅目昆虫——金匠花金龟、吉丁、叶甲虫等———一比高低。当我们看到如此华丽的服装竟然穿在清理腐烂物的清洁工身上，总不免会觉得十分惊诧。经常光顾我那些吊着的沙罐的是3种绿蝇：叉叶绿蝇、食尸绿蝇和居佩绿蝇。叉叶绿蝇和食尸绿蝇呈金绿色，为数不多，而居佩绿蝇则是闪着铜色光亮。这3种绿蝇，眼睛都是红红的，眼圈则是银色的。

个头儿最大的是食尸绿蝇，但干起活儿来最内行的当属叉叶绿蝇。4月23日，我正碰巧碰见一只叉叶绿蝇在产卵。它落在一只羊的脖颈椎里，把卵产在那里面。它一动不动地在那里足足地待了一个钟头，把卵全部都产了进去。我影影绰绰地看见了它那红眼睛和白面孔。我小心翼翼地把它产下的卵全部收集起来。

我本想数一下究竟有多少个卵，但此刻却没法去数，因为它们聚在一起，密密麻麻，难以计数。只能把这个大家庭养于一只大口瓶中，等它们在沙土地里变成蛹之后再数。我发现了157只蛹，这肯定只是一小部分，因为我后来又对叉叶绿蝇以及其他的绿蝇进行过观察，发现它们总是分好几次产下一包一包的卵，这真可以组建一支大兵团了。

我之所以说绿蝇分好几次产卵，是因为我观察到以下的一些情景，可以作证。我把一只经多日暴晒、有些发软的死鼹鼠平放在沙土上。它的肚皮边缘有一处鼓胀起来，形成一个穹隆。绿蝇和其他双翅目昆虫从来不在裸露的表面产卵，因为脆弱的胚芽经受不住暴晒，所以必须把卵产在阴暗隐蔽的地方。

在目前的情况之下，唯一的入口就是死鼹鼠肚腹下的那个皱褶。今天，只有在那个地方才有产卵者在产卵。一共有8只绿蝇。只见绿蝇或单个或几个地潜入这个理想的穹隆下面。爬进穹隆的绿蝇在里面需要待上一段时间，在外面的绿蝇则需等待。等待者十分焦急，一次次地飞到洞口去张望，看看产房里的情况，是否已经产下了小宝宝。产房里的产妇终于出来了，停在死鼹鼠身上歇息，等着下一轮再进入产房继续产卵。产房中进来了新的绿蝇，它们也得在里面待上一段时间，然后才把床位让给下一批产妇，自己则去外面晒晒太阳，养精蓄锐。整个上午，只见它们就这么进进出出，忙个不停。

由此得知，绿蝇产卵是分几次的，中间有几次休息的时间。当绿蝇感到已成熟的卵尚未进入输卵管时，它就会待在太阳底下，不时地飞起来转上一圈，然后落在死鼹鼠身上凑凑合合地吃点喝点。当成熟的卵进入输卵管时，它们便会尽快地找到合适的产房生下宝宝，卸去重负。因此，整个产卵过程需要持续两天。

我谨慎小心地把其身下有绿蝇在产卵的死鼹鼠掀起来，看见绿蝇正在产卵，十分忙碌。它们用输卵管的尖端，迟疑地在摸索着，想尽量地把卵排在卵堆的最深处。当红眼产妇神情严肃地生产时，有不少蚂蚁正在它的周围忙着打劫，许多蚂蚁在离开时，嘴里都叼着一只蝇卵。我还看见一些胆大包天的抢掠者竟然爬到输卵管下面去抢掠。产妇并不予以理睬，任由它们去胡作非为，大概它心里有数，自己肚子里有的是卵，抢走那么一点算不了什么，无伤大雅，何必大动肝火。

确实，幸免于难的卵已足以保证绿蝇产妇组建一个兴旺发达的大家庭了。过了几天，我又回到那座妇产医院，掀起那具死鼹鼠看了看。在那具尸体下面恶臭的浓血里，许多只小虫子在蠕动着。蛆虫的尖脑袋冒出了浪尖，晃动一下，立即又缩进到浪谷里去。这里真的是像波浪滚滚的海洋。掀起死鼹鼠的腰间部位之后，那景象让人恶心、发毛，但是，必须经受住考验，否则以后见到更可怕的情景就难以支撑住了。

我们现在见到的产房是一条死蛇组建的。它盘成一个旋涡状，占满了整个罐子的底部。只见不少的绿蝇纷纷飞来，而且，还有一些在继续飞来，壮大这支产妇大军。产房里不见你争我斗地抢床位的现象出现，产妇们都自顾自地在生产。死蛇那一圈圈盘旋所造成的缝隙是最最理想的产卵处所，这里可以避开毒日头的暴晒。金色的苍蝇排列成一根链条似的，相互间紧挨着。它们尽量地在把输卵管往缝隙里插，连翅膀被揉皱翘到头上也在所不惜，生产是头等大事，哪儿还顾得上这种打扮上的小事？它们一个个全都静声静气的，红红的眼睛看着外面，所排成的链接，时而会出现几处断裂，那是因为有几个产妇离开了自己的产床，飞到死蛇产房旁边散步，等待下一批卵子成熟进入输卵管之后，再回到断裂处，再次产卵。

尽管链接常常出现断裂，但生产速度并没减下来。仅仅一个上午，那螺旋状的缝隙中，就布了一层密密麻麻的卵。可以把这些卵成块地剥离下来，上面一尘不染。我用纸做了个小铲子，铲下来一大堆白色的卵，把它们放进玻璃管、试管和大口瓶里，然后，再放上一些必要的食物。

卵的长度约1毫米，呈圆柱形，表面十分光滑，两头略显圆圆的，24小时之内便可孵出。这时候，我脑子里想到了一个很重要的问题：绿蝇的幼虫将如何进食？我知道应该喂它们一些什么，可我都不清楚它们怎么吃。它们的吃法，从这个词的严格意义上来说，那能叫吃吗？我心存此怀疑是不无道理的。

我们来观察一番那些个头儿较大的绿蝇幼虫。它们是蝇类的普通幼虫，头部尖尖的，尾部呈截断状，整体看上去呈长锥形。尾部的皮肤表面有两个棕红色的点，那是气门。被称为头部的那个部位，其实只是肠道的入口，也可称为幼虫的前部，那里有两个黑色的爪钩，装在半透明的套子里，时而微微向外凸出，时而收缩回套子里。那是不是可以被视之为大颚呢？绝对不行，因为这两个爪钩并不像真正的爪钩那样是上下对生的，它们是平行地长着的，永远不会相合。

那么，这两个爪钩到底是干什么的呢？它们是幼虫的行走器官，是移动爪钩。它们可以起到支撑的作用，在反复地一伸一缩的过程中，幼虫就能往前爬去，幼虫就是靠着这个看似咀嚼器的器官在行走的。幼虫的喉头犹如一根登山用的拐杖。我把幼虫放在一块肉上，用放大镜仔细观察，便发现它在散步，忽而抬起头来，忽而低下头去，每次都在用爪钩捣肉。当它停下来时，其后部静止不动，而前部则保持弯曲，以探测空间，那尖尖的脑袋在探索着，前进、后退，将那黑色的爪钩一伸一缩的，如同活塞在不停地运作一样。我观察得十分认真仔细，但却并未发现它的"嘴"沾到过一点撕扯下来的肉，也没看见它吞进过肉。爪钩不停地敲打着那块肉，但却从未从肉上咬下过一口来。

然而，蛆虫却在长大，变胖。那它到底是怎么吸取食物的，它可并未嚼食呀？它虽然没有吃，但它应该是喝了。它的食谱是肉汁。肉是固体物质，它不会使之液化，那它就得运用某种特殊的烹调方法把肉变成可以吸食的液体。我们得想方设法揭开它的这一秘密。

我弄上一块大小如核桃一般的肉块，用吸水纸把水分吸干，放在一头封闭的玻璃试管里，在这小块肉上，我还放了几小坨卵，是从沙罐里的那条死蛇缝隙中采集的，大约有200粒。然后，我把玻璃试管口用棉花球塞上，将试管竖起，放在实验室一处避光的角落里。我又弄了一个玻璃试管，也如法炮制，只是里面没有放蝇卵，我把它放在前一个试管旁边，以作参照。

蝇卵孵化后只两三天，结果就让我感到十分惊讶了。那块用吸水纸吸干了的小肉块已经变湿了，甚至在幼虫爬过的玻璃管管壁上都留下了水迹，幼虫蠕动着经过的地方，都出现了一片水汽。而作为参照物的那个试管仍旧是干的，这就说明幼虫蠕动时所经过的地方留下的液体并不是从那块肉里渗出来的。

另外，幼虫仍在不停地工作着，其结果更加证实了这一点。那块小肉简直像是放在火炉旁边的冰块似的，一点一点地在融化，很快，那肉就变成了液体。它已经不成其为肉了，而是李比希提取液①。如果我把试管的棉花球弄掉，把试管倒置，里面的汁液会流得一滴也不剩。

这绝不是肉质腐烂所导致的溶解，因为在作为参照物的试管里的那块同样大小的肉块，除了颜色和气味变了之外，看上去仍和原来的一样。原先是一整块，现在仍旧是一整块。而那块经过绿蝇幼虫加工过的肉块，却已经像是融化了的黄油似的稀稀的了。我们所见到的就是绿蝇幼虫的化学功能，我想，研究胃液作用的生理学家见了也会自叹弗如的。

这之后，我又用煮熟的鸡蛋蛋白做了实验，获得了更加强有力的证据。我把蛋白切成榛子一般大小，经过绿蝇幼虫加工之后，溶解成为无色的液体，我若不是做实验，知道是什么材料，真的会以为那液体就是水。液体的流动性强，幼虫在液体中失去了依托，不谙水性，便溺死其中。它们是因为尾部被淹没，窒息而亡的。幼虫尾部有张开的呼吸孔，如果泡在密度较大的液体中，呼吸孔会浮在液体表面上，但是，在流动性很强的液体中，呼吸孔就无法浮于水面上了。我同时也放了一个试管在一旁作为参照，管子里同样是没有放入绿蝇幼虫，结果，这个没有幼虫的试管里的熟蛋白块仍旧一如先前，硬度也没有变，如果不被霉菌侵蚀的话，它会变得更加坚硬。

其他的装有四元化合物——谷蛋白、血纤维蛋白、酪蛋白和鹰嘴豆球蛋白——的那些试管里，也发生了类似的变化，只是程度上有所不同而已。幼虫吸食了这些物质里的蛋白质，身体长得胖胖的，只要是能避免被淹死，那就万事大吉，健康地成长。生活在死尸上的幼虫

————————

① 李比希（1803—1873）：德国化学家，在无机化学、有机化学、生物化学方面颇有建树。所谓的李比希提取液只是在此作一比喻而已。

也不见得比它们长得更好。再说，试管里的幼虫即使掉进液体中，也不必惊慌失措，因为试管里的物质仅仅处于半液化状态。其实，那并不是真正的液体，而是糊状流质。

即使食物达到了这种不完全的液化状态，绿蝇幼虫仍不满意，它们仍然希望把食物变成液体。它们无法吃固体食物，所以喜欢流质，喜欢把头埋到流质里去吸食，仿佛在喝汤似的。那种起着相当于高级动物胃液作用的溶液，无疑是来自它们的口腔。如同活塞似的不停地运作的爪钩连续不断地排出微量的溶液，但凡爪钩接触到的地方，都留下了微量的蛋白酶，致使被接触处很快地渗出水来。既然消化总的来说就是在液化，所以我们可以明确地说，绿蝇幼虫是先消化食物，然后再进食。

我从这种看似令人恶心的实验中得到了乐趣。我想，意大利学者斯帕朗扎尼神父发现生肉块在那沾了小嘴乌鸦胃液的海绵作用下变成了流质时，势必与我此时此刻的感受是一样的。这位意大利学者发现了消化的秘密，并成功地在试管里完成了胃液作用的实验，而当时，胃液的作用尚不为人所知。我这个远方的信徒也见到了使这位意大利学者惊讶不已的现象，不过，实验物却是人们无法想象得到的。绿蝇幼虫代替了小嘴乌鸦，它们腐蚀了肉块，破坏了肉块中的谷蛋白和熟蛋白，使之变成了液体。我们的胃是在隐蔽状态下工作的，而绿蝇幼虫却是在体外，在光天化日之下完成其功效的。它先消化，然后才把消化物像喝汤似的喝下去。

看见这些绿蝇幼虫把头埋进这种汤里去，我就在寻思，它们真的不会咀嚼吗？或者不会以更直接的方式进食吗？为什么它们的皮肤罕见的光滑，难道皮肤能够吸收食物吗？我在拿金龟子和其他食粪虫做实验时，发现它们的卵明显地在变大，因而自然而然地便认为那是因为它们吸入了孵化室里的油腻空气所致。我认为，绿蝇幼虫能够依靠自己全身的皮肤吸收食物，除了"嘴巴"在吸食像汤似的液体而外，它们的皮肤也在帮助吸收和过滤。这也许就是它们必须先把食物变成液体的原因之所在。

我再举一例，证明幼虫事先将食物液化的事实。如果把鼹鼠、蛇或其他动物的尸体放在露天的沙罐里，上面套上金属网罩，以防双翅目昆虫侵入，那么尸体便会被烈日暴晒，变干，变硬，而不会像预料的那样使尸体下面的沙土润湿。尸体都是会渗出液体的，任何一具尸体都像一块吸足了水分的海绵似的，尽管水分的渗出极其缓慢，但都会被干燥的空气和热气所蒸发掉，因此，尸体下面的沙土能够保持干燥，或者说保持基本的干燥。尸体因此而变成了木乃伊，变得如同一张皮了。

相反，如果沙罐不用金属网罩住，任由双翅目昆虫自由进出，情况马上就会大不相同。三四天的工夫，尸体下面就会出现脓液，而且沙土地被浸湿了一大片，这是液化的开始。

我又用一条较大的蛇做了实验，这条蛇长约1.5米，有粗瓶颈那么粗。由于体积过大，超过了沙罐的容量，我便把它盘成双层螺旋状。当这个美味佳肴在旺盛地分解时，沙罐简直成了一片沼泽地，无数只绿蝇幼虫和更强大的液化器——麻蝇幼虫在这片沼泽地里蠕动着。

沙罐里的沙土被浸湿之后，泥泞不堪，仿佛经受了一场大雨似的。液体从沙罐底部那个盖着一个扁卵石的预留小孔里滴下来。这是蒸馏器在运作，那条死蛇正在这只尸体蒸馏器中蒸馏。一到两周之后，液体将会消失，被沙土吸干，黏糊糊的沙土地上只会剩下一些鳞片和骨头。

总之，绿蝇幼虫可以说是世界上的一种力量，它为了最大限度地将死者的遗骸归还给生命，将尸体进行蒸馏，分解为一种提取液，让大地吸收，使大地变成沃土。

红蚂蚁

如果把鸽子运到几百里远的地方，它会自己返回到自己的鸽舍里；燕子从它在非洲的居住地飞越大海，重新回到自己的旧巢里去。在这么漫长的旅途中，它们依靠什么来寻找方向呢？是依靠视觉吗？《动物的智慧》一书的作者、睿智的观察家图塞内尔[1]，对自然状态下动物的了解可谓独此一家，他认为是视觉和气象在指引信鸽寻找方向。他在书中写道："法国的这种鸟凭借自己的经验获知，严寒源自北方，炎热来自南方，干燥生于东方，潮湿出自西方。它具有足够的气象知识，可以为自己辨别方位，指导飞行。放在用盖子盖住的篮子里的鸽子，从布鲁塞尔运到法国南部的图鲁兹，它们是绝对不可能用自己的眼睛把自己所经过的地方记录下来的，但是，没有人能够阻止它们根据对大气热度的印象，感觉到自己是向南方走去。等到到达图鲁兹之后，它便知道自己的鸽舍是在北方，应往北边温度较低的地方飞去，于是，它们便一直朝这个方向飞着，直到飞抵的空域的平均温度是它所居住的区域的温度时，才会停止飞翔。如果它未能立刻找到自己家门的话，那就说明它不是飞得偏左了，就是飞得偏右了。这时候，它只需往东边或往西边寻找一番，花上几个小时，就可以把自己飞行路线上

---

[1] 图塞内尔（1803—1885）：法国著名新闻工作者，对动物，特别是鸟类颇有研究，著有《动物的才智：法国式犬猎和激情动物学》《鸟类世界》等作品。

的偏差纠正过来了。"

如果位置的移动是北—南方向，那么这个解释就非常诱人，但这个解释却不适用于在等温线上的东—西方向的移动。另外，这种解释存在着一大缺点：它无法推而广之。猫穿过第一次来到的城市的大街小巷组成的迷宫，从城市的一端跑到另一端，回到自己的家中，这就不能归之于视觉的作用，也不能说是气候变化的影响。同样，我的石蜂也不是凭着视觉的指引，特别是当它们在密林中被我放出来时，它们飞得不太高，离地面只有两三米，没有可能看清这个地方的全貌，以便在脑海中绘出图来。它们被放飞之后，只是稍加犹豫，在我身边绕了几圈，便朝北边飞去。尽管密林深处树木繁茂，枝叶交错，尽管丘陵高高，连绵不断，它们顺着离地面不高的斜坡往上飞，越过一切障碍。视觉指示它们避开了种种障碍，但却并未告诉它们应往哪个方向飞。至于气候，也起不了作用，因为在这么短的几公里的距离之内，气候是没有什么变化的。即使它们的方位感很强，可它们的巢穴所在的地方与放飞地点的气候完全一样，冷热干湿的变化不大，所以它们对往何处飞去并无把握。我在想，一定是有着一种什么神秘的东西在指引着它们，它们肯定是具有我们人类所不具有的特别的感觉。达尔文的权威无人藐视，他也持有这一观点。想了解动物对地电是不是具有感应作用，想了解动物是不是受到紧贴于身的一根磁针的影响，这不就是在承认动物具有一种对磁性的感觉吗？我们人类有这样的感官官能吗？当然，我说的是物理学的磁力，而不是梅斯梅尔[①]或卡廖斯特罗[②]所说的所谓磁力。

这种未知的感官官能是否存在于膜翅目昆虫身上的某个部位，以某个特殊的器官来感知的呢？我们立刻便会想到它的触角。当我们对

[①] 梅斯梅尔（1734—1815）：奥地利医生，提出"动物磁力"说，认为人可以通过这种磁力向他人传递宇宙力。

[②] 卡廖斯特罗（1743—1795）：意大利魔术师和冒险家，曾在欧洲兜售一种所谓的"长生不老药"。

昆虫的习性不甚了解时，总是把它的怪异行为归之于它的触角，认为它的触角上一定有什么我们所不了解的特殊的东西存在。可是，我完全有理由对触角具有指示方向的能力表示怀疑。当毛刺砂泥蜂在寻觅昆虫时，它的确是用自己的触角在不断地拍打着地面，如同用手指轻弹地面一样。但这种仿佛在引导昆虫捕猎的探测丝大概并不可能被用来指引昆虫的飞行方向。为了搞清这个问题，我做了一些实验。

我把几只高墙石蜂的触角，尽量齐根剪去，然后，把它们弄到别处去放飞，可它们像其他石蜂一样，很容易就回到自己的巢里了。我还以同样的方法对我们这一地区最大的节腹泥蜂（栎棘节腹泥蜂）进行了实验。这种捕食象虫的泥蜂也同样很容易就回到了自己的居所。因此，我便把触角具有指示方向官能这种假设给抛弃了。那么，昆虫的这种感觉官能究竟存在什么地方呢？这我并不知道。

我所知道的，而且是通过实验清楚地知道的，就是没有了触角的石蜂，回到自己的蜂房之后并不恢复工作。它们只是一味地在自己所建造的建筑物前飞来飞去，在石头子上歇息，在蜂房的石井栏边停一停。它们仿佛是在那儿悲苦地沉思默想，久久地凝视着那尚未完工的建筑物。它们离开了又回来，把周边的所有不速之客统统赶走，但它们再也不会去运送蜜浆或灰泥了。第二天，我没有再见到它们，不知它们去了哪里。工人没有了工具，哪儿还有心思干活儿？石蜂在垒屋砌窝时，总是用触角不停地拍打着、探测着、勘探着，仿佛依靠自己的触角把活儿干得精细完美。触角就是它们的精密仪器，如同建筑工人的圆规、角尺、水准仪和铅绳。

我一直在用雌性昆虫做实验，它们出于母性，对窝的

栎棘节腹泥蜂

建造更加忠实卖力。如果用雄蜂做实验，把它们弄到别的地方，会出现什么情况呢？我原本对这些情郎并不看好。它们有这么几天工夫，围着蜂房乱哄哄地飞来飞去，等着雌蜂从蜂房出来，你争我夺，争风吃醋，然后，你就再也见不着它们的踪影，它们根本不去过问房屋居室盖到什么程度了。我就在想，对于雄蜂来说，留在出生的蜂房或去别处安家，有什么大不了的，只要那儿可以找到妻子或情人就可以了！可是，我想错了，错怪了它们，雄蜂回到蜂房里来了。我考虑到雄蜂身体弱小，没有把它们弄到很远的地方去放飞，只让它们飞了一公里左右的路程。不过，尽管路途不算遥远，但对于雄蜂来说，这仍然是从陌生之地起飞的一次远程航行，因为我还从未见过雄蜂飞过这么长的距离。

有两种壁蜂——三叉壁蜂和拉特雷伊壁蜂——也同样飞到我的荒石园昆虫实验室的蜂房里来。它们在石蜂留下的洞穴里建房搭窝，来的最多的是三叉壁蜂。这是探究这种定向感觉在多大程度上遍及膜翅目昆虫的大好机会。的确，三叉壁蜂无论雌雄，都知道返回窝里。我进行了一些短距离的实验，用的蜂不多，实验的结果与其他实验的结果相同，因此，我对自己的结论完全信赖。总之，加上我以往所做的实验，得出的结论是，有4种昆虫能够返回自己的窝里，它们是棚檐石蜂、高墙石蜂、三叉壁蜂和节腹泥蜂。我可否就此而将我的这一结论推而广之，认为昆虫就是具有这种从陌生的地方返回自己的家园的能力呢？我还不敢这么说，因为据我所知，下面的一种相反的结果就很能说明问题。

在我的荒石园昆虫实验室里，有许多实验品，首推红蚂蚁。这种红蚂蚁犹如捕猎奴隶的亚马孙人①，她们不善于哺育儿女，不会寻找食物，即使食物就在身边也不会去拿，必须依靠仆人们伺候她们进食，帮她们料理家务。红蚂蚁就是这样，专门去偷别人的孩子来伺候自己

---

① 亚马孙人：传说中的妇女民族，生活在高加索或斯基台一带。

家族。它们抢掠邻居家的不同种类的蚂蚁，把别的蚂蚁的蛹掠到自己的蚁穴里来，不久之后，蛹蜕了皮，就成了红蚂蚁家中拼命干活的奴仆了。

　　炎热的夏季来到时，我经常看见这些"亚马孙人"从它们的营地出发，前去远征。这支远征的队伍竟长达五六米。如果沿途未遇见什么引起它们注意的事情，那它们的队形就始终保持不变；但是，如果突然发现了蚂蚁窝的话，前排打头的红蚂蚁就立刻停下脚步，变成散兵队形，乱哄哄地围成一团打转。这时候，后面的红蚂蚁便聚到这个蚁团中来，越聚越多。一些侦察尖兵被派出去打探，如果发现情况搞错了，它们便恢复原来的队形，继续前进。它们穿过园中小路，消失在草地中，但一会儿又在稍远点的地方出现了，然后又钻进枯枝败叶堆里，再大模大样地钻出来，就这样一直在寻寻觅觅。最后，终于发现了一个黑蚂蚁窝，红蚂蚁就急不可耐地闯入黑蚂蚁蛹穴里去，不一会儿，携带着各自的战利品纷纷爬出来。有时候，在这地下城市的城门口，遇上黑蚂蚁在守卫着，一方要尽力守护自己的财产；另一方则势在必得，双方混战一场，场面颇为惊心动魄。由于敌我双方力量的悬殊，胜利者当然是红蚂蚁。这帮强盗，一个个用大颚咬住黑蚂蚁的蛹，急急忙忙地往回家的路上赶。不了解奴隶制的读者，可能对这种亚马孙人的抢掠故事感到有趣，可我却不想多谈这种事情，因为这个故事与我想要讲述的昆虫返回窝巢的主题有所偏离了。

抢掠蚁蛹的红蚂蚁的运输距离之远近，取决于附近有没有黑蚂蚁。有时候，十几步路的地方就有黑蚂蚁穴，有时候则必须跑到50步，甚至100步开外的地方去寻找。我只看到过一次红蚂蚁远征到园子以外的地方去。它们爬上园子那4米高的围墙，翻过墙去，一直爬到远处的麦田里。至于要走什么样的路，这支征服大军并不在意。荒芜的不毛之地，绿草茵茵的草坪，枯枝败叶堆，砖石建筑，杂草丛等，它们都可以爬过去，并不挑挑拣拣，有所偏好。

然而，返回的路却是不可改变的，必须是原路返回，无论原路是多么曲曲弯弯，高低不平，是否难行。由于捕猎的必然性，红蚂蚁往往要经由十分复杂难行的路途，但即便如此，它们在获得战利品返回家园时，仍旧是走原先来时的路，即使来路艰险万分，它们也始终不渝，绝对不会改变路线。

如果它们去时经过的是厚厚的枯叶堆，那对它们来说，就等于是满地深渊的地带，稍有不慎，一失足便掉进深渊里去了。一旦掉到很深的凹处，往上爬到摇摇晃晃的枯枝桥上，然后再走出这小路纵横交错的迷宫，红蚂蚁就得累个精疲力竭，浑身散架。即使这样，它们仍旧是死心塌地地沿着原路走。如果想偷点懒，旁边就是一条好走的道，十分平坦，而且离原路只一步之遥，可是，它们就是看不到这仅仅一步之隔的平坦大道。

有一天，我发现它们又出发去抢掠了，在池塘砌起的护栏内边排着长队往前挺进。头一天，我已经把池塘里的两栖动物换成了金鱼。突然间，一阵强劲的北风吹袭过来，从侧面狠狠地吹刮着它们，把好几排兵丁刮落到池塘中去。金鱼一见，立刻加速游了过来，张开那对于红蚂蚁来说深如巷道的大嘴，把落水者全都吞进肚里。天有不测风云，雄关漫道，红蚂蚁大队尚未越过天堑，便伤亡惨重。我心里在想，它们归来时应走另一条道，何必非要经由这致命的悬崖峭壁呢？但情况并非如我所料。大颚里咬着黑蚂蚁蛹的长长队伍仍然是原路返回，尽管明知这条路崎岖艰难，有致命的危险。这对金鱼来说，倒是再好不过的了，它们得到了从天而降的双份吗哪[1]：蚂蚁和它的猎物。这不可理喻的顽固的红蚂蚁大队，宁愿损兵折将，也非要原路返回。

这帮亚马孙人之所以这么固执，看来是因为它们有时出外抢掠的路途较远，如果不原路返回，很可能迷路，回不了家。毛虫从窝里出来，爬到另一根树枝上去寻找更合适的可口的树叶时，在自己走过的路上留下丝线，然后再沿着这条丝线回到自己的家中。这就是远行时会遇到迷路的危险的昆虫所能够使用的最基本的方法：一条丝线把它们带回家。比起毛虫极其简单幼稚的寻路方法来，我们对于依靠感官定向的石蜂以及其他一些昆虫的了解就非常少了。

红蚂蚁这种抢掠者虽然也属于膜翅目类，可它们出外返家的办法却是少得可怜。这从它们只知从刚刚走过的路往回返就可以看得出来。它们这是不是在某种程度上仿效毛虫的办法呢？当然，它们沿途并不会留下指路的丝，因为它们身上并没有这样的器官。那么，它们会不会一路上散发出某种气味，譬如甲酸味什么的，以便通过嗅觉引导方向？许多人是持有这种看法的。

据说，蚂蚁就是通过嗅觉来辨明方向的，而它的嗅觉就在它那始终动个不停的触角上。我对这种看法持有怀疑。首先，我并不相信嗅觉会存在于触角上，其理由我已经提到过了；再者，我希望通过实验来证明红蚂蚁并不是依靠嗅觉来辨别方向的。

我时间很紧，没工夫一连几个下午去观察我的那些亚马孙人大队的出发，而且，即使浪费了这么多时间去跟踪观察，往往也无功而返。可我有一个小助手，她没我那么忙，她名叫路易丝，是我的小孙女，我每每跟她讲述蚂蚁的故事时，她都很感兴趣，而且还刨根问底。我把任务交代给她时，她高兴得什么似的，对小小年纪就能为科

---

① 吗哪：《圣经》中所叙述的天赐食粮。据说以色列人离开埃及前往迦南的40年旅途中，上帝显灵，赐这天粮给他们。

学做出贡献感到十分自豪。于是，天气晴朗时，她便满园子跑，寻找红蚂蚁，监视红蚂蚁，仔细辨认它们列队前去打劫黑蚂蚁窝的路径。她这已不是第一次充当我的小助手了，对她的认真负责，我是非常放心的。有一天，我正在记笔记，只听见有人嘭嘭地直敲我的书房门：

"是我，路易丝，快来，爷爷，红蚂蚁爬到黑蚂蚁窝里去了。快来呀！"

我连忙打开房门，问她道：

"你看清楚它们走的路了吗？"

"看清楚了，我还做了记号哩。"

"做了记号？怎么做的？"

"像小拇指①那样做的呗，我把小白石子撒在红蚂蚁走过的路上。"

我赶忙跟着她跑到园子里去。没错，我的6岁的小助手说得没错。她事先准备好了一些小白石子，看到红蚂蚁大队人马浩浩荡荡地列队走出兵营，她便跟随其后，在它们行经的路上，隔一段撒上点小白石子。这帮亚马孙强盗打劫抢掠之后，便开始沿着小白石子所标示的那条路返回来。打劫地点与它们的家相距百米。这样一来，我便有时间进行事先利用空闲所策划的实验了。

我抄起一把大扫帚，把红蚂蚁的行军路线扫得干干净净，扫出的路面有一米宽，路面上的浮土全都扫尽，撒上点别的粉状材料。如果原先的浮土上留有红蚂蚁的气味的话，现在，浮土扫尽，粉状材料已经更换，红蚂蚁肯定会被弄得晕头转向，辨别不清方向来。我把这条路的出口处分割成彼此相距几步远的4个路段。

现在，红蚂蚁大队来到了第一个切割开来的地方，它们明显在犹豫。有的在往后退去，然后又返回来，接着又往后退去；有的则在切割开的部分的正面徘徊彷徨；有的就在侧面散开来，似乎想要绕开

---

① 小拇指：法国诗人、童话作家佩罗（1628—1703）的童话《小拇指》中的主人公。

这个陌生的地方。蚁队的先头部队一开始是聚集在一起的，结成一个有几十厘米的蚁团，然后就散开来，宽度有三四米。这时候，后续部队也拥上前来，在这障碍物前越聚越多，相互堆挤在一起，乱哄哄一片，茫然不知所措。最后，有几只大胆的红蚂蚁，毅然决定冒险走上那条被扫过的路，其他的红蚂蚁随后便跟了上来；与此同时，有少数的红蚂蚁则绕了个弯，也走上了原先的那条路。其下面的那几个切割路段，它们同样也这么犹豫来犹豫去的，但最终，或直接地，或从侧面绕着，都走上了来时的那条路。我虽然设下了圈套，扫清道路，分段切割，但红蚂蚁最终还是沿着有小白石子标示的那条来时路返回去了。

这个实验似乎说明红蚂蚁的嗅觉确实是在起作用。凡是在被切割的路段，红蚂蚁4次都同样表现出犹豫不决来，但它们最后还是踏上了原路，回到家中。这也许是我清扫得还不够干净彻底，一些有味道的浮土仍然残留在原来的那条路上。绕过扫干净的地方走的红蚂蚁，有可能是受到扫到一旁的浮土的气味所指引。因此，我还不能急着下结论，在表示赞成或反对嗅觉起作用之说以前，我必须在更好的条件之下，再进行实验，必须把它们留在一切材料上的气味全部消除干净。

几天之后，我认真细致地制订了新的计划。小路易丝又帮我去进行观察。很快，她就跑回来向我报告，说红蚂蚁出洞了。这我并不感到惊讶，因为时值6月，下午天气闷热难耐，特别是大雨将要来临，红蚂蚁很少不爬出洞外来的。我仍旧把小白石子撒在红蚂蚁走过的路上，撒在我选定的最有利于实现我的计划的地方。我把一根作为园子浇水用的帆布管子接到池塘的一个接水口上，把阀门打开；红蚂蚁经过的路径被管子里的汹涌喷射出来的水给冲断了，冲出一个一步宽的大缺口，冲出好远好远去。我就这么猛冲了有一刻钟的工夫。然后，当红蚂蚁抢掠归来，走近这儿时，我减缓水流的速度，减小水层的厚度，免得让它们过于费劲乏力。如果这帮强盗必须经由原路返回的话，那它们就必须越过这一巨大的障碍。

红蚂蚁的先头部队在这个大缺口面前犹豫了很长很长的时间，后面的红蚂蚁们有足够的时间赶上前来，与排头兵们聚集在一起。只见它们最后利用露出水面的卵石，走进了急流；然后，脚下的基础没有了，那些最大胆最勇敢的便被流水卷挟而去，但它们的大颚仍旧紧紧地咬着，不肯丢弃自己的猎获物，就这样随波逐流，最后被冲到突出的地方，又到了河岸边，重新找寻可以涉水渡河的地方。地上有几根麦秸秆儿被冲得到处都是，这便是红蚂蚁需要爬上的摇晃不稳的独木桥。有一些橄榄树的枯枝，被咬着猎获物的乘客们当作木筏。有一部分最勇敢的红蚂蚁，靠着自己的胆量，也靠着好运气，没有利用任何渡河工具，涉水而过，爬上了对岸。我看到有些红蚂蚁被水流卷带到此岸或彼岸两三步远的地方，看上去它们非常焦急，不知究竟如何是好。在这支溃散部队的一片混乱惶恐之中，在遭到这个灭顶之灾的时候，我没发现有哪一只红蚂蚁把嘴里的猎获物丢弃。它们是宁可死也绝不丢掉战利品的。总而言之，它们总算渡过难关，勉勉强强，凑凑合合地战胜了激流险滩，而且是从规定的路线渡过去的。

在这之前，湍急的水流已经把路段给清洗干净，而且，在它们忙于渡河的时候，仍不断地有新的水流流过，因此，我觉得，经过我这么一折腾，路上留下的气味应该是没有了，这个问题可以排除在外了。如果这条路上有丁酸味道，我们的嗅觉也嗅不出来，至少在我所说的条件下感觉不出来。现在，我来用一件更加强烈而且我们可以嗅得出来的气味来代替，看看会出现什么情况。

我来到了第三个出口处，在红蚂蚁必经之路上，拿了几把薄荷叶，把地面擦拭了一番。这薄荷叶是我刚从花坛里手摘的，很新鲜，气味挺浓。在路的稍远处，我又用薄荷叶铺在地上。红蚂蚁抢掠归来，经过用薄荷叶擦拭过的地方时，没有显出担心、犹豫，而来到薄荷叶覆盖着的地段时，也只是稍加犹豫，便毅然决然地走了过去。

经过这两次实验——用水冲刷路面的实验和用薄荷叶改变气味的实验——之后，我觉得，再认为是嗅觉在指引着蚂蚁沿着原路返回家园的，那就没有道理了。我再做一些别的测试，我们就会明白了。

现在，我对地面未加改变，而是用几张很大的纸张，横铺在路面上，用几块小石头把它们压住，弄平。这块纸地毯彻底地改变了道路的外貌，但丝毫没有去掉可能会有的气味。红蚂蚁爬到这纸地毯面前，犹豫不决，疑惑不解，比面对我所设下的其他圈套，甚至激流，都要更加犹豫不决。它们从各个方面探查，一再地前进，后退，再前进，再后退，最后才铤而走险，踏上了这片陌生的区域。它们终于穿越了纸地毯。通过之后，大队人马又恢复了原先的行进行列。

我在稍远处还设下一个圈套，在静候着这帮亚马孙人抢掠大军。我用一层薄薄的细沙把路给切断，而这条路原本是浅灰色的。道路颜色这么稍加改变，就会让红蚂蚁颇费一番踌躇。它们在这层薄薄的黄沙面前就像先前面对纸地毯一样，犯起嘀咕来，不过，它们犹豫的时间并不长，很快，就毅然决然地穿越了眼前的这道障碍。

无论是黄沙铺地还是用纸铺成地毯，都没有使来时路上的气味消失掉，但红蚂蚁走到这些障碍面前时，都要先犹豫再三，停止前进，这就说明并不是嗅觉而是视觉在使它们最终找到了回家的路。没错，是视觉在起作用，只不过它们的视力十分微弱，只要移动几个卵石就能改变它们的视野。由于它们近视得厉害，所以，一条纸带，一层薄荷叶，一层黄沙，甚至更加微小的改动，对它们来说，简直就是面目全非，致使这些兴冲冲带着战利品班师回朝的抢掠大军焦急不安地在这陌生地带举步不前，徘徊彷徨。最终之所以还是穿越了这些可疑的地区，那是因为它们经过反复尝试，企图穿过这片经过加工改造的地带的过程中，有几只蚂蚁终于认出了前面有些地方是它们所熟悉的，而其他的蚂蚁对这些视力较好的同胞十分信赖，便跟着它们穿了过去。

当然，光靠这么点微弱的视力还是不够的，这些亚马孙强盗还具有精确的记忆力。蚂蚁还有记忆力？那它的记忆力是怎么回事？它的记忆力跟我们的有何相似之处？对于这些问题，我无从回答，但是，我可以明确地说，昆虫对于自己到过一次的地方是记得很准确的，而且还记得非常牢。这一点我可没少发现。我甚至还观察到这样的情况：红蚂蚁抢掠的猎获物太多，一趟搬不完，或者，这支远征军发现某处黑蚂蚁非常非常多。于是，第二天，或者第三天，它们还会进行第二次远征。在第二次同一条线路的远征中，大队人马无须沿途寻找，而是直奔目的地。我曾经沿着两天前这支抢劫大军所走过的那条路撒下小石子作为标记，我惊奇地发现它们走的是同一条路，走过一个石子又一个石子。我事先就在推测，它们会根据我所做的路标，沿着我的石桥墩向前迈进。情况果然如此，没有出现什么大的偏离。

它们所走的路是两三天前的路，路上留下的原有的气味应该已经散尽，不可能保持这么久的。所以我得出结论，是视觉在引导着远征的红蚂蚁们。当然，除了视觉之外，还有它们对地点的极其准确的记忆。而它们的这种记忆力强到能把印象保留到第二天，第三天，甚至更久。这种记忆力极其精确，因为它在引导红蚂蚁穿越各种各样的地形地貌，沿着前一天或前几天所走过的路返回家园。

如果遇到不认识的地方，红蚂蚁会怎么办呢？除了对地形的记忆以外（在此，记忆力已于事无补，因为我假设这个地区还没有被探测过），它们会不会像石蜂那样，即使是在小范围内也有指向能力呢？能不能返回自己的居所，或者跟正在行进的大队会合呢？

这支抢掠大军并未搜寻园子里的角角落落。它们尤为喜欢探索的是北边，毫无疑问，在北边抢劫的收获最大。所以，它们的大队人马通常总是向北边开拔。在南边，我却很少见到它们光顾。因此，它们对园子的南边即使不是完全不认识，起码也是不如对北边那么熟悉。在作了这番交代之后，我们一起来观察，红蚂蚁在这片它们不太熟悉的地方会有什么样的表现。

我守候在红蚂蚁穴旁边。在大队人马抢掠归来的时候，我把一片枯叶放在一只蚂蚁面前，让它爬到叶子上面去。我没有去碰它，只是把它运送到离长长的队伍有两三步远的地方去，当然是往南边的两三步远处。这么远的距离，又是它所不熟悉的环境，它立刻便晕头转向了。我看到这只小红蚂蚁被放到地上之后，漫无目的地在寻觅着，茫然不知所措，但是，嘴里的战利品并没有抛弃。只见它急匆匆地奔跑着，与自己的同伴的距离越来越远，可它还以为是在追赶队伍哩。不一会儿，它又折返回来，又走远去，东边试探一番之后又转向西边，向四面八方去探寻，但总也找不对路。其实，它的同伴们就在离它两步远的地方在向前挺进。我还记得有几只这样的迷路者，左寻寻右觅觅，忙乎了半个小时，又急又慌，始终走不上正道，而是越离越远，但大颚仍旧咬着黑蚂蚁蛹不放。它们后来的结局是什么？它们把它们的战利品如何处置了？我没有时间也没有耐心一直跟踪这几个迷路的强盗。

　　这种膜翅目昆虫显然没有其他膜翅目昆虫所具有的的指向感觉。它们只不过是能够记住所到之处而已，除此之外，没有其他方面的特长。只要让它偏离主路两三步远，它就会迷失方向，无法与家人团聚；而石蜂则不然，即使飞越几公里，也能找准方向，这难不倒它。这种奇妙的感官只有几种动物才会具有，而我们人却并不具备，我曾经对此深感惊讶。人与这几种动物在这个方面的差别竟然如此之大，很引起人们的争议。现在，这种差别已不复存在，进行比较的是两种十分相近的昆虫，两种膜翅目昆虫，它们之间竟然也有这么大的差异！如果它们是从一个模子里出来的，那为什么一种膜翅目昆虫具有某种官能，而另一种膜翅目昆虫却并不具有呢？多了一个官能，这可非同小可，比起器官上的某个小问题来，这可是非常重要的特征啊！我对此不甚了了，我盼着进化论者能向我提供一个站得住脚的理由来。

　　我前面已经看到了这种对准确地点的惊人的记忆保持得那么久而且记得那么牢，那么，这种记忆力到底好到什么程度，竟然能把印象铭刻在心里？红蚂蚁需要多次走过或者只要一次远征就能知道沿途的地形地貌吗？它所走过的路线是不是一下子就深印在它的记忆之中了？红蚂蚁在出动去抢掠黑蚂蚁窝时，它们并没有固定的目标，是随心所欲地这么往前走的，边走边搜索，所以它们想往何处去搜寻猎物，我们无从干预。现在，让我们一起来观察一下其他膜翅目昆虫是怎么做的吧。

我选定了蛛蜂作为观察对象。我在此不准备专门介绍蛛蜂的习性。它们捕食蜘蛛和掘地虫。它们先抓住猎物，把它麻醉之后，留给未来的幼虫当作食粮，然后再建住所。如果挟带着沉重的猎物去寻找适合筑窝建巢的处所，那是极其困难，很不方便的，因此，它便把猎获的蜘蛛什么的存放在草丛或灌木丛这样高一些的地方，以防不劳而获、坐享其成的其他昆虫，尤其是蚂蚁，趁自己不在时，把猎物给蚕食或糟蹋了。把猎物存放好之后，蛛蜂便去寻找一处合适地点，挖洞穴，筑窝巢。在建房造屋的过程中，它仍会时不时地飞去看看它存放的猎物；轻轻地咬一咬，拍一拍猎物，似乎因获得如此丰盛的食物而沾沾自喜，乐不可支；然后，它又回到建筑工地，继续挖洞建房。如果它觉得情况有点不对头，它不仅会去探看猎物，还会把猎物搬到离建筑工地近一些的地方来，当然，仍旧是存放在较高的地方。蛛蜂确实是这么做的，所以我可以利用这一特点去了解一下它的记忆力究竟好到什么程度。

当蛛蜂在地下忙着挖洞筑巢的时候，我便把它的猎物拿走，放在离原存放点仅半米远的空旷处。不一会儿，只见蛛蜂飞过来查看自己的猎物了，它径直飞向存放点。它对所走的方向非常有把握，对存放点记得非常清楚，这很可能是它此前曾多次来过这儿的缘故？我没见它以前来过，所以对此不敢妄加推测。总之，蛛蜂一下子就找到了存放猎物的草丛。它在草丛上走过来走过去，仔细查找猎物，多次回到存放猎物的那个点。最后，它确信自己的猎物已不翼而飞，便用触角拍打地面，慢慢地在存放点四周再仔仔细细地搜寻，终于发现猎物就在一旁不远处的一个空旷的地方。它觉得莫名其妙，非常惊讶。它朝猎物走去，突然猛地一惊，往后直退。猎物是活的还是死的？是我刚才捕获的那个猎物吗？它那模样好像是在作如是想。其实并不是这么回事。

蛛蜂只犹豫了不大的一会儿，然后便咬住猎物，倒退着拉住它，把它拉到离第一次的存放点两三步远的植物丛里，存放在高处。接着，它又回到工地，又挖了一段时间。我趁它返回工地时，再一次把它的猎物移换了位置，把它放在离存放点稍微远一点的光秃秃的空地上。这种情况很适合评判蛛蜂的记忆力，已经有两个草丛作为它的猎物存放处了。第一个草丛，蛛蜂十分准确地回到了那里，这很有可能是因为这个存放点它已来过多次，有较深的印象，但我并未观察到；而对第二个草丛，它的记忆中肯定只有一点肤浅的印象，它并没经过仔细观察，便选定了，只是匆匆忙忙地把猎物挂在草丛高处，便急急忙忙地返回工地去了。这第二个存放点是它第一次看到，而且是经过时匆忙看到的。这么匆匆一瞥，它能记得很准确吗？另外，在昆虫的记忆中，两个地点现在可能被搞混淆了，第一个存放点跟第二个存放点会让它不知谁先谁后。它究竟会往哪儿去探看呢？

我们很快就能知晓结果。蛛蜂已离开洞穴，再一次去查看自己存放的猎物。它径直奔向第二个存放点，在那儿找了很久，怎么也找不到自己的猎物。它明明知道自己就是把猎物存放在那儿的，怎么会找不着呢？它继续在那儿寻找着，根本没有打算回到第一个存放点去看看。对于它而言，第一个存放点已不复存在，它关心的只是这第二个存放点。只见它在原地找个遍之后，又往四周继续寻过去。

它终于在那个光秃秃的空旷地找到自己的猎物，那是我把猎物放到那儿去的。蛛蜂立即把寻找回来的猎物存放到第三个草丛高处。我又对它进行了测试。这一次，蛛蜂毫不迟疑地就直冲第三处草丛奔去，根本就没有与前面两个存放点发生混淆，对头两处它根本不屑一顾，足见它的记忆力是十分准确的。我以同样的方法又继续进行了两次实验，蛛蜂总是直奔最后的那个存放点，对先前的存放点根本不予理会。蛛蜂这个小家伙的记忆力真是惊人，令我叹服。一个与别处并无多大不同的地方，它只要匆匆忙忙地瞥上一眼，就能够深深地印在记忆之中，何况它还有很多的活儿要干，还得忙着建房造屋，操心的事不少。我们作为高级动物，我们的记忆力能够始终像蛛蜂那么好吗？我看未必。回过头来再看看红蚂蚁，它也具有与蛛蜂同样的记忆力，因此，它在长途跋涉之后，沿着原路返回家中，也就没有什么可以怀疑，没有什么无法解释的了。

现在，我来再给蛛蜂制造点麻烦，增加点难度。我用指头在土里按下一个印，弄出个凹坑，把蛛蜂的猎物放进这个小凹坑里，上面用一片薄薄的叶子把它盖好。蛛蜂来到猎物存放点之后，居然从叶子上穿过，在上面走过来走过去，却并没想到自己的猎物就在叶下。然后，它又往四周去寻找，终无所获。这就说明，指引它的并非嗅觉，而是视觉。在此期间，它的触角一直在不停地拍打着土地。那么，触角这个器官究竟起到什么作用呢？这我说不清楚，我只知道它不是嗅觉器官。通过对砂泥蜂寻找灰毛虫的实验，我已经得出了这个结论；现在，我所得到的证据已经经过实验，我觉得这是决定性的，毋庸置疑。我还得指出，蛛蜂的视力很弱，所以它虽经常在离自己猎物不远的地方来来往往地寻找，却没能一眼就看到自己那被我挪了窝儿的猎物。

意大利蟋蟀

　　我们这儿见不着那种为面包铺和乡间灶屋间常客的家蟋蟀。不过，如果说在我们村子里壁炉石板下面的缝隙里没有蟋蟀的叫声的话，那么作为补偿，夏夜的田野里却响着美妙的歌声，那是北方所不太能听到的。春季里，阳光灿烂时，田间地头的蟋蟀便唱起了交响曲；夏日里，在夜阑人静时，则有树蟋蟀，或称意大利蟋蟀在鸣唱。一个是昼间蟋蟀，一个是夜间蟋蟀，它们平分那美妙的季节。在前者停止歌唱期间，后者便开始唱起小夜曲来。

　　意大利蟋蟀没有黑色外套，而且体形也无一般蟋蟀那种粗笨的特点。恰恰相反，它细长，瘦弱，苍白，几乎全白，正适合夜间活动的习惯要求。你捏在手里都生怕把它捏碎。它在各种小灌木上，在高高的草丛中，跳来蹦去，很少待在地上生活。从7月一直到10月，它们日落时分开始歌唱，一直唱到大半夜，是一场悦耳动听的音乐会。

　　这儿的人们都非常熟悉这种歌声，

意大利蟋蟀

因为无论多小的荆棘丛中都有这种交响乐的演唱者。它们甚至还在粮仓里歌唱，那是因为运草料时把它们夹带了来，使它们迷了路径，无法回返。这种苍白的蟋蟀习俗神秘，所以谁也不能确切地知晓是什么蟋蟀可以唱出这么好听的小夜曲，人们误以为是普通的蟋蟀唱的，可是这个季节普通蟋蟀尚小，还不会歌唱。

意大利蟋蟀的歌声是"格里—依—依""格里—依—依"这种缓慢而柔和的声音，唱起来还微微发颤，使歌声更加悦耳动听。你一听就会猜想到它的振动膜是极其细薄而宽大的。如果它待在叶丛中无人惊扰的话，它的声音就不会变化，但稍有动静，这位歌手便立即改用腹部发声。你刚才听见它一直在你面前歌唱，可突然间，你听见的是它在那边20步开外的地方继续鸣唱，但音量减弱了，你还以为是距离使然。

你跑过去，但什么也没发现，声音仍旧是从原来的地方发出来的。还不仅仅如此。这一次声音是从左边传来的，也许是从右边或者是从后面传来。你完全给弄糊涂了，无法凭借自己的听觉去辨别蟋蟀到底是在何处鸣叫的。你必须提着提灯，而且要极有耐心，还得小心翼翼，不出任何响动，才能在灯光的帮助下捉到这个歌唱家。我就如此这般地捉到了几只，放进笼中，从而多少了解了一点点迷惑我们听觉的演唱家的情况。

两片鞘翅都是由一片宽大的半透明干膜构成，薄如一片白色洋葱皮，能够整个儿地震颤。处于蟋蟀上身的一端逐渐变窄。从上端开始按一条粗重纵翅脉折成直角，再以鞘翅凸边沿体侧往下，在蟋蟀休息时，包住其身体。

右鞘翅覆盖在左鞘翅上。右鞘翅内侧靠翅根处有一块胼胝，辐射出5条翅脉，两条冲上，两条往下，而第五条几乎呈横向，略微泛红，是基本部件，也就是琴弓，这从其上横向的细锯齿一看便知。鞘翅的其他地方还有几条不太粗的翅脉，功用在于绷紧薄膜，但不是摩擦器的组成部件。

左鞘翅，或者说下鞘翅，结构与右鞘翅相同，但区别在于琴弓、胼胝以及由胼胝辐射出去的翅脉位于上部表面。此外，我们还可以看到左右两把琴弓呈斜向交叉。

当蟋蟀放声歌唱时，左右鞘翅高高地竖起，宛如一张薄纱船帆，只是内边缘相互接触。这时候的左右两把琴弓是彼此斜着咬合着的，它们相互摩擦便使得绷得紧紧的薄膜产生强烈的震颤。

根据每把琴弓是在另一个鞘翅的胼胝（其本身也是粗糙的）上还是在四条光滑的辐射翅脉中的一条上摩擦，蟋蟀发出的声音则有所不同。这也许部分地解释了为什么胆小的蟋蟀怀疑遇到危险时会用声音迷惑我们，让人觉得声音发自前后左右，难以捉摸。

声音的强弱、响亮、沉闷变化，使人产生距离上的错觉，这是蟋蟀这个腹语者的高超艺术手段，而这种错觉的产生还有另一个原因，这是很容易发现的。声音响亮时，鞘翅是完全竖起的，声音沉闷时，鞘翅则多少有点下垂。当鞘翅处于下垂状态时，其外侧边缘不同程度地压在蟋蟀柔软的侧部，从而随之减小了振动部分的面积，声音也就随之变小。

用手指触摸敲响的玻璃杯，它便声音发闷，仿佛是从远处传来。灰白色蟋蟀深谙这个声学奥秘。当有人去捉它时，它便把振动片的边缘压在柔软的肚腹上，使人不知它身在何处。我们的乐器有制振器、消音器，意大利蟋蟀的制振器、消音器可与之媲美，而且结构简单，功效奇佳，胜我们一筹。

田间地头的蟋蟀及其同类昆虫也使用这种消音办法，把鞘翅边缘压在肚腹或高或低处，以减轻振动，但是它们中没有谁能像意大利蟋蟀的本事那么大，能产生如此神奇的效果。

我们的脚步声一靠近，哪怕是极轻极轻的，蟋蟀就会用这种办法对付我们，使我们产生错觉。除此而外，它的声音还非常纯正，带有柔和的颤音。仲夏夜，万籁俱寂时，还有哪种昆虫的鸣叫胜过意大利蟋蟀的？那么优美，那么清脆。我不知有多少次，席地躺在迷迭香花丛中躲着，偷听那美妙迷人的音乐演唱会啊！

我的花园里夜间歌唱的蟋蟀非常多。每一簇红花岩蔷薇都有其合唱队员；每一束薰衣草中也都有自己的乐队。那枝繁叶茂的野草莓树丛中，那笃耨香树丛中，都成了蟋蟀们的演唱场地。这个小天地中的小生物们在以自己那优美清亮的声音在彼此探问、相互应答，或者可以说是对别的歌手无动于衷，只是自顾自地在抒发自己的情怀。

高处，我头顶上方，天鹅星座在银河中伸长它那巨大的十字架；下方，就在我的四周，蟋蟀在演唱交响曲，此起彼伏，抑扬顿挫。唱出自己欢乐心声的这些小小的生命使我忘记了群星璀璨。天空中的那些眼睛平静冷漠地眨巴着，在看着我们，可我们对它们却一无所知。

科学告诉我们它们离我们有多远，它们的速度有多快，它们的体积有多大，它们的质量有多重，还告诉我们它们不计其数，令我惊愕不已，但是这并未使我们有一丁点儿的激动。为什么？因为科学缺少了那个巨大的秘密，即生命的秘密。天上有什么？太阳在温暖着什么？理性告诉我们说，有一些类似于我们的世界，有一些生命在其间进行无穷变化的大地。这种宇宙观可谓宏大无比，但却是一种观念而已，并没有确凿的根据。确凿的事实才是至高无上的，是看得见摸得着的。所谓"可能"，甚至"极其可能"，都不是"明显"，并不是显而易见，无懈可击的。

可我的蟋蟀们却是我的伴侣，它们使我感到了生命的颤动，而生命正是我们的灵魂。正因为如此，我才身子倚着迷迭香树篱，只是心不在焉地随意向天鹅座瞥上一眼，我的全部心思都集中在它们那小夜曲上了。

一小块注入了生命的能感受苦与乐的蛋白质，远远超过庞大的无生命的原料。

田野地头的蟋蟀

谁想观看蟋蟀产卵都用不着做什么准备工作，只要有点耐心就行。布封说，耐心是一种天赋，我却谦虚地称为观察者的优秀品质。4月份，最迟5月份，我们给它们配对，单独放在花盆里，放一层土，压实。食物只是一片莴苣叶，要常常换上新鲜的。花盆上盖上一块玻璃，以防它们跳出来跑掉。

这种装置简单有效，必要时还可以加一个金属网罩，那就更加高级了，这样我们就可以获得一些极其有趣的资料。我们以后再谈这些。眼下，我们要盯着看它产卵，必须时刻警惕着，不让有利时机溜掉。

我持之以恒的观察有了初步满意的结果是在6月的第一个星期。我突然发现母蟋蟀一动不动，输卵管垂直地插入土层里。它并不在意我这个冒失的观察者，久久地待在那同一个点上。最后，它拔出输卵管，漫不经心地把那小孔洞的痕迹抹掉，歇息片刻，溜达了一会儿，随即便在花盆内其他的地界儿里继续产卵。它像白额螽斯一样重复干着，但动作要慢得多。24小时之后，产卵似乎结束了。为了保险起见，我又继续观察了两天。

于是，我翻动花盆的土。卵呈淡黄色，两端圆圆的，长约3毫米。卵一个一个地垂直排列于土里，每次产卵的数目不等，有多有少，相互靠紧在一起。我在整个花盆的两厘米深的土里都发现有卵。我用放大镜勉为其难地尽量数清土里的卵，我估计一只母蟋蟀一次产卵有五六百个。这么多的卵肯定不久就会被大批地淘汰的。

蟋蟀卵真像是个绝妙的小机械。孵出后，卵壳似一只不透明的白筒子，顶端有一个十分规则的圆孔，圆孔边缘是一个圆帽，作为孔盖用。圆帽并非由新生儿随意顶开或钻破的，而是中间有一条特别线条，闭合不紧，可自动启开。看卵孵出会挺有趣的。

卵产下之后大约半个月，前端出现两个又大又圆的黑黄点，那是蟋蟀的眼睛。在这两个圆点稍高处，在圆筒子的顶端，出现一条细小的环状肉。卵壳将从这儿裂开。很快，半透明的卵就能让我们看到婴儿那孵化中的小样儿。这时候就必须倍加小心，增加观察次数，尤其是早晨。

幸运垂青耐心的人，我的孜孜不倦终于有了报偿。稍稍隆起的肉在不停地变化着，出现了一拱就破的一条细线。卵的顶端被其中的婴儿的额头顶着，顺着那条细肉线抻着，像小香水瓶一样微微启开，分落两旁。蟋蟀便像小魔鬼似的从这个魔盒中钻了出来。

小魔鬼出来之后，壳儿还鼓胀着，光滑而完整，呈纯白色，圆帽

田野地头的蟋蟀

挂在孔口。鸟蛋是由雏鸟喙上专门长着的一个硬肉瘤撞破的；蟋蟀的卵则是一个高级小机械，犹如一个象牙盒子似的自动启开。小蟋蟀额头一顶，铰链就启动，壳就张开了。

小蟋蟀一脱掉身上那件精细外套，浑身发灰，几近白色，立刻便与上面压着的土搏斗开来。它用大颚拱土；它蹬踢着，把松软的碍事的土扒拉到身后去。它终于钻出土层，沐浴着灿烂的阳光，但它如此瘦小，不比一只跳蚤大，在弱肉强食的世界上经历风险。24个小时，它体色变化，成了一个漂亮的小黑蟋蟀，乌黑的颜色可与成年蟋蟀一争高下。原先的灰白色只剩下一条白带围着胸前，宛如牵着婴孩学步的背带。

它十分敏捷，用它那颤动着的长触须在探察周围空间；它奔跑，蹦跳，开心得很，以后体态发胖就没这么欢蹦乱跳的了。它年幼胃嫩，该给它吃些什么呢？我全然不知。我像喂成年蟋蟀一样，拿嫩莴苣叶喂它。它不屑吃，或者也许是吃了点而我没看出来，因为它咬的印迹不明显。

不几天工夫，我的10对蟋蟀大家庭成了我的一大负担。一下子就是五六千只小蟋蟀，当然是一群漂亮的小家伙，可它们都需要如何照料我却一无所知，这叫我如何是好。

啊，我可爱的小家伙们，我将给予你们充分的自由，我将把你们托付给大自然这个至高无上的教育者。

我就这么办了。我找到花园里最好的一些地方，把它们这儿那儿地放生一些。如果它们一个个都活得很好，明年我的门前会有多么美妙动听的音乐会呀！但是，这美景并未出现，可能不会有什么美妙动听的音乐会了，因为母蟋蟀虽然大量产仔，但随之而来的是凶残的杀戮。幸存下来的很可能只有几对蟋蟀。

首先奔来抢掠这天赐美味、大开杀戒的是小灰壁虎和蚂蚁。尤其是蚂蚁这个可恶的强徒恐怕不会在我的花园里给我留下一只蟋蟀。它抓住可怜的小家伙们，咬破它们的肚皮，疯狂地大嚼一通。

啊！该死的恶虫！可我们一直把它视为第一流的昆虫呢！书本上在赞扬，对它还赞不绝口；博物学家们把它们捧上了天，每天都在为它们锦上添花；动物界同人类一样，让自己威名远扬的办法有千万种，但最可靠的办法则是损人利己，这是千真万确的道理。

谁都不了解弥足珍贵的清洁工食粪虫和埋葬虫，可吸血的蚊虫、长毒刺的凶狠好斗的黄蜂以及专干坏事的蚂蚁却无人不知无人不晓。在南方的村子里，蚂蚁毁坏房屋椽子的热情如同它们掏空一棵无花果树一样。我无须赘述，每个人都能从人类的档案馆中找到类似的例证：好人无人知晓，恶人声名远扬。

由于蚂蚁以及别的一些杀戮者的屠杀之无情，我花园中开始时数量多多的蟋蟀日渐稀少，使我的研究难以为继。我只好跑到花园以外的地方去进行观察了。

8月里，在尚未被三伏天的烈日烤干的草地上一小块绿洲的落叶中，我发现了已经长大了的小蟋蟀，与成年蟋蟀一样全身墨黑，初生时的白带子已经全褪去了。它居无定所，一片枯叶、一片砖瓦足可以遮风避雨，犹如不考虑何处歇足的流浪民族的帐篷一样。

直到10月末，初寒来临，它才开始筑巢做窝。据我对困于钟形罩中的蟋蟀的观察，这个活儿非常简单。蟋蟀从不在其中的一个裸露地点筑巢，而总是在吃剩的莴苣叶遮盖着的地方做窝，莴苣叶代替了草丛作为隐藏时不可或缺的遮掩。

蟋蟀工兵用前爪挖掘，利用其颚钳挖掉大沙砾。我看见它用它那有两排锯齿的有力的后腿在蹬踢，把挖出的土蹁到身后，呈一斜面。这就是它筑巢做窝的全部工艺。

一开始活儿干得挺快。在我的囚室的松软土层里，两个小时的工夫，挖掘者便消失在地下了。它还不时地边后退边扫土地回到洞口。如果干累了，它便在尚未完工的屋门口停下来，头伸在外面，触须微微地颤动着。休息片刻之后，它又返回去，边挖边扫地又继续干起来。不一会儿，它又干干歇歇，歇息的时间也越来越长，我观察的劲头儿也随之减低了。

最紧迫的活计完成了。洞深两寸，目前已够用了，余下的活计费时费力，得抽空去做，每天干点。天气日渐转凉，自己的身体在渐渐长大，巢穴得逐渐加深加宽。即使到了大冬天，只要天气暖和，洞口有太阳，也能常常看见蟋蟀在往外弄土，说明它在修整扩建巢穴。到了春光明媚时，巢穴仍在继续维修，不停地修复，直至屋主去世为止。

4月过完，蟋蟀开始歌唱，先是一只两只，羞答答地在独鸣，不久便响起交响乐来，每个草柯里都有一只在歌唱。我很喜欢把蟋蟀列为万象更新时的歌唱家之首。在我家乡的灌木丛中，在百里香和薰衣草盛开之时，蟋蟀不乏其应和者：百灵鸟飞向蓝天，展放歌喉，从云端把其美妙的歌声传到人间。地上的蟋蟀虽歌声单调，缺乏艺术修养，但其淳朴的声音与万象更新的质朴欢快又是多么地和谐呀！它那是万物复苏的赞歌，是萌芽的种子和嫩绿的小草能听懂的歌。在这二重唱中，优胜奖将授予谁？我将把它授予蟋蟀。它以歌手之多和歌声不断占了上风。当田野里青蓝色的薰衣草如同散发青烟的香炉，在迎风摇曳时，百灵鸟就不再歌唱了，人们只能听见蟋蟀仍在继续低声地唱着，仍在庄重地歌颂着。

现在，解剖家跑来啰唆了，粗暴地对蟋蟀说："把你那唱歌的玩意儿让我们瞧瞧。"它的乐器极其简单，如同真正有价值的一切东西一样；它与螽斯的乐器原理相同：带齿条的琴弓和振动膜。

蟋蟀的右鞘翅除了裹住侧面的皱襞而外，几乎全部覆盖在左鞘翅上。这与我们所见到的绿蚱蜢、螽斯、距螽以及它们的近亲完全相反。蟋蟀是右撇子，而其他的则是左撇子。

两个鞘翅结构完全一样，知道一个也就了解了另一个。我们来看看右鞘翅吧。它几乎平贴在背上，但在侧面突呈直角斜下，以翼端紧裹着身体，翼上有一些斜向平行细脉。背脊上有一些粗壮的翅脉，呈深黑色，整体构成一幅复杂而奇特的图画，形同阿拉伯文似的天书。

鞘翅透明，呈淡淡的棕红色，只是两个连接处不是如此，一个连接处大些，三角形，位于前部；另一个小些，椭圆形，位于后部。这两个连接处都由一条粗翅脉围着，并有一些细小的皱纹。第一处还有四五条加固的人字形条纹；后一处只是一条弓形的曲线。这两处就是这类昆虫的镜膜，构成其发声部位。其皮膜的确比别处的细薄，是透明的，尽管略呈黑色。

　　那确实是精巧的乐器，比螽斯的要高级得多。弓上的150个三棱柱齿与左鞘翅的梯级互相啮合，使4个扬琴同时振动，下方的两个扬琴靠直接摩擦发音，上方的两个则由摩擦工具振动发声。所以，它发出的声音是多么雄浑有力啊！螽斯只有一个不起眼的镜膜，声音只能传到几步远的地方，而蟋蟀有4个振动器，歌声可以传到数百米以外。

　　蟋蟀声音亮度可与蝉匹敌，而且还不像蝉的叫声那么沙哑，令人讨厌。更妙的是，蟋蟀的叫声抑扬顿挫。我们说过，蟋蟀的鞘翅各自在体侧伸出，形成一个阔边，这就是制振器；阔边多少往下一点，即可改变声音的强弱，使之根据与腹部软体部分接触的面积大小，时而是轻声低吟，时而是歌声嘹亮。

　　只要是不爆发交尾期间本能的争斗，蟋蟀们便会在一起和平相处。但求欢者们之间，打斗是家常便饭，而且互不相让，但结局倒并不严重。两个情敌相互头顶着头，互相咬脑袋，但它们的脑壳是一顶坚硬的头盔，能够顶住对方铁钳的夹掐，只见它俩你顶我拱，扭在一起，然后复又挺立，随即各自离去。战败者逃之夭夭；得胜者放开歌喉羞辱对方，然后转而柔声低吟，围着情人轻唱求欢。

　　求欢者很会搔首弄姿。它手指一勾，把一根触须拽回到大颚下面，把它蜷曲起来，用其唾液作为美发霜在其上涂抹。它那尖钩、镶着红饰带的长长的后腿，焦急地跺着，向空中蹬踢着。它因激动而唱不出声来。它的鞘翅在急速地颤动着，但却不再发出声响，或者只是发出一阵零乱的摩擦声。

　　求爱无果。母蟋蟀跑到一片生菜叶下躲藏起来。但是，它还是微微撩起门帘在偷看，而且也想被那只公蟋蟀看见。

它向柳树丛中逃去，
但却在偷窥着求欢者。

两千年前的一首牧歌就是这么温情地唱颂的。情人间打情骂俏到处都一个样儿！

有趣的昆虫习性

灰 毛 虫

我在前面详尽地叙述了砂泥蜂捕捉毛虫的过程。我觉得我所观察到的情况有着重要的意义，即使我那荒石园昆虫实验室不再为我提供任何东西，那么，光是这一次的观察就足以弥补一切了。膜翅目昆虫为了制服灰毛虫所采取的"外科手术"，简直是达到了登峰造极的程度，我迄今为止尚未见到在本能方面胜过于它的。它的这种天生的本领真的让人刮目相看呀！它的这种本领难道不足以引起我们的深思吗？砂泥蜂宛如无意识的生理学家，它具有多么巧妙的逻辑，多么准确稳健的本领啊！

如果谁想要看到这种奇迹，那绝不是在田野里悠闲地散散步就能碰巧遇到的，就算是真的出现了这种大好机会，你也来不及利用。我可是花了整整五个钟头，而且，始终坚守在那里，即使如此，也未能完成计划中的实验项目，因此，如果想要很好地完成这种观察实验，就必须在自己家中，利用空闲时间来进行。

按照砂泥蜂的工作顺序来观察它的捕猎情况，首先就必须考虑一个问题：砂泥蜂这种膜翅目昆虫是如何发现灰毛虫在地下的藏身处的？

从表面上看，至少用眼睛去观察，没有任何迹象表明毛虫就藏在那儿。毛虫的藏身处可以是光秃秃的土地或者是长着草的地方，可以是满是石头或泥土的地方，也可以是连成一片的土地或裂隙小缝。地面的这种种不同，对捕猎者砂泥蜂来说，无关紧要，它搜索所有的地方，并不是专门喜欢搜索某一处。不管它停在何处，并搜索了多长时间，我都看不出那个地方有何与众不同，但是，恰恰是在那儿，一定会有一只灰毛虫藏着。我前面的叙述已经指出了这一点，我曾经接连五次在砂泥蜂的引导下，找到了灰毛虫，而砂泥蜂却因无力深挖下去，前功尽弃，而十分沮丧。因此，我可以肯定，这绝不是视觉的问题。

那么，到底是它的什么器官在起作用呢？是它的嗅觉吗？我们来看一下是怎么个情况。进行搜索的器官是触角，这一点是已经证实了的。触角的末端弯成弓形，不断地在颤动着，昆虫便用它来轻巧而快速地拍击土地。如果发现有缝隙，它便把颤动的细丝伸进缝隙中去进行探查；如果一簇禾本植物的根茎像网似的蔓延在地面上，它便加紧抖动触角，以搜索根茎网里凹陷的地方。触角的末端彼此贴在一起这么一会儿，在所探索的地方，犹如两根有触觉的丝条，两个活动自如的手指，通过触摸，了解情况。但是，光这么触摸是查不出来地下到底有什么的，因为它要寻找的是灰毛虫，可这灰毛虫却躲在地下好几寸深的洞穴中。

于是，我们便会想到嗅觉器官。毫无疑问，昆虫的嗅觉器官十分发达。埋葬虫、扁甲虫、腐阎虫、皮蠹等"食尸者"昆虫，就是靠着自己的嗅觉，才会急匆匆地赶往有一只死鼹鼠的地方去的。

如果说昆虫确实拥有较强的嗅觉器官，那么就必须知道它的嗅觉器官究竟生在它身体的哪一部位。有许多人肯定地说，是长在它的触角里。即使这种说法不无道理，但我们仍很难理解，由角质的环一节一节连接而成的一根茎怎么会起到鼻子的功能作用呢？因为鼻子的构造与触角可是大不相同的。鼻子与触角是两个毫无相同之处的器官组织，怎么会产生出相同的感觉来呢？譬如工具不同，它们的功用能一样吗？

再说，就我们所说的这种膜翅目昆虫来说，就我们所观察到的那种膜翅目动物而言，我们就可以对上述的说法提出异议来。嗅觉是一种被动的器官，而不是主动的器官：它是在等到气味传来时，就接受

灰毛虫

下来，而不像触角似的主动器官，主动去感觉，主动去探查气味在哪儿散发。砂泥蜂的触角就是在不停地动着，它这是在探查，在主动地去感觉。那它究竟是在感觉什么呢？如果说它确实是在感觉气味的话，那么它完全可以一动不动，这要比它动个不停的感觉效果要强得多。

再说，如果没有气味，也就谈不上什么嗅觉了。我曾经拿毛虫亲自做过实验，我让鼻子比我尖，比我敏感得多的年轻人也去闻闻毛虫，我们大家没一个人能闻到毛虫散发出什么气味。狗鼻子很灵，这是人人皆知的。但是，当狗用鼻子拱地，进行探查时，它是受到块茎的香气吸引的，这香味我们即使透过厚厚的土层也能闻到。我承认，狗的嗅觉确实比人的嗅觉灵敏，它可以闻得更远更广，它所接受的感觉更加强烈而且更加持久，但是，它是由于散发的气味而产生感觉的，而这种气味，在距离不算太远时，我们人的鼻子也能感觉得出来。

如果大家硬要坚持，我也可以同意砂泥蜂具有跟狗的嗅觉同样灵敏甚至更加灵敏的嗅觉，但这也同样需要有气味散发出来才行呀，所以，我觉得，人的鼻子凑上去都闻不到其气味的毛虫，砂泥蜂又如何能够透过厚厚的土层闻得到呢？无论是人，还是其他的动物，还是纤毛虫，如果其感官具有同样的功能的话，那其感官就有同样的刺激体。在绝对黑暗的环境中，就我所知，人也好，其他的动物也好，都无法看清东西。当然，动物的敏锐性一般来说是一样的，但感受力的程度却有差异，有的动物感受力就强，有的就很弱；有的东西，某些动物可以感觉得到，而有些动物就感觉不到。这一点是毋庸置疑的，而一般来说，昆虫的嗅觉感受力好像并不是很强的，它并不是靠着敏锐的嗅觉感受到气味的。

再有，就是听觉的问题了。靠这种器官功能，昆虫也无法很好地探查猎物。昆虫的听觉器官长在何处？有人说是长在触角里。确实，昆虫那些敏锐的触角受到声音刺激好像全部在颤动着。用触角探查的砂泥蜂可能是由于从地下传来的轻微响动，比如猎物用大颚啃噬草根的声响，毛虫扭动身躯的声响，而知道猎物藏在何处。可是，这种声响真的是极其微弱的，而要透过有吸音作用的土层传到外面来，那简直是不可思议的事！

　　而且，这所谓的声响，不是极其微弱，而是根本没有。灰毛虫是在夜间活动的，而白日里，它则是蜷缩在洞穴中，一动不动。它也不啃噬任何东西，至少我按照砂泥蜂引导的方位挖到的灰毛虫没啃噬什么东西，再说，也没什么东西可以让它啃噬。它在一个没有树根的土层里一动不动地待着，安安静静，不发出一点声响。听觉也跟嗅觉一样，完全被排除了。

　　这么一来，问题又出现了，而且更加说不清道不明。砂泥蜂到底是怎么辨别出地下藏着灰毛虫的方位的呢？毫无疑问，触角是给砂泥蜂引路的器官。但是，触角并不是起到嗅觉作用的器官呀，除非大家同意如下的看法：这些触角虽然既干又硬，其表面并无丝毫通常器官所需要的纤细结构，却能感觉得出来我们根本就无法闻到的气味。如果真的如此，那就是在承认粗糙的工具也能制造出精美的作品来。触角因无声音可听，也就起不了听觉器官的作用。那么，触角到底在起什么作用呢？这个问题我无法解答，我现在不清楚，将来是否能搞清楚，我也不敢奢望。

　　一般来说，我们倾向于——也许也只能如此了——用我们知其然不知其所以然的尺度去衡量世间万物；我们把自己的感知手段赋予动物，而根本就没有想到动物很可能拥有其他的手段。而我们对它们的手段不可能具有明确的概念，因为我们与它们之间没有什么相类似的地方。我们不知道它们的感知是怎么一回事，如同我们双眼失明，对于颜色就一无所知一样。难道我们敢于保证我们对于物质全部掌握得一清二楚，没有什么不明白的地方了吗？难道我们敢于确定，对于有生命的物体来说，感觉只是凭借着光线、声音、气味、香气以及可触摸的特性显示出来的吗？物理学和化学尽管属于年轻的科学，但是，它们却已经向我们证明，我们所不了解的黑色中含有着大量的物质是可以提取的。一种新的官能，也许就存在于菊头蝙蝠那迄今为止一直被称为怪诞的鼻子里的一种新的官能，可能在砂泥蜂的触角里就存在着。它的触角为我们的观察研究揭示了一个我们的肌体结构肯定永远也不会让我们想到要去探索的世界。物质的某些特性，在人的身上虽然没有产生能够让人感受到的作用，那么，在具有与人不同的官能的动物身上，难道就不可能产生一种反应吗？

斯帕朗扎尼[①]曾经在一间房间里，顺着各个方向扯起许多条绳子，而且还堆上几堆荆棘，把房间变成了一座迷宫。然后，他把瞎蝙蝠放到这间迷宫里。这些瞎蝙蝠彼此认识，飞起来速度很快，在迷宫里飞来飞去，但却碰不到他所设置的重重障碍。原因何在？是什么类似于我们人的器官在引导着它们？有谁能告诉我这一奥秘？我也想弄清楚砂泥蜂是如何借助自己的触角准确无误地找到灰毛虫的藏身地点的。请不要说这是其嗅觉使然。如果非要说是因为嗅觉的缘故，那么就得假定它的嗅觉简直是灵敏得令人惊叹了；同时还得承认，它所拥有的器官好像根本就不是用来感知气味的。

如果砂泥蜂的行为只是一件孤立的事实，那我也就不必在前面浪费笔墨，大费周章了。不过，我们现在还是先来谈谈灰毛虫吧。我们有必要更加详尽地了解这种毛毛虫。我有四五只灰毛虫，是我在砂泥蜂为我引导的洞穴深处用刀子挖到的。我原打算用它们来逐一替换作为牺牲品贡献的猎物，以便仔细地看清砂泥蜂施行其外科手术的全过程。但是，我未能如愿，计划落了空，于是，我便把它们放进短颈大口瓶里，瓶底铺了一层土，再用生菜心覆盖起来。白日里，我的囚徒们一直躲藏在土里，只是到了晚上，它们才爬到土层上面来，一个个在生菜叶下啃噬着。到了8月，它们就全都躲在了土里，不再爬到土层上面来，各自在忙着编织自己的茧。那茧表面很粗糙，呈椭圆形，大小如小鸽子蛋一般。8月底，蛾子孵出来了，我认得出来，那是黄地老虎。

可见，毛刺砂泥蜂是把黄地老虎的毛虫用来喂养自己的幼虫，而

---

① 斯帕朗扎尼（1729—1799）：意大利生物学家。

且它只是在具有地下生活习性的类别中进行挑选。这些毛虫因为外表呈淡灰色，所以被通俗地称为灰毛虫。灰毛虫是农田作物和花园里的花草极其可怕的害虫。它们白天躲藏在地底下，夜晚爬到地面上来，啃噬草本植物的根茎，无论是装饰性植物还是蔬菜瓜果，它们全都不放过。它们把花圃、菜地、农田糟蹋祸害个够。你如果发现一棵苗好端端地便枯萎了，那就轻轻地把它扯出来，你就会发现，它的根已经被咬断了。这帮贪婪而讨厌的灰毛虫，夜晚从田间地头经过，用其大颚毫不客气地把秧苗给咬断。它所造成的破坏与白毛虫（也就是鳃角金龟）的幼虫不相上下。如果它在甜菜地里大量地繁殖的话，那损失可就更加不得了了。而它的天敌正是砂泥蜂。砂泥蜂在自觉自愿地帮助我们消灭这祸害庄稼的可恶敌人。我把这在春天积极寻找灰毛虫的砂泥蜂告诉了农民朋友们，让他们知道这位农田卫士能够帮助我们发现灰毛虫的藏身之地，把它们消灭之。园子里只要有一只砂泥蜂存在，那么，一畦生菜或一花坛的凤仙花就能逃脱被毁灭的危险。但是，我的这种提醒并未引起农民们的重视。他们并没有想要消灭这种膜翅目昆虫，但是，他们也没有去帮助它们大量繁殖，以便把灰毛虫消灭干净。他们只是任由这种可亲可爱的膜翅目昆虫自由地飞来飞去，从一条小径飞到另一条小径，任由它们在花园的角角落落里查看搜索，飞到东飞到西的。

在绝大多数的情况之下，我们对昆虫是无能为力的。我们既无法在它们有害时把它们消灭干净，也不能在它们有益时对它们加以保护。人类能够挖凿运河把大陆切成一块一块，把两个海洋连接起来；人类能够开凿隧道，把阿尔卑斯山打通；人类能够有办法计算出太阳的重量；但是人类却无法阻止一个可恶的害虫在人类还未尝鲜时就把红红的樱桃先给啃噬掉了；人类却无法阻止这可憎可厌的家伙去毁灭自己的葡萄园！泰坦被俾格米人①打败了。力大无穷者却显得如此软弱

---

① 泰坦：希腊神话中的巨人族，系天神乌拉诺斯和地神盖娅所生的12个子女，6男6女。俾格米人则为小人国人。

无力，真是奇怪得不可思议！

但现在，我们在昆虫的世界里，有了一个机智聪颖的帮手，一个我们那可憎可恶的灰毛虫难以抗御的天敌。我们能否想点法子，帮助我们的这个助手在田地里和园子里繁衍，大批地生长？看来是没什么法子可想的，因为让砂泥蜂大量繁殖的首要条件就是需要先大量繁殖灰毛虫，因为后者是砂泥蜂唯一的食粮。而喂养砂泥蜂可不是一件简单的事，因为它不像蜜蜂那样因群居生活的缘故而从不离开自己的窝巢，它更不是爬在桑叶上的愚蠢的蚕和它那笨拙的蛾子，拍拍翅膀，交配，产卵，然后死去。砂泥蜂迁徙无常，飞的速度快，有点天马行空，我行我素，不受任何约束。

再说，那首要的条件就让我们不敢存此幻想。我们若是想要繁殖帮我们寻找灰毛虫的砂泥蜂，那就得听任灰毛虫大量繁殖，酿成巨大的灾害，那我们也就陷进了恶性循环之中：为了益，求助于害。灰毛虫多了，砂泥蜂才能找到丰富的食物来喂养自己的幼虫，其家族才能兴旺；灰毛虫缺乏，砂泥蜂的后代就必然会减少，直至绝种。昌盛与衰亡的循环往复就是吞噬者与被吞噬者的比例平衡，这是一条永恒的自然规律。

松 毛 虫

　　这种毛虫已经拥有自己的一部历史，撰写者为雷沃米尔先生。但是，由于条件所限，这位大师所撰写的这部松毛虫的历史存在着无法避免的缺憾。他所研究的对象是通过驿车从千里之外的波尔多，从荆棘丛生的荒野之中运来的。这种昆虫离开了它原来的生活环境，它向这位历史学家所提供的生活习性等方面的情况就大打了折扣。研究昆虫的习性，就必须就地进行，在它生活的区域进行长期的观察，因为它只有在自己的生活环境中才能尽显其天性。

　　而雷沃米尔先生用来进行实验和研究的对象，来自法国的西南部，对巴黎的气候环境非常陌生，不习惯，使研究者难以了解到它的许多生动有趣的情节。雷沃米尔先生当时研究松毛虫就是这么个情况。后来，他对另一种外来的昆虫——蝉——进行研究时，情况依然如此。不过，他从荆棘丛生的荒野中所收集到的昆虫窝巢却是颇有研究价值的。

　　我所处的环境却对我的研究十分有利，于是，我对松树上成行成串地爬行着的松毛虫重新进行了观察研究。我在自己那荒石园昆虫实验地种了一些树，还特别地种了不少的荆棘，有几棵松树长得十分挺拔兀立，其中有阿勒普松和奥地利黑松。这些松树与荒野里的松树没有任何的不同。松毛虫占领它们，在上面编织了自己的大袋囊。这些树的叶子全都被它们糟蹋破坏得够呛，仿佛遭了火灾似的，令人气愤不已。为了保护树叶，我每年冬天都得仔仔细细地进行检查，用一根分叉的长板条一点一点地捋，彻底清除松毛虫的窝巢。

为了观察方便，我把三十来个松毛虫的窝安放在离我家大门几步远的松树上。如果这些窝仍不够用，附近的松树仍可向我提供必要的补充。

我首先观察的是松毛虫的卵，雷沃米尔书中没有提到过它。8月上旬，我便站在松树前，观察与我眼睛视线同一水平高度的松树树干，很快便会发现，这儿那儿，在松针丛中，一些微微呈白色的小圆柱体把郁郁葱葱的青枝绿叶弄得斑斑点点的。那就是松毛虫蛾卵，一个圆柱体就是一个松毛虫母亲的卵群。

松树的松针成双成对地聚在一起。一对叶子的叶柄被如同手笼那样的圆柱体形物体包裹着。该物体长3毫米，宽约四五毫米，外表如丝一般柔软光滑，白中略显橙黄色，覆盖着鳞片。鳞片像屋瓦似的叠盖着，排列虽然较为整齐，但却不呈几何秩序，外观上看着犹如榛树未曾开花的柔荑花序一般。

鳞片几近椭圆，白色，半透明，底部略呈褐色，另一端则呈橙黄色。鳞片下端又短又尖，较为细小，散乱，上端则较宽大，像是被截去一段似的紧固在松针上。无论是风吹还是用刷子反复地刷，都无法让鳞片脱落。从下往上轻轻地扫拂这如同手笼似的圆柱体，那鳞片就会像是受到反向摩擦的浓毛一般竖立起来，并一直保持着这种竖立状；如果再朝相反方向摩擦，它们就立即恢复原状。另外，轻轻触摸鳞片的话，它们有如丝绒一般的柔软。它们一丝不乱地一片一片地互相贴附着，形成一个保护虫卵的保护层。一滴雨水、一颗露珠都无法渗透进这个"瓦片"保护层。

这个保护层是如何形成的呢？松毛虫蛾母亲蜕去身体的一部分来保护自己产下的卵。它把自己蜕下的皮壳为它的卵做成一个暖暖和和的被套。我们不妨在此引述一段雷沃米尔大师的话：

　　　　雌松毛虫蛾身体的尾部有一块发光片。我第一次发现时，它的形状与光泽就引起了我的注意。我拿一根大头针去触碰它，观察它的结构。大头针刚这么一触碰，便立即产生一个令我颇为惊奇的小小的现象：我看见大量的闪闪发亮的小碎片分离开来，四处散落，有的向上飘去，有的向两旁飞落，其中最坚固的那一片，随着一些小片片轻轻地落在了地上。

我所称之为小碎片的那些东西，全都是薄而又薄的薄片，有点像是蝴蝶翅膀上的鳞片，但却比后者要大得多。雌松毛虫尾部那块引人注目的板片，其实是一个鳞片堆，是一个奇妙的鳞片堆。雌松毛虫似乎是用这些鳞片来覆盖住自己的虫卵的。这是我自己的推断，因为它们并没有告诉我它们是不是用这些鳞片来覆盖自己的虫卵，也没有告诉我其尾部的这个鳞片堆是派什么用场的。不过，可以肯定的是，它们的这个鳞片堆绝不是毫无用处、只是个装饰，而是有其用途的。

是啊，大师，您说得很对。这么既厚实又整齐的鳞片堆是不会无端地长在昆虫的尾部的。任何事物的存在都必然有其存在的理由。您用大头针一触碰就飞落的这些鳞片应该是用来保护其蛾卵的。您的推测合情合理。

我用镊子夹轻轻一夹，真的夹到了一些有鳞片的浓毛。蛾卵显现出来，像一些白色珐琅质小珠珠似的。它们紧紧地挤贴在一起，形成九个纵向列队。我数了数其中的一个列队，共有35个蛾卵。这几排蛾卵几乎一模一样。圆柱体上卵的总数约有300个。一个松毛虫蛾母亲拥有一个多大的家庭啊！

一个纵向列队的卵与相邻的两个纵向列队的卵精确无误地交叉贴靠着，不留一点空隙。看上去，犹如用珍珠制作的工艺品，小巧玲珑，巧夺天工，令人惊叹！不过，把它比作排列整齐的玉米更为确切。它就像一个缩微玉米棒，但其排列的几何图形更加优美、漂亮。松毛虫蛾的"穗儿"上的颗粒略呈六角形，是虫卵相互挤压造成的。它们彼此牢牢地黏合在一起，无法分隔开来。如果卵块遭受破坏，它就一片片、一块块地从松针上脱落下来。这些小块全都是由好多的蛾卵组成的，而产卵时产下的珠状物便由一种如漆一样的黏性物质给黏结起来。保护性鳞片那宽阔的基部就固定在这片"漆"上。

天气晴朗、风和日丽时，观赏松毛虫蛾母亲制作这种如此齐整美观的杰作，观赏卵刚刚产下，这位母亲用一片片从尾部脱离的鳞片来为卵制作"屋顶"，真是非常有趣的事情。卵并不是呈纵列产下的，而是呈圆形、环状产下的，这一点是显而易见的。这些"环"叠合在一起，让卵粒交替地排列着。产卵是从下面，从接近松树复叶的下端开始的，在上面结束。最早产下的是最下面的圆环的卵，最后产下的则是最上面的那个圆形的卵。鳞片全是纵向排列，而且被朝向树叶的那一端固定住。鳞片的安排布置不会有任何的差异。

让我们仔细地欣赏一番我们眼前的这座漂亮的"建筑物"吧。无论年老年少，无论有才无才，人人见了这个娇小玲珑的松毛虫蛾穗子，都会啧啧称赞的。让我们印象最深的，并非那像珐琅一般美丽的"珍珠"，而是它们那极其整齐划一、呈几何图形的组合排列。一只小小的松毛虫竟然也在遵循协调一致、和谐有序的规律。

如果米克罗墨加斯[①]想到再一次离开西里乌斯[②]的世界，前来访问我们所居住的行星的话，他会在我们中间找到美吗？伏尔泰[③]的书中的描写，让我们看到米克罗墨加斯是如何做的：他把项圈上的一颗钻石取下，制成一个放大镜，用来观察一艘在他的大拇指上搁浅了的三层战舰；他与全体水兵交谈；一片指甲碎片被弯成一个顶篷，把战舰遮盖起来，并且充作聋人的助听器；一根小小的牙签以它那细而长的尖

---

① 米克罗墨加斯：伏尔泰的一部哲理小说中的主人公，类似于英国作家斯威夫特的小说《格列佛游记》中的主人公格列佛。

② 西里乌斯：天狼星。

③ 伏尔泰（1694—1778）：法国启蒙运动思想家、作家、哲学家。

尖触碰那艘战舰，让其一端翘起至一图瓦兹①，碰到巨人的嘴唇；这根小牙签可做受话器。从这场著名的交谈中，可以得出如下的结论：如果想要正确地评判事物，观察事物的新面貌，最要紧的是更换太阳。

这个叙利亚人很可能对我们的艺术之美毫无概念。在他眼里，我们雕塑艺术的杰作，包括出自菲迪亚斯②的雕刻刀的杰作，只不过是大理石的或者青铜的玩偶而已。我们的风景画被认为是滥用绿色的令人厌恶的蹩脚画，我们的歌剧音乐被认为是浪费钱财制造噪音的音乐。

当然，米洛岛③的维纳斯④和贝尔维德尔⑤的阿波罗⑥是绝妙的上等雕塑。但是，要欣赏这些雕刻艺术就需要具有特殊的眼光、特殊的见解。米克罗墨加斯看到这些雕刻艺术，对人类的身体之柔弱感到怜悯。在他看来，美是需要有别于我们那青蛙似的肌肉组织的其他东西的。

相反，我们来让米克罗墨加斯看看那种有缺陷的风车。毕达哥拉斯⑦是埃及贤哲们的语录传播者，他教给我们如何观看直角三角形的基本特征。他是一位好心的巨人，但对事物却一无所知，所以我们应该向他阐释风车的意义何在。等他的思想开了窍之后，他就会完全像我们一样，发现那其中有着真正的美，当然喽，这种真正的美并不是存在于外观上，而是存在于三种长度间那永恒的关系中。然后，他便会完全同我们一样地去赞赏使体积均衡的几何学。

因此，有一种严肃的美存在着，它属于理性范畴，它在各个阶层中都是相同的。它在所有太阳的照射下都是相同的，无论这太阳是单一的还是繁复的，是白色的还是红色的，是黄色的还是蓝色的。这

---

① 图瓦兹：法国旧时的长度单位，一图瓦兹约等于1.95米。

② 菲迪亚斯（约公元前490—前430）：希腊著名的雕刻家。

③ 米洛岛：希腊岛屿名。

④ 维纳斯：罗马神话中爱与美的女神。

⑤ 贝尔维德尔：梵蒂冈收藏艺术珍品的宫殿。

⑥ 阿波罗：希腊罗马神话中司阳光、智慧、音乐、诗歌的神，即太阳神。

⑦ 毕达哥拉斯（约公元前580—前500）：古希腊哲学家、数学家。

种普通的美就是秩序。世间万物都被制作得恰到好处。这句话非常伟大。它的真实性随着对事物奥妙的探索而更加显现。这种秩序，这种普遍的平衡基础，是一种盲目的机制产生的无法避免的结果吗？它是否如柏拉图①所说，进入了一个永恒的几何学家的规划之中啦？它是一个至高无上的美学家的美吗？而这样的美正是世间万物存在的理由。

花瓣的弯曲部分为什么那么整齐匀称？金龟子鞘翅的雕镂花纹为什么那么精巧雅致？这种精巧雅致与它自身的暴力行为中的粗野力量能够相兼相容吗？

凡此种种，都是一些并无多大必要的思考，都是因将从那儿诞生的松毛虫的卷状物引发出来的。世界之谜当然可以在我们的这座荒石园昆虫实验室找到答案。所以，我们让米克罗墨加斯去考虑他的哲理问题吧，我们还是回到我们那平凡的观察上来。

松毛虫蛾在精巧地穿缀珍珠的技艺方面存在着一些对手，其中包括纳斯特里虫蛾。这种虫蛾的毛虫因其"服装"的缘故，被人称为"号衣"。它的卵像手镯似的聚集在不同性质的树木的枝丫周围，尤其是苹果树和梨树。谁要是头一次见到这种极其美妙的工艺品，自然而然地就会联想到心灵手巧的穿缀珍珠的少女。我儿子小保尔每次看见这种小巧玲珑、惹人喜爱的"手镯"时，都会惊讶得双目圆睁，惊叹不已。

纳斯特里虫蛾的环饰较短，特别是它没有壳套，所以让人想到另一种圆柱体来。这种圆柱体已经剥除了鳞片覆盖层。我们先别在它身上多费笔墨，还是来谈我们的松毛虫吧。

松毛虫蛾9月开始孵卵，有的稍早点，有的稍晚些，但相差时间不多。为了利于跟踪观察新生幼虫最开始的活动情况，我便在实验室的窗子上放了几根有虫卵的树枝。树枝枝杈的下端浸在一杯水中，以使枝杈保持一段时间的新鲜。

---

① 柏拉图（公元前427—前347）：古希腊哲学家。

8点钟光景，阳光照到窗子上之前，小毛虫便离开虫卵，我如果稍稍掀起正在孵化的圆柱体的鳞片，就会发现一些黑黑的脑袋正在轻轻地咬破并推开已经撕碎的顶板。这些小东西在慢慢地露出自己的身子，形成一片。

孵化后，从外观上看去，有鳞片的圆柱体与它在住满着居民时似乎一样地整齐、新鲜。只是在把小碎片稍微掀起来时，才会发现里面根本就没有小虫子了。虫卵仍旧排列整齐，好似一个个稍稍打开的、略带半透明的白色杯状物。它们现在缺少无边圆帽状的盖子。这个盖子已经被新生幼虫给破坏撕裂了。

这些细小微弱的创造物只有一毫米长。它们呈淡黄色，满身纤毛。其纤毛有短有长，短的呈黑色，而长的则呈白色。它们的脑袋黑黑亮亮的，直径是身子的两倍。下颚一开始就很有劲，能咬很硬的食物，与它的大脑袋相得益彰。脑袋大，有硬腭，这就是松毛虫新生幼虫的主要特征。

它们一出生就开始吃食了。幼小的毛虫在摇篮似的鳞片中间漫无目的地爬动一段时间之后，其中大部分都往摇篮里的松针上爬去。这些松针是它们出生的那个圆柱体的轴心，并且向外伸出去。另外的一些小毛虫便向邻近的松针上爬。它们在松针上啃噬，形成一道道被叶脉所限定的细小的凹陷的条纹。

三四条吃饱了的小毛虫，排成一条线，一起在爬行，但很快便又各自分开，各逛各的。我们只要稍微打扰它们一下，它们便会轻轻地晃动身体的上半部，脑袋一冲一冲地轻轻晃动着，如同被一点一点地放松的弹簧似的。

当阳光照到那喂养幼虫的窗户时，这个小小家庭的成员们在体力得到充分的恢复以后，便退往其出生的双叶基地，乱糟糟地聚集在一起，开始吐丝作茧。它们开始在制作一个极其精细的气泡，这气泡倚靠在相邻的几个松针上。这是小虫子们的帐篷，它们在一张很稀疏的网下面，在毒日头下午休。下午，阳光从窗子上移开之后，它们全都爬出隐蔽地，一边在四周分散开来，一边在半径仅大拇指那么大的范围内结队爬行，然后再开始啃噬松针。

这样，虫卵在破裂之后不到一小时的时间里，松毛虫幼虫就变成了成串的爬行者和纺纱工。即使在恢复了体力之后，它们也还是怕光的，我们很快便会发现，它们要等到日落之后才会前往叶丛中去。

我们的纺纱工极其瘦弱，但却十分勤劳，它在24小时内所制作的丝球竟然大若榛子，而它在两个星期里所制作的丝球则会大若苹果。但这并不是它过冬的居所，只不过是个临时的隐蔽之所。这个隐蔽之所不够坚实，建筑材料十分低劣。因为在气候宜人的季节里，这种建筑就可以了，无须更高的要求。松毛虫幼虫尽情地啃噬这座建筑物的小梁和小柱，以及包在丝墙里的松针。它在小柱间拉起一条条的线绳，食宿无忧。这个居所条件不错，小虫子不用外出，免得遭遇危险。对于这些幼小的松毛虫来说，这吊床也是它们的食品柜。

支撑的松针被啃噬到脉叶后，就干枯了，很容易脱离枝杈。这时候，松毛虫小家庭举家搬迁，到别处去搭建新的帐篷。新帐篷建好后，使用寿命与前一顶帐篷一样长。这些临时性建筑一再地修建，而且搭建处的位置越来越高，以致这个被圈在下面树枝上的松毛虫家庭，最后迁移到树枝的上端，甚至到达枝梢头。

幼虫的毛系淡白色，非常密实，竖起来非常丑陋瘆人。几个星期之后，它们会进行第一次蜕皮。然后，长出浓密而漂亮的毛来。在其背部表面，除前3个体节外，其他的体节都装饰着一幅由6块裸露的醋栗色小板拼成的镶嵌画，凸显于黑色的皮肤上。6块小板中，两块最大的在前面，两块在后面，几近点状的小板在这个四边形的两边各有一块，一个橙黄色的毛栅栏把这些小板块给围了起来。毛栅栏的毛呈辐射状，几乎是倒伏着的，腹部和胸侧的毛较长，呈淡白色。

在这件深红色细木镶嵌工艺品中央，矗立着两簇短小的纤毛。它们聚在一起，形成平展展的冠毛，像一粒金色的点，在阳光下闪亮着。这时候，松毛虫已长大，长约2厘米，宽约4毫米。它已到中年，穿的就是上面的这套服装。

时近寒冬，已是11月份了，该修建坚固御寒的住所了。松毛虫在松树的高处挑选一个松针密集而又恰如其分的枝梢，开始编织丝网，把枝梢覆盖住。这张网使毗邻的松针向内弯曲，接近中轴，最终隐没在编织物中。这么一来，松毛虫便替自己圈起了一个半丝半叶的居所，可以御寒了。

到12月初时，居所大功告成，有两个拳头那么大，体积达到两升。这儿是居所的轴心，道路宽阔，枝杈有的有瓶颈那样粗。松毛虫在其间无秩序地爬上爬下，慢慢腾腾，一批松毛虫尚未散开，另一批松毛虫又与之聚集在一起，一片乱糟糟忙乱乱的状况。这就是松毛虫共同体，枝杈挤在一起覆盖着它们。这个松毛虫共同体渐渐地又分散开来，爬到邻近的枝杈上去，啃噬松针。每只松毛虫在路上爬过去时都在不停地吐丝，宽阔的下行路在它们返回时便成了上行路了。由于它们这么日复一日地在这条路上爬来爬去，使得这条路上覆盖着大量的构成连续鞘套的线。它们这么做，是为了加固建筑物，使之具有深厚的根茎，并与固定不动的树杈连成一体。

该建筑群的上部包括鼓凸成卵形的居室，下部包括柄和蒂，还包括围绕着支撑物并把它的抗力增至其他系杆的抗力中的壳套。

每个未经松毛虫长期居住、没有变形的居室中央，都显露出一个不透明的白色大壳，由一个半透明的薄纱套围着。中央的大壳由密实的线组成，房间的隔板是一块厚厚的莫列顿双面起绒呢。大量的未被触动的绿松针作为围墙隐没于其中；这堵松针围墙可达两厘米厚。

在圆屋顶顶端有一些半开着的圆孔，数量不等，直径如普通铅笔杆儿一般。那是居室的屋门，松毛虫从那儿爬进爬出。这个白色大壳四周，有一些没有被啃噬的松针露出，直立着。每根松针梢都有一些丝线伸出，形成一个曲线，可作秋千用。这些丝线松弛地交织在一起，形成一个轻柔的帷幔，一个优美舒适的宽阔游廊。

那儿有宽阔的平台。白日里，松毛虫便爬到平台上晒太阳，小憩一会儿。它们相互挤靠着，脊椎弯成圆圈。上面张着的网恍若华盖，既可减弱太阳的强光，又可防止睡觉的松毛虫在风儿摇动枝杈时跌落下去。

我们沿着经脉把这居室剪开来观察，首先给人留下深刻印象的是，被圈于其中的松针未被触动，仍然在茁壮地生长着。幼小的松毛虫在它们的临时住所里啃噬被丝套罩住的松针，直至枯萎。而那圈围墙的松针则是它们居室的房梁屋架，是不可触动的，一旦啃噬，致其干枯，北风一吹，房倒屋塌。松树上的纺织工们对这种危险心知肚明，不敢掉以轻心，即使饥肠辘辘，也不敢去锯梁毁屋。

上午10点光景，松毛虫爬出晚上居住的居室，来到灿烂阳光照射着的平台上。平台就在由松针梢支撑着的游廊下面，松针梢之间有一段距离的间隔。松毛虫每天上午都爬到平台上，互相挤在一起睡觉，互相焐着，舒适惬意，还不时地懒洋洋、美滋滋地摇晃一下脑袋，以表示心满意足。晚上，六七点钟左右，它们休息够了，活动一下身子，彼此分手，各自回到自己的居室里去。

这种景象让人看着十分着迷。只见一条条鲜艳的橙黄色斑纹在一大块白丝绸上蠕动，如波浪般此起彼伏。有的往上拱，有的往下爬，有的往左右散去，有的结成短短的队列，成行成串地爬行。一个个全都十分庄重豪迈，但却是毫无秩序地爬动着，一边不停地把始终挂在嘴唇上的丝绒粘在所经过的地方。

松毛虫把薄薄的一层丝与先前的那层丝并列起来，以增加居室的厚度。邻近的绿色松针被丝网勾拉住，弯进建筑物内。尽管这些松针的尖端不受拘束，但从这一点辐射开来，扩大丝网，并把丝网连接成更大的曲线。每天晚上，如果天气很好，你就会看到居室表面熙熙攘攘，一片繁忙，松毛虫一干就是两个小时，让居室更加坚固。

松毛虫的这种未雨绸缪，对严冬如此这般地防范，难道它们已预见到冬季的难熬了吗？当然不是。尽管几个月的生活经验让它们懂得了点什么，那只不过是经验告诉它们家门口就有美味可口的食物，以及在平台上可以美滋滋地沐浴在阳光下休憩。而直到此时此刻为止，没有任何情况让它们预知冬季来临，寒风凛冽，冰霜雪剑，日子很不好过。但这些对冬天的苦日子一无所知的松毛虫竟然如此警惕，似乎对冬天将给它们带来什么样的灾难一清二楚。它们那股忙于加固居室的干劲儿，似乎在说："松树摇动它那积满霜的枝形大烛台时，我们在这儿你挨着我，我靠着你地睡着觉，真是舒服惬意啊！让我们加油干吧！"

为了密切跟踪观察松毛虫的生活习性，我在暖房里放了6个虫窝。每个虫窝由充作其轴心和屋架房梁的树杈固定在沙土上，高度有两件衣服的下摆加在一起那么高。幼虫像是分配口粮似的，接受一束小小的松树枝杈。这些细枝嫩叶被啃噬之后，会很快地重新生长出来。我每天晚上都要提着灯笼去查看我的这些寄宿者，由此而获得了大量的第一手资料。

松毛虫的晚餐通常一直要延长到深夜，直到吃得肚子圆鼓鼓的才返回自己的窝里去。然后，还要在自己这个居室里的室面上再纺织一会儿。等到全体松毛虫全都返回室里来，那已经是快到凌晨一点了。

一方面，作为饲养者，我的任务是每天必须更换那些已经被啃噬到最后一根针叶的细小枝杈；另一方面，作为博物学者，我要了解松毛虫的饮食变化到了什么程度。松毛虫对树林里的松树、海洋松树和阿勒普松树并不加以区别，它们在其上照爬不误，但却从来不在其他针叶树上爬行。可是，似乎所有被树脂的香气弄得十分芳香的树叶对它们都挺合适的。在我的荒石园昆虫实验地里，生长着各种松树代用品：冷杉、紫杉、侧柏、刺柏和柏树。可是，尽管这些树也含有树脂的香气，但松毛虫们却不去啃噬。只有一种针叶树——雪松例外。我的这些寄宿者在吃雪松树叶时，并没显露出丝毫厌恶的感觉。为什么雪松可以，其他的就不能充作替代品呢？这我还不清楚。松毛虫的胃同人的胃一样地谨小慎微，这其中必定有什么奥秘。

我们再来研究一下松毛虫居室的结构吧。我在虫窝中部打开一道缝隙。由于劈开的莫列顿双面起绒呢的天然抽缩，这道缝隙在窝里的中部微微张开，宽约两指，上下两部分都缩成了纺锤体。此时正是白天，松毛虫都在圆屋顶上成堆成堆地在打盹儿，其居室内空无一人，我可以放心地用剪刀剪裁，不会造成松毛虫们的死亡。

天黑了，松毛虫们依然没有警觉，帐篷上的裂口并未造成它们的惊恐，它们仍旧在它们的居室表面上爬来爬去。它们照样在忙乎着，像平时一样地在纺线。它们的行为方式没见一丝一毫的变化。有几条松毛虫在行进中倒是爬到了裂缝的边缘，但它们并不惊慌，并不着急，并无密合裂缝的意思。它们只是在犹豫着，看看如何越过面前这个艰难的通道，好继续爬行闲逛。它们在自身长度所允许的范围之内，尽量地把丝线吐得远远的，固定住，以便勉勉强强地越过这道危险的障碍。

它们终于越过了深渊，然后便沉着冷静地继续在缺口边上行进着。这时，又有一些松毛虫爬了过来，像利用人行小桥似的利用已经搭在缺口上的丝绒，爬过缺口，并且还在上面留下了自己吐出的丝线。这么一来二去的，裂缝下面便多了一张纤细的薄纱，薄得几乎看不出来，刚刚够松毛虫在上面穿梭往来。同样的情况在随后的几个晚上重复发生着。渐渐地，这个裂缝便被一张薄薄的蜘蛛网似的网给闭合上了。

冬末时节，不再有什么事了。我用剪刀剪开的窗子仍然半开着，只是有张网在封闭着。在这块有裂隙的织物上，未见一处织补了的地方，未见一片莫列顿双面起绒呢添加在两边裂片之间，屋顶仍旧未被整修完整。这要是在露天野地里，而不是在我的玻璃暖房中，那么，这帮愚蠢的纺织工很可能就被冻死在它们有裂缝的居室里了。

我重复做了两次这一实验，结果都一样，这就说明，松毛虫并未意识到带裂缝的居所有危险。它们似乎并没有意识到自己的劳动成果遭到了破坏。它们并没有把自己的丝节约下来，用到修补自己的居室上来，在那儿编织与室内其他墙壁一样坚固厚实的布料。

我又一次地去打扰我的寄宿者们了。但这一次，我不是搞破坏，而是让它们受益。我很快就发现，住在冬季住所的居民往往比住在由幼小松毛虫编织的临时掩蔽所里的居民数量要多。我还发现，这些虫窝到了最后，体积大小不同，差别很大，最大的比五六个小的加在一起还要大。这种差异的原因何在？

松毛虫是各式各样的贪馋者所利用的另一个有机物工厂。因此，它们一旦孵化，数量便急骤减少。一口鲜美的食物使几十个幸存者留在了小球状物所形成的薄网周围。松毛虫家庭在这张网里度过秋高气爽的季节，然后，很快就得考虑度过严冬的牢固的帐篷的问题了。这时候，家庭人丁兴旺是大有好处的，人多力量大，联合起来好办事。

我猜想，存在着一个容易舍得几家人家的办法。它们把自己吐出的丝连成的丝带作为在树上爬动的向导。它们在沿着这条丝带返回时，在上面急速转弯，而这么一转，可能就不再是这同一条丝带了，而是另一条与原来的那一条别无二致的丝带。而这另一条则是通向邻居家的路。迷路的松毛虫仍傻乎乎地在上面爬着，并不知道自己已经是上了另一条道了。

这突然而至的陌生者是否能受到邻家的盛情接待呢？这一点尚需观察。晚上，我把住满了一窝住户的细枝杈剪下来，放在邻近的虫窝的松树针叶上，而这松针粮食垛上，松毛虫同样是占得满满的，大大地超载了。于是，我便把驻扎着第一个虫窝的那簇青枝绿叶整个儿地插在第二个满是虫子的枝叶旁，让两簇枝叶的边沿稍微有点交叉混杂。然后，我发现，原住户与外来者没有发生任何的争斗，各自相安无事，埋头吃食。吃饱归巢时，各自又都平平静静地往自己的窝里爬去，如同一直生活在一起的兄弟姐妹似的。睡觉前，大家忙着纺织，把被子弄厚实一些，然后爬进窝内。第二天，第三天，情况需要的话，我就继续这么做。这样一来，我轻而易举地就把第一个虫窝给完全倒空，让里面的松毛虫全都进到第二个窝里去了。松毛虫真是宽厚仁爱的虫子，很愿意接纳新的居民。纺织工越多，出的活儿就越多，这真是一条十分正确的为人处世的规矩。而被送走的松毛虫，对自己的旧居并无依恋不舍的表示，它们到了别人家里，就像是在自己的家里一样。它们根本就没有尝试要返回到原先的窝里去。这绝不是回家的路途遥远所致，因为两处居所相距的不过是两件衣服下摆的长度。

松毛虫此时此刻尽管彼此和平共处，相安无事，但是它们也同其他昆虫一样，也会因利害所致排斥异己。松毛虫蛾母亲将要离群索居，唯恐会失去自己将在上面产卵的松树针叶。雄蛾扑扇着翅膀，为争得它们所垂涎的雌蛾而争斗。这毕竟是它们在交尾期里经常发生的打斗，对于这些温厚宽容的虫子来说，也还算是比较激烈的。

松毛虫几乎是无性的，这是它们相互间得以和睦相处的主要原因。可是，光凭这一点还不够。完美的和谐还需要在全体成员之间平均分配力量、才能、劳动本领等。这些条件也许支配着其他的昆虫，而松毛虫则全都具备上述条件。所以，尽管同一个窝里可能生活着成百上千的松毛虫，但它们在上述条件方面，几乎是难分伯仲的。所有的松毛虫力气相同，身材相同，服装相同，纺织本领相同，干劲相同，它们把自己丝壶里装着的东西全都吐出来，用于集体的福利事业。在干活儿的时候，人人卖力，个个争先，从不懒散拖沓。除了因完成自己的职责而感到满足之外，没有别的什么可以刺激它们。松毛虫的队伍里，没有能干与笨拙之分，没有强大与弱小之分，没有贪馋与克制之分，没有勤劳与懒惰之分，没有注意节约与大肆挥霍之分。这是一个真正平等的世界，可惜的是，这只是松毛虫的世界。

现在，我们就来说说松毛虫爬行时那有趣的行进列。因为巴汝奇心怀叵测地把一只头羊扔进大海，弄得商人丹德诺①的羊全都跟着这只头羊跳进了大海。按照拉伯雷的说法，这是因为绵羊是世界上最愚蠢、最荒谬的动物，天性让它们总是跟在头羊的后面盲目地走着。松毛虫则并非因为愚蠢荒谬，而是出于需要，它们比绵羊更加盲从，第

---

① 丹德诺：法国著名作家拉伯雷的名著《巨人传》中的人物。

一条松毛虫爬到哪儿，其他的松毛虫全都排成整整齐齐的行进行列，像朝觐者似的，整齐肃穆地往前爬去，中间绝不会出现空当。它们的行进行列犹如一条连绵不断的细带子，每一条虫子都与自己身前身后的两条松毛虫首尾相接。领头的松毛虫随心所欲地游游荡荡，爬出一条复杂多变的曲线来，其他的松毛虫则一丝不苟地沿着它那弯来绕去的线路爬行。可以说，古希腊前往埃略西斯城去朝拜墨忒耳神庙①的朝觐者的宗教仪式行列，与之相比，也略逊一筹。不过，松毛虫只是在绷得紧紧的"钢丝绳"上走钢丝，它一边在前进，一边在铺设钢丝轨道。领头的那条松毛虫不断地在吐丝，把丝固定在它随心所欲地弯来绕去的道路上。它留下的丝路细得很，即使用放大镜去细细观察，也只能是依稀可辨。

第二条松毛虫踏上这座独木桥时，也同时在吐丝，从而使桥的厚度增加了一倍。第三条松毛虫又继续替桥加固加厚，就这么一个接一个地用它们的丝在这座桥上涂上胶质物。最后，这个松毛虫行进队伍过去之后，身后就留下了一条狭窄的带子，这带子晶莹白亮，在阳光下闪烁着。这是一项与大家息息相关的工程，每条松毛虫都为之献出了自己宝贵的丝。那么，它们为什么这么浪费自己的丝呢？我从它们前进的方式悟出了两个理由。松毛虫是在夜间去啃噬松针的。它们在暗暗的黑夜里，爬出位于枝梢的居室，沿着裸露的树枝，一直下到下一根尚未被啃噬的分支。随着上一根被啃得干干净净，下一根的位置就越来越低，松毛虫们必须爬到那根尚未被触动的小树枝上，在绿色丛中分散开来，分头啃噬。等到用餐完毕，夜晚更寒冷了，该返回窝里去躲藏起来。沿着直线爬行，这段归程并不算长，还不足两臂相加的长度，但是，我们的这些爬行者却是无法跨越的。它们必须从一个十字路口下到另一个十字路口，从松针下到小枝杈，从小枝杈下到小

---

① 埃略西斯城位于雅典西北部，是一座古城，城内建有谷物女神墨忒耳的神庙。古希腊时期，每年不断地会有大批大批的朝觐者前往朝拜，排成长长的队伍，整齐肃穆。

枝，从小枝下到大枝，再从大枝经过一条同样是拐来拐去的小路，爬回自己的居室。这条归途，漫长曲折，变化多端，靠视觉认路根本就不可能。松毛虫头的两侧有5个视觉点。在放大镜下面，它们都显得极其细小，难以辨认，所以这些视觉点是看不远的。再说，夜里黑漆漆的，它们的这种近视透镜又能起什么作用？

另外，松毛虫的嗅觉极其迟钝，靠嗅觉引路也是不可能的。我做实验时，有几条饥不择食的松毛虫就为我提供了佐证。这些饿了很久的松毛虫，经过一根小松树枝的时候，没有显露出丝毫贪馋和停步不前的迹象。是触觉在为它们提供信息，尽管饿得不行，只要自己的嘴唇没有偶然触到这个丰饶的牧场，没有一条松毛虫会止步不前的。它们不会向嗅到的食物爬去，而只是在挡道的小枝上停留下来。

那么，视觉和嗅觉全都被排除了，还剩下什么在引导松毛虫回到自己的窝里去呢？那就只有它们沿路吐丝所织成的那条丝带了。在克里特岛的迷宫中，忒修斯①要是没有得到阿里亚德涅②给他的一团线绳的话，他是不可能走出那座迷宫的。松树上的那一大堆横七竖八、乱七八糟的松针同弥诺斯迷宫③一样，错综复杂，无法爬出来，在黑夜里，尤其如此。因此，松毛虫是借助自己铺设的那一条细窄的小丝路在松针丛中爬行而不致迷路的。在归途中，每一条松毛虫都轻而易举地便找到了自己的那根丝线，或者相邻的那条丝线。这条小丝带与邻近的松毛虫群织成的一条条丝带交织在一起，形成一个扇形。这个分散开来的部落渐渐地集合在那条共同的带子上，排成直行，呈仪式队列，而这条带子的起始点或者称为终极点，就是松毛虫的居室。饱饱地大啃大嚼了一顿的这个松毛虫商队，沿着这条丝带，一定不会迷路，可以顺利地回到自己的家园。

白日里，哪怕是在寒冬腊月，每当天气晴和的时候，松毛虫有

---

① 忒修斯：希腊神话中的雅典国王。

② 阿里亚德涅：希腊神话中克里特岛之王弥诺斯的女儿，忒修斯的情人。

③ 弥诺斯迷宫：弥诺斯的孙子在克里特岛上所修建的迷宫。

时甚至会长途跋涉，进行探险。它们从树上下到地上，结队行进50来米。它们这并不是外出觅食，因为它们出生地的那棵松树上仍旧枝叶繁茂，未被吃光啃尽，已经被它们吃尽了的那根小枝与整棵大松树比较起来，算不了什么。而且，尽管黑夜尚未完全结束，但它们已开始停止咀嚼了。它们下到地上来，根本没有什么特殊的目的，只不过是进行一下有益健康的散步，看看周围有些什么新鲜玩意儿，也许还想查看一下那块沙土地，因为它们以后将要在那沙土地上换形变态。很显然，它们的这种大规模的活动，起引导作用的仍旧是那小丝带。离家这么远，那丝带的作用就更不可小觑。所以，每只松毛虫都必须尽力地吐丝，为这丝绸之路尽自己的一份力量。每行进一步，一个个全都不遗余力地在吐丝铺路，这已经成了一条不成文的规定。

如果结队行进的这宗教仪式行列很长，那么这丝绸之路就很宽很阔，容易找到。不过，在返回时，找起来也要费点周折。因为，我已经说过了，行进中的松毛虫不是整个身子直直地翻转过来的，它们是无法做180度的转弯的。所以，为了踏上原先的路，松毛虫就不得不像画鞋带似的行进着。领头的松毛虫随心所欲地决定这条丝带的弯曲程度和长短宽窄。它是在摸索之中前行，行动路线游移不定，弄得自己的松毛虫们不得不风餐露宿。但这也无大的妨碍，因为松毛虫们会聚集在一起，蜷缩成团，彼此紧紧地依偎着，一动不动。等到第二天，旭日东升，再去探路。寻找的过程有快有慢，但最终还是会很走运的，它们弯弯曲曲地爬来爬去，往往突然之间便碰到了那条来路。一些领袖找到了回归路，众松毛虫便急匆匆地上路了，紧赶慢赶地往家园赶去。

另外，这些用来铺设路径的细丝，用途十分明显。为了免遭寒冬劳作时必然会遇到的寒风霜雪的侵袭，松毛虫们会为自己建造过冬的隐蔽所。这时的松毛虫已经孤孤单单，丝囊中存货严重不足。于是，众松毛虫便积少成多，集腋成裘，成千上万的松毛虫通力合作，共同修建宽敞持久的工程。

工程耗时费力。松毛虫们每晚都在对工程进行加固、扩大。每条松毛虫无论住得远住得近，都会凭借丝线的引导奔往干活儿地点，从上下左右，从一簇或另一簇细枝赶来。丝线是这个群体的绳带，是维护这个共同体成员的团结一致、齐心协力所不可或缺的网。

没有任何事情能够把领头的松毛虫与它的跟随者们分开。它排在仪式行列的最前头纯属偶然，它是这支爬行队伍的临时军官，是它们现任的总指挥。过一会儿之后，如遇到意外情况，大家分散开来，然后再依不同次序重新排列成行时，担任总指挥的可能又变成另一条松毛虫了。

领头的松毛虫在行进时，显得摇摆不定，犹豫不决，身子的前半部忽而伸向这边，忽而又伸向那边，似乎是在探测地形，寻找路径，也许因为道不熟，缺少一根引导丝线的缘故。而跟随在它身后的随从们，却是驯服而平静的，它们脚爪间的细带子让它们感到心里十分踏实，不像自己的总指挥，因为缺少这根引导线的支持，心中没底，感到惶恐。

行进行列的长短千差万别。我曾见到过在地上操练的最美的行列长达12米，有将近300条松毛虫。它们排列成波浪形的带子，规矩而整齐。从2月份起，我的暖房里便出现了各种大小的队列。我想试探一下，把它们的总指挥弄走，把丝线弄断，看看会出现什么样的后果。

取消行进行列的头领之后，倒也没有发生什么大的变化，第二条松毛虫立即便成为总指挥了。如果没有出现什么麻烦的话，队伍的行进速度不会有任何的改变。那第二条松毛虫一旦成为队长，立即便了解了自己的引导者的职责，开始探索着，领导众松毛虫往前爬去。

丝带断了也无伤大雅。我把行进行列中央的一条松毛虫拿开，并轻手轻脚地截掉这条松毛虫所占有的那一截丝带，还把它剩下的最后一点丝线给抹掉。这样一来，一队行进行列一分为二，成了两支队伍，互不依赖，又各有各的队长。后面的这支队伍也可能会与前头的队伍会合，因为毕竟二者之间的间隔很短，那样的话，又恢复成一个长长的行进行列了。但往往一分为二后就不再合二为一了。这两支队伍各行其是，各走各的，随心所欲，越离越远。然而，不管怎样，两支队伍的松毛虫无论游荡到哪儿，迟早都会在截断处找到那条引路的带子，回到自己的居所中去。

我做了上述两个试验之后，又开始思考着再做一个有概括性的试验。我打算在把连接着道路并可能改变道路的丝带破坏了之后，再让松毛虫画一个封闭的圆圈。松毛虫会像火车扳过道岔后继续向前吗？还是在圆圈上打转儿，永远也走不到目的地？

我首先想到的是，用镊子把行进行列的尾部的丝带夹住，不让它抖动或弯曲，然后把它放到队伍的前头。如果总指挥加入这个行列，便大功告成，其他松毛虫必然是紧随其后，忠实地往前爬着。但理论上容易，操作起来却十分困难，因为这根丝带极为纤细，稍微粘点沙末，就会被沙末坠断。即使不断，只要稍有振动，后面的松毛虫就会警惕起来，缩成一团，甚至舍弃这条丝带。

更加困难的是，领头的松毛虫拒不接受为它安排的那条丝带。它对被截断的、置于其前的这条带子满腹狐疑。它东看西看，扭来扭去，然后便溜到旁边去。我把它又弄了回来，逼它就范，但它拼命挣扎，缩成一团，一动不动。随即，整个行进行列全都受到了它的影响，无奈之下，我只得罢休。

1896年1月的最后一天，将近晌午时分，我突然间发现有一长列的松毛虫在窗台上，开始向它们所喜爱的花盆盆沿爬去。一条接一条的松毛虫缓慢地爬上那只大大的花盆。上了盆沿之后，便排成了整齐的行进行列。这时候，我又看见另外一些松毛虫也陆陆续续地爬过来了，形成了一个长长的大队。我在等待着这条细丝带闭合起来，也就是说，等着那个始终沿着盆沿边爬行的总指挥回到它在盆沿开始绕圈的起始点。一刻钟的工夫，这条环形路轨便铺设成功了。这么一来，这个连续不断的环形行进行列就不再有头领了。每条松毛虫前都有另外一条在爬行，在丝的轨迹的引导下，紧跟着前面的同伴。这条轨迹是集体努力的战果。大家都规规矩矩地在铺设好的路上行走着，绝对服从并完全信赖原本应当为它们开路实则已被我巧妙地取消了的向导，因为每条松毛虫都既是头领又是随从了。这条丝绸之路在逐渐加厚加宽，变成了一条窄带，起点与终点相会，没有任何的支线，因为稍有一点分支，我就立即用刷子把它刷去。花盆盆沿上的松毛虫就这么不停地转着圈，致使那条丝绸之路竟然成了一条两毫米宽的丝带，非常漂亮。我计算过，它们的平均速度为每分钟9厘米。行进途中，因气温的由暖变凉或过分劳累而速度放慢。它们已经走了10个小时了，也该饿了。我把一大束松枝放在近旁，绿油油的，简直就是一片天然牧场。但是，可怜的松毛虫们却并没有爬向牧场，而是仍旧在老老实实地沿着那条已成形的丝绸之路绕着圈子。第二天，天一亮，我就去探望它们，但它们仍旧是那么排列着，只是一动不动了。太阳出来，气温上升，它们才摆脱麻木状态，活泛起来，又像头一天那样沿着圆圈爬行了。就这样，一连5天5夜，这支松毛虫队伍不吃不喝，只是偶尔歇息一番，始终坚持在那条道上。最后，疲劳倦怠使它们变得混乱了。有不少松毛虫因腿脚带伤，不肯前进，行进行列的断裂现象在不断地增多，形成了好几个截段，每个截段便出现了一个首领。各个首领都在东探西寻，像是要找出一条脱身之路。但是，直到夜幕降临，所有的松毛虫又恢复成了一个行进行列，无休止的画圆行动又开始了。直到第八天，有些松毛虫头领（因为其间又出现过截段）沿着头两天探路时留下的一些短小的丝路，从盆沿上爬下来。渐渐地，其他松毛虫也就跟随其后爬下了花盆，全部回到了自己的住所。

现在，我们来粗略地计算一下，松毛虫在花盆盆沿上待的时间应该是7个24小时。扣除它们因疲劳或夜晚的寒冷所导致的休息时间，就算去掉一半，也走了有84个小时。按其平均每小时爬行9厘米计算，总行程应为453米，几乎有半公里的路程。大花盆的周长为1.35米，那么，松毛虫在这个始终走不到头的圆圈里，始终朝着一个方向转了335次。因此，我们可以看出，松毛虫得以脱身，纯属偶然。如果不是截段的某些头领另外探了一点不长的路径的话，那么它们就会这样走下去，至死方休。

圣 甲 虫

　　做窝筑巢、保护家庭，是种种本能特性中最崇高的一种。鸟儿这灵巧的建筑师告诉了我们这一点；在本领方面更加多样化的昆虫也让我们见识了这一点。昆虫对我们说："母爱是本能的崇高灵感。"母爱旨在维护族类长期繁衍，这是具有远胜于保护个体的更加利害相关的大事，因此母爱在唤醒最迟钝的智力，使之高瞻远瞩。母爱远远高于神圣的源泉，不可思议的心智灵光便孕育其中，并会突然迸射而出，使我们顿悟一种避免失误的理性。母爱愈坚，本能愈优。

　　在这一方面最值得我们关注的是膜翅目昆虫，它们身上凝聚着最充分的母爱。它们所有的本能才干都倾注于为自己的子孙后代觅食谋屋。为了其复眼将永远再也看不到而其母爱之预见性深深知晓的家族繁衍，它们是种种天赋才能中的行家里手。有的是棉织品和许多絮状物品的编织能手；有的是细叶片篓筐的能工巧匠；有的是泥瓦匠，建造水泥房间、砖石屋顶；有的是陶瓷行家，用黏土制作高档的尖底瓮、坛罐和大肚瓶；有的擅长挖掘，在湿热的地下建造神秘的地宫。它们掌握着成百上千种技艺，与我们人类所掌握的相仿，甚至有些还不为我们所知，而它们却在用于住房的建设。随即便得考虑将来的食物：一堆堆的蜜，一块块的花粉糕，精心制作的野味罐头……这类工程是专以家庭的未来为目的的，其中闪烁着在母爱激励之下本能的种种最高表现。

昆虫学范围内的其他一些昆虫，母爱一般来说都很粗浅、草率。几乎大多数的昆虫，只是把卵产在合适的地方就不管了，任由幼虫冒着危险和死亡去寻觅居所和食物。抚养如此马虎，才干有没有也就无所谓了。莱喀库斯①把各种艺术统统从其共和国驱逐出去，他指责这些艺术是使人们萎靡不振、意志消沉的玩意儿。就这样，在以斯巴达方式养育的昆虫中，这些本能的高级灵感也就被去除掉了。母亲从温柔甜蜜的育婴中摆脱出来，那么一切特性中最优秀的智能特性也就逐渐减弱，直至泯灭，因为不管是对于动物还是对于人类，家庭的确是尽善尽美的源泉。

　　如果说对子孙后代关怀备至、体贴入微的膜翅目昆虫令我们赞叹不已，那么不顾后代死活，任其听天由命的其他昆虫相比之下就显得很不像话了。而所谓的其他昆虫则几乎是昆虫之全部，起码就我所知，在各地的动物志中，只见过第二个例子，这种昆虫为自己的家人准备食物和住所，比如，采蜜的昆虫和埋野味篓的昆虫。

　　而奇怪的是，这类在细腻的母爱方面可与以花为食的蜂类相媲美的昆虫，竟然是以垃圾为对象，以净化被牲畜污染的草地为己任的食粪虫类。要想再找到不忘母亲职责又有丰富的母性本能的昆虫母亲，就必须离开芬芳四溢的花坛，转向大马路上骡马拉下的粪堆。大自然中类似的两个极端比比皆是。对于大自然来说，我们的丑和美，我们的龌龊与干净算什么？大自然以污秽创造出鲜花；用一点点粪肥它就能给我们创造出优质的麦粒。

　　各种食粪虫尽管成天与粪便打交道，但却享有一种美誉。它们的身材一般都小巧玲珑，穿戴庄重而且无可挑剔的光鲜，身子胖乎乎的，呈短壮体形，额头和胸廓上都佩戴着奇异饰物，因此在收藏家的标本盒里显得光彩照人，尤其是我国的那些品种，乌黑油亮，外加一些热带的品种，金光闪烁，黑紫油亮。

---

① 古代斯巴达共和国的著名立法者。

156

它们是畜群里挥之不去的客人，但它们身上可散发出一种苯甲酸的微微香气，可以净化一下羊圈里的空气。它们那田园诗般的习性令昆虫分类词典的编纂者们大为震惊，因此他们这些以前不怎么关心其痛痒的学者们，这一回却改变了看法，对它们进行简介时也用上了一些听起来好听顺耳的名字：梅丽贝、迪蒂尔、阿曼达、科利冬、阿莱克西丝、莫普絮斯等。这些名字都是古代田园诗人们常用且叫响了的名字。维吉尔式的田园诗中的词汇用来赞颂食粪虫了。

　　一堆牛粪堆儿上，瞧那个你争我夺的劲头儿呀！从全球各地蜂拥到加利福尼亚的淘金者们也没有它们的那股狂热劲儿。在太阳太毒之前，它们成百成百地奔来，大大小小，形状各异，体形有长有短，品种齐全，全都乱糟糟地爬来滚去，意欲在这个大蛋糕上为自己分上一份儿。有的在露天干活儿，在表层搜刮；有的钻进厚实的牛粪堆里，挖出地道，寻找优质矿脉；有的开凿底层，立即把财宝埋进地里；那些个头儿小又无力气的则待在一旁捡拾其身强力壮的合作者们掉下的渣渣屑屑什么的。有几个新来的想必是饿得不行，在原地就吃上了，但大多数则是想大捞一把，藏于安全之处，以备不时之需。当你置身于百里香遍地的原野时，一点新鲜牛粪都见不到，突然来到这里，见到这么大堆大堆的宝物，那真是天赐之物呀，只有有福分的才有这么幸运。因此，它们便把今天这宝贵财富小心谨慎地收藏起来。粪香四溢，方圆一公里都能闻到，食粪虫们闻讯纷纷赶来，抢夺、瓜分这些美味食品。有几个落在后面的又跑又飞地正忙着往前赶哩。

那个生怕到得太晚而朝着粪堆一溜儿小跑的是哪一位？它那长长的爪子僵硬笨拙地倒腾着，仿佛其肚腹下面有一个机械在推动着似的；它的那对棕红色小触角大张开来，透着垂涎欲滴的焦急不安。它在拼命地赶，它赶到了，还撞倒了几位食客。它就是圣甲虫，一身墨黑，是食粪虫中个头儿最大又最有名气的一种。古埃及人对它尊崇备至，把它视作长生不老的象征。它已入席，与其同桌的食友并肩战斗，其食友们正在用自己宽大的前爪心轻轻地拍打粪球，进行最后的加工，或者再往粪球上加上最后一层，然后抽身而去，回家安安心心地享用自己的劳动果实。我们来看一看那有名的粪球的一道道制作工序。

圣甲虫头部边缘是个帽子，宽大扁平，上有6个细尖齿，排成半圆。这就是它的挖掘和切割工具，是它的叉耙，可以用来撬起和抛撒无养分的植物纤维，把好东西耙在一起积聚起来。挑选食物就是这样进行的，因为对于这些精细的行家来说，什么好什么差它们是十分清楚的。如果圣甲虫是为自己寻找食物，它们选个差不离儿就行了，但如果是为了自己的孩子考虑，那它们则会严格挑选，一丝不苟。

为解决自己的食物问题，圣甲虫并不挑剔，粗略地选一选就行了。它用带齿的头盔拱一拱，挑一挑，去除不需要的，然后把其他的归拢一下就得了。两条前腿一起用力地忙乎。其前腿是扁平的，弯成弓形，上有粗壮的纹脉，外侧配备着5个硬齿。假如需要用力，推开障碍物，在粪堆中的最厚实的部分清出一条道来，圣甲虫便用肘力，也就是说用其带齿的前腿左扫右拨，再用齿耙用力一耙，便清出一个半圆形的空地来。场地清好之后，前腿还有另一种工作要做：把顶耙耙到的东西归拢在一起，弄到自己的肚腹下面的后面4只爪子之间去。这后面4只爪子生就是为了做镟工工作的。这些足爪，尤其是那最后的一对，又细又长，微微弯曲成弓形，顶端长有一个很锋利的尖爪。稍许看上一眼就会知道它们酷似圆规，在其弧形支脚之间，环成一种球形，可测量球面，加工球形。它们的功用确实是加工粪球的。

食物一把一把地被耙到肚腹下面的4条腿中间，后腿再稍一用力，就把粪球的雏形按腿部曲线给挤压成了。然后，这雏形粪球不时地被4条后腿形成的两副圆规摇动，挤压，逐渐变小变实，再由肚腹加工，粪球的形状臻于完善。如果粪球表面层太硬，有剥落的危险的话，如果某一部分纤维太多，无法镟的话，前腿就对不合适的地方进行再加工，它们用宽大的拍子轻轻拍打粪球，使得新添加的东西与原先的拍得很实地合二为一，并把那些不易粘贴的东西拍实在粪球上。

烈日当空，加工工作在紧张地进行之中，你可以看到镟工的活儿干得多么的利索，让你肃然起敬。那活计如此这般地飞快地进行着：一开始是个小弹丸，现在变成了一个核桃，不一会儿就有苹果一般大小了。我曾见过食量大的圣甲虫竟然镟出一个拳头大小的粪球。这肯定得花好几天的工夫。

储备的食物制作完毕，现在就得撤出混乱的战场，把食物运到合适的地方。这时候圣甲虫最令人惊奇的习性开始展现出来了。圣甲虫迫不及待地上路了；它用两条长后腿搂住粪球，而后腿尖端利爪则插入球体中去，当作旋转轴；它以中间的两条腿作为支撑，而以前腿带护臂甲的齿足作为杠杆，双足轮流着地按压，弓身，低头，翘臀，倒退着运送粪球。后腿是这部机器的主要部件，它们在不停地运作；它们一来一回，变换着足爪，以调整轴心，让负载物保持平衡，并在其一左一右地交替推动之下，把粪球往前滚动。这样一来，粪球表面各点都轮流地接触地面，使之不停地碾压，形状更加完美，而球面硬度因均匀地受压而趋于一致。

使劲儿呀！行了，它滚动了，它一定会被运到家的，当然少不了遇上困难。这一个困难说来就来，但还不算严重：圣甲虫碰到了一个斜坡，沉重的粪球要顺着斜坡滚下去的，但是圣甲虫认准了自己的理儿，偏要横穿这条天然道，这可够大胆儿的，稍一失足，稍踩到一点碍事的沙子，就会失去平衡，就前功尽弃了。果不其然，它脚下一出溜儿，粪球便滚到沟里去了；圣甲虫被滑落的粪球一带，弄了个仰面朝天，手脚乱蹬乱踢的。它终于翻转身来，追赶粪球。它的机器更加卖力地工作起来。——该当心点儿了，傻蛋儿；沿着沟底走，既省力又保险；沟底路好走，特别平坦；你不用太用力，粪球就能滚动向前。——可是圣甲虫就是不听，它偏要向着那个对它来说是不祥之物的斜坡。也许再登高处对它来说是合适的。对此我无话可说，因为就身居高处的优越性而言，圣甲虫的看法比我的看法更有远见。——可你至少该走这条道呀，那是个缓坡，你很容易就能从那儿爬到顶上。——它根本就不听，如果有什么很陡的、无法攀登的斜坡，那个顽固的家伙就偏偏选中它。于是，西绪福斯[①]的工作开始了。它小心翼翼地，一步一步地，艰难万分地往上滚动那巨大的粪球。它一直是倒退着在推动。我在寻思，它是运用何种稳定神功把这么个庞然大物稳定在斜坡上的。啊！稍一协调不好，它便白忙活了：粪球滚落下去，把它也连带着摔下去了。然后，它又开始往上爬，不一会儿又摔了下去。它随即又往上爬，这一次走得挺好，艰难路段总算通过了，原来是一个禾本植物的根在作怪，让它摔下去好几次，这一次它谨慎地绕开了这个该死的根。再使一把力就到顶了，但要小心再小心啊。坡陡道艰，稍有不慎便前功尽弃。你瞧，脚踩在光滑的卵石上，一滑，粪球和圣甲虫一起连滚带翻地又滑掉下去了。可圣甲虫又开始往上爬，仍旧坚韧不拔，没有什么能使它气馁的。10次，20次地试着这老也爬不上去的攀登，最后，它或者是以顽强的意志战胜了千难万险，或者是经过更加缜密的思考，承认自己先前所做的无谓的努力，它选择了

---

① 希腊神话中的一个暴君，死后受到惩罚，在地狱中把巨石往山上推，快到山顶时，巨石又滑下来，他只好永无休止地推着。

平坦的路径，终于如愿以偿，完成了任务。

圣甲虫并非总是单独地运送那珍贵的粪球，它经常要找一位同伴相帮，或者说得更确切一些，是同伴主动跑来帮忙。一般情况下是这么干的：一个圣甲虫制成了粪球之后，便爬出纷乱熙攘的群体，倒退着推动自己的战利品离开工地，最晚赶来的那些圣甲虫有一个在它的身旁，刚开始在制作自己的粪球，便突然放下手中的活计，奔向滚动着的粪球，助那个幸运的拥有者一臂之力，后者似乎很乐意接受这种帮助。这之后，这两个同伴便联手干起活儿来。它俩争先恐后地努力把粪球往安全的地方运去。在工地上是否果真有过协议，双方默许平分这块蛋糕？在一个揉制粪球时，另一个是否在挖掘富矿脉以提取原料，添加到共同的财富上去呢？我从未看到这种合作，我一直看到的只是每只圣甲虫都独自地在开采地点忙乎着自己的活计。因此，后来者是没有任何既定权益的。

那么，是否是异性间的一种合作，是一对圣甲虫在忙着成家立业？有一段时间，我确实这么想过。两只圣甲虫，一前一后，激情满怀地在一起推动着那沉重的粪球，这让我想起了以前有人手摇风琴唱着的歌子：为了布置家什，咱们怎么办呀？——我们一起推酒桶，你在前来我在后。通过解剖，我便丢掉了这种恩爱夫妻的场景。圣甲虫从外表上看去是分不出雌雄来的。因此我把两只一起运送粪球的圣甲虫拿来解剖；我发现它们往往是同一个性别的。

既无家庭共同体，也无劳动共同体。那么这种表面上的合伙儿存在的理由是什么呢？理由很简单，纯粹是想打劫。那个热心的同伴假借着帮一把手，其实是心怀叵测，一有机会便抢走粪球。把粪粒制成球既累人又要有耐心；如果能抢个现成的，或者至少强行入席，那可就合算得多了。如果主人没有警惕，帮忙者就可抢了粪球逃之夭夭；如果主人的警惕性很高，那就以自己也出了一份力为由而二人同席。这一手怎么都可获益，因此抢掠就成了收效最好的一种手段。有的就阴险狡猾地这么去干了，正如我刚才所说的那样；它们兴冲冲地去帮一位同伴，其实后者根本用不着它们帮忙，而且它们装着好心好意，实际上心里暗藏杀机。还有一些圣甲虫，也许更加大胆，更加相信自己的实力，干脆直奔主题，强行抢走他人的粪球。

这种抢劫行径无处不在。一只圣甲虫独自推动着自己通过努力劳动所获得的合法收益安静地离去了。另外一只，也不知是从哪里冒出来的，飞来抢夺，身子重重地落下，把被烟熏了似的翅膀收在鞘翅下面，然后挥起带锯齿的臂甲的背面扇倒粪球的主人，后者正在忙着推动粪球，根本就无招架之力。当受袭者拼命挣扎，重新站稳脚跟时，攻击者已经立于粪球高处，那是击退对手的最有利的位置。它把臂甲收回胸前，准备迎敌，以防不测。失窃者围着粪球转来转去，寻找有利的出击点；盗窃者则立于城堡顶上不停地转动，始终面对着失窃者。如果失窃者立起身来攀登，盗窃者便朝前者的背部猛地一击。如果进攻者不改变策略来收回失物的话，那防守者因占据城堡高处，必将一次次地挫败对手的进攻。这时，进攻者企图把城堡及其守卫一并推翻。粪球底部受到摇晃，开始缓缓滚动起来，盗窃者也随着滚动，但它想尽办法始终立于粪球顶上。它做到了，但并非始终如此。它在不停地急速跟着转动，使自己保持平衡。万一脚下一滑，优势没了，那就只好与对手短兵相接，双方身体对身体，胸部对胸部，你顶我撞开来。它们的爪子绞在一起，节肢缠绕，角盔相撞，发出金属锉磨的尖厉之声。然后，把对手掀翻，挣脱开来的那一位便匆忙爬上粪球顶端，抢占有利地形。围困又开始了，忽而抢掠者被包围，忽而被抢者受包围，这全由肉搏时的胜败来决定。抢劫者无疑贼胆包天且敢于冒险，往往总是占据上风。因此，被抢劫者经过两次失败之后，便失去斗志，明智地回到粪堆去重新制作一个粪球。而那个抢劫得手者非常害怕已解除的险情会重新出现，便把抢掠来的粪球，赶忙往自己觉得保险的地方推去。有时候，我还看见有第二个抢劫者突然飞临，抢掠前一个窃贼的赃物。说心里话，我对它并不反感。

我徒劳无益地在寻思，那个把"财产即赃物"这个大胆的谬语狂言运用到圣甲虫的习俗中的普鲁东是何许人也？那个把"武力胜过权力"的野蛮法则在食粪虫中加以发扬光大的外交家是谁？由于手头缺少资料，我无法追本溯源地探清这些习以为常的抢劫行径，无法搞明白这种为了抢夺粪团而滥用武力的缘由，我所能肯定的只是抢劫骗取是圣甲虫的一种惯用伎俩。这些运送粪球的昆虫相互间你抢我夺，毫无顾忌，我还真没有见过其他昆虫这么厚颜无耻地干过。干脆，我把这种昆虫心理方面的问题留给未来的观察者们去探索吧，我还是回过头来谈谈那两个合伙运送粪球的家伙。

尽管用词不甚贴切，我还是称那两个合作者为合伙运送者。它们中一个是强行入伙，而另一个则也许是无可奈何地接受的，生怕会遇到更大的不测。它俩的相逢倒还算和气。合伙者到来之时，物主正一门心思在干自己的活儿；新来者似乎怀着最大的善意，立即投入工作。二人一推一拉，相互配合。物主占着主导位置，担当主角：它从粪球后面往前推，后腿朝上脑袋冲下。那个帮手则在前面，姿势与前者相反，脑袋朝上，带齿的双臂按在粪球上，长长的后腿撑着地。它俩一前一后把粪球夹在当中，粪球就这么滚动着。

它俩的配合并非总是很协调，尤其是因为帮手背对路径，而物主的视线被粪球遮挡住时便会出问题。因此，事故频仍，摔个大马趴是常有的事，好在它们也泰然处之，摔倒了立即爬起来，仍旧是各就各位，各司其职。即使是在平地上，这种运输方式也会事倍功半的，因为二人的配合无法天衣无缝，其实只要粪球后面的一个圣甲虫干，也照样会干得很快，而且干得更利索。那个帮手虽然差点儿弄得无法运送，但在表现出自己的善良意愿之后，决定稍事休息，当然，它是不会放弃它已视作是自己财产的那个宝贝粪球。摸过的粪球就是自己的粪球。但它也不会掉以轻心贸然从事的，否则对方会把它给晾在那儿。

它把腿收回到肚腹下面，身子贴在（可以说是嵌在）粪球上，与之浑为一体。粪球和这个贴在其表面的帮手在合法主人的推动下一起往前滚动着。粪球在它的身下，随着粪球的滚动，它忽而在上，忽而在下，忽而在左，忽而在右，它毫不在乎。它就是要帮忙帮到底，而且是默默无闻地。这种帮手真少见，让别人用车推着自己，还要得一份儿酬劳！这时，前方遇到一个大斜坡，它只好帮一把手了。行到陡坡上时，它当上了排头兵，只见它用自己那带齿的双臂猛拽住笨重的大粪球，而其同伴，那个物主则在下方拼命抵住，一点点地往上顶着。我看见这两个合伙者，就这样一个在上方拽着，一个在下方顶扛着，配合十分默契地往坡上爬着，如果没二者的通力合作，光靠一个是怎么也无法把粪球推上去的。但是，并非所有的圣甲虫在这一艰难时刻都会表现出同样热情。有一些圣甲虫在攀爬斜坡这种必须通力合作才行的时刻，似乎根本没有看见有困难要克服似的。当倒霉的西绪福斯在拼了小命试图越过障碍时，另一个则高高在上，稳坐钓鱼台，与粪球一起滚下，一起滚上。

我们假定那只圣甲虫很幸运，找到了一个忠实的合伙者，或者更好一些，假定它在途中没有碰上不请自来的同类。那么，一切就绪，可以进行下一步了。地窖已挖好，是一个在松土地上挖的洞，通常是在沙地上挖，洞不深，有拳头般大小，有一条细道与外界相通，细道大小正好够让粪球进入。粮食一入地窖，圣甲虫便躲在家里，用藏于角落里的杂物把地窖入口堵住。大门一关，外面根本看不出这里下面有个宴会厅。大功告成，它高兴万分；宴会厅里所有设施全都登峰造极！餐桌上摆满了奢华食物；天花板遮挡住当空烈日，只让一丝温馨湿润的热气透进来；心平气静，环境幽暗，外面的蟋蟀阵阵合唱声，这一切都有助于肠胃功能的发挥。我神思恍惚，突然觉得自己在俯身于地窖门口，只觉得有海洋女神该拉忒亚的歌剧中的那段著名唱段隐约传来：“啊！周围的一切都在忙忙碌碌时，无所事事是多么美妙。”

谁敢去打扰这样的一个在宴席上怡然自得的家伙呀？但是，想探个究竟的欲望是什么都干得出来的，而这种胆量，我就有过。我把我私闯民宅的情况记录在此。我看到光一个粪球几乎就把宴会厅塞满了；这奢华的食物下抵地板上顶天花板。一条狭小的通道把粪球与墙体隔开。食者就在通道上用餐，顶多是两位，经常是独自一人，肚子贴在餐桌上，背顶着墙壁。座位一旦选好，就不再挪动了，然后便放开嘴吃起来，没有一点小的争吵，那样会少吃上一口的；也不挑挑拣拣，否则就会浪费食物。一切都得按先后次序，一丝不苟地穿肠过肚。看到它们如此虔诚尽心地围着粪球在吃，你会以为它们意识到自己在完成大地净化的工作，它们知道自己投身的是那种以粪肥培育鲜花的精细化学工程，鲜花让人赏心悦目，圣甲虫的鞘翅能点缀春意盎然的草坪。马、牛、羊尽管消化系统很完美，但它们的排泄物中仍留有未消化的残留东西，而圣甲虫则把它们留下的那些残留物质加以利用，为此，圣甲虫就必须具备一套完整的工具。果然，通过解剖我惊叹地发现它的肠道出奇地长，盘来绕去，使得进入的食物可以慢慢地被吸收，直至最后一个可以利用的颗粒被消化掉为止。因此，食草动物未能吸收的东西，食粪虫类昆虫的高效蒸馏器却可从中提取一些财富，而这些财富经过稍加处理，就变成了圣甲虫的墨黑的铠甲和其他食粪虫类昆虫的金黄色的和赤红色的胸甲。

不过，这种令人赞叹不已的垃圾处理工作得在最短的时间内完成，这是环境卫生所限定的。而圣甲虫就具有这种也许其他昆虫所没有的很强的消化能力。一旦食物进入地窖里，圣甲虫便日夜不停地吃着，直到把食物消灭干净为止。当你有了一定的实践经验，把圣甲虫关在笼子里养是很容易的。我就是采用了这种办法获得了这些资料，这对著名的圣甲虫的高效消化功能的了解大有裨益。

整个粪球就这么一点一点地依次通过消化道，然后，圣甲虫隐士便爬出地面，寻找机遇，找到后，便再做粪球，一切就又重新开始了。

有一天，天气很热，闷热无风，这种氛围很适合我喂养的圣甲虫们大快朵颐。于是，我手里拿着表，守在一个露天进食者的面前仔细观察着，从早上8点一直盯到晚上8点。这只圣甲虫似乎遇上了一块颇对胃口的食物，整整12个小时，它都没停止过咀嚼，始终待在餐桌前的同一个地点一动不动地吃个没完。晚上8点钟时，我最后看了它一次。只见它的胃口始终未减，那样子像刚开始吃时一样地起劲儿。这宴席还持续了一段时间，直到整个食物全部消灭干净为止。第二天，那只圣甲虫确实没再在那儿了，头一天大嚼个没完的那块食物只剩下了点渣渣末末。

时针转了一圈还要多，这么长的一幕就是进餐，狼吞虎咽，精彩至极，但是，那消化的一幕则更是妙不可言。圣甲虫前头不停地吃，后头则不断地排泄，那已不再含营养成分的排泄物连成一条黑色细线，如同鞋匠的细蜡绳。它是边吃边排泄，足见其消化之神速。刚一开始咀嚼，它那拔丝机便运转起来，直到最后几口吃完之后，这机器才停止运转。那根细蜡绳从头到尾没出现断头，始终挂在排泄口上，下面的则已盘成一堆，只要没有干透，则可以轻易展开来成为一条细长绳。

排泄的过程如同秒表一般精确。每隔一分钟，更精确地说是45秒，一小节排泄物便出来了，细绳则增长三四毫米。等细绳长到一定程度，我便把它截断，放在刻度尺上量量其长度。我测量12小时的结果，总长度为2.88米。晚上8点，我是提着提灯最后一次去察看的，这之后，圣甲虫又继续宵夜，所以进餐与制绳工作又持续了一段时间，所以圣甲虫拉成的那根没有断头的细长绳总长约为3米。

知道了绳长及其直径，排泄物的体积很容易便能测算出来。而要测出圣甲虫的精确体积，同样也不难，只要把它放入有水的量筒，查看一下水位线即可。所获得的数据并非没有意义：这些数据告诉我们，圣甲虫一次连续12个小时的进食竟消化掉几乎与自己的体积相等的食物。多么好的胃呀，而且消化能力又是这么强，消化速度又这么快！一开始咀嚼，排泄物便立即被消化成细绳状，不停地拉长，直到进餐结束。在这台也许从不失业的蒸馏器里（除非加工的原料出现短缺），原料一进入，立即由胃囊进行加工，吸收殆尽，然后排出。这使我不由得想到，这么一座如此高效地清除垃圾的实验室在环境卫生方面是可以起点儿作用的。

圣甲虫的梨形粪球

一个年轻的牧羊人负责替我抽空观察圣甲虫的活动情况。6月下旬的一个星期日，他兴冲冲地跑来告诉我说，他觉得此刻是研究圣甲虫的好机会，说他突然看见圣甲虫从地下爬出来，他便在它爬出来的地方翻找，在不很深的地方就发现了一个奇怪的东西，便给我带了来。

那玩意儿确实挺奇怪的，彻底地推翻了我原先以为了解了的那点情况。从形状上看，它就像个小小的梨子，大概熟过了头，色泽不新鲜了，变成了紫褐色。这个稀奇古怪的玩意儿，这个似乎在车工车间车出来的漂亮玩具，会是什么呢？是人工塑造而成的？是一个仿梨子制品供孩子玩的？我确实是这么以为的。孩子们围了过来，目不转睛地盯着这个漂亮玩意儿，都想拿走放进自己的玩具盒里。这玩意儿形状比玛瑙弹子更漂亮，比象牙球和杨木陀螺更让人喜爱。实际上，这玩意儿的材质并不显得上乘，但摸上去很硬实，且带有十分艺术性的曲线。这没有关系，反正在深入了解它之前，我是不会把这个从地下找到的小梨给孩子们当玩具的。

它真的是圣甲虫的杰作吗？它里面会有一个卵、一条幼虫？牧羊青年肯定地对我说有。他说他在挖的时候不小心把一只同样的小梨给弄碎了，里面就有一只白色的卵，像一个麦粒那么大。我不太相信他说的，因为他给我拿来的小梨与我所期待的粪球相去甚远。

剖开这个令人生疑的玩意儿，看看它里面有什么东西，这也许是冒失的：即使如牧羊青年好像认定的那样里面果真有虫卵，我这么把它剖开也许会影响里面胚胎的存活。再说，我在想，梨形与所有已知的情况是矛盾的，很可能是偶然造成的。谁知道日后会不会再遇上偶然的情况给我提供同样的东西呢？最好保持它的原样，静观情况的发展，特别是应去现场看个究竟。

第二天天一亮，牧羊青年已在那儿放羊了。我爬上山坡见到了他。山坡上的树木最近被砍光了，夏季的毒日头晒得人后脖子疼，好在还得两三个小时之后太阳才晒得到我们。清晨，凉风习习，羊群在牧羊犬的看管下静静地在吃草，因此我和牧羊青年便一起搜寻起来。

很快就找到了一个圣甲虫的洞穴，上面新堆成一个鼹鼠丘，一眼就可认出来。我的同伴用力地挖起来。我把我的小铲子给了他，我那把小铲子又轻巧又结实，我每次外出都没忘记带上它，因为我见土就想挖一挖，怎么也改不了。我躺在地上，目不转睛，好仔细查看被挖开的洞穴内部的安排布置。牧羊青年用小铲子挖着，用没拿铲子的手把浮土弄掉。

我们成功了：一个洞穴打开了，只见那湿热的半张开的地洞里

圣甲虫的梨形粪球

168

一只完美的梨形粪球待在那儿。是呀，说真格的，第一次看到圣甲虫妈妈的杰作那印象之深刻，永远也无法抹去。即使我是挖掘古埃及圣骨的考古学家，当我挖到某个法老的地下墓穴中的雕琢成圣虫的绿宝石，我也不会比这次更加激动的。啊！突然金光四射真理发现的快乐呀，什么快乐可与你相媲美！牧羊青年也高兴万分；他见我笑自己也笑，他看见我幸福欢快自己也喜形于色。

偶然的事不会重现，一件事不会一模一样地再现，一句古老的格言就是这么告诉我们的。我这已是第二次看到这种奇特的梨形粪球了。这种形状是正常的，不是例外？圣甲虫在地上滚动的那个类似这种球体的球体是否并不存在？我们继续挖下去，再看看究竟是怎么回事。我们又找到了第二个洞穴。同第一个一样，里面也有一只梨形粪球。这两个玩意儿一模一样，简直像是一个模子里倒出来的。有一个细节颇有价值：在第二个洞里，在梨形粪球旁边，圣甲虫妈妈怜爱地紧搂着梨形粪球，想必是专心一意地在对它进行最后的加工，然后自己就永远地离开这个洞穴。一切疑惑都驱散了：我认识这个雕塑工，我了解它的杰作。

在上午剩下的时间里，我便只是对已知的这些情况进行充分的求证：在毒日头把我晒得受不了只好离开挖掘现场之前，我已拥有一打形状相同、大小几乎一样的梨形粪球。有许多次我都发现有圣甲虫妈妈在洞穴深处的车间里。

最后，先提一下后来我所了解到的情况。在6月末到9月份的整个大热天里，我几乎每天都到圣甲虫经常出没的地方去探查，我用小铲子挖开一个个洞穴，获得了一些超乎我所能期盼得到的资料。我从笼子里的饲养中又获得了另一些资料，这些资料真的也很宝贵，但却无法与在田野里的自由空间中所获得的资料相比拟。不管怎么说，我挖掘过少说也不下100来个洞穴，而且始终都次次见到那种梨形粪球，但却从来没有，一次都没有见到过圆圆的粪球，一次也没见到过书本上告诉我们的那种浑圆形状的粪球。

这个错误我以前也犯过，因为我非常相信大师们的金口玉言。以前，我在安格尔高原的研究没有任何结果，我在实验室进行饲养也可悲地以失败而告终，但我又一心想给青年读者们一个圣甲虫如何筑巢做窝的看法，所以就接受了传统的浑圆的粪球的荒谬说法，而且还通过类比推理，用别的食粪虫的一点情况试着勾勒圣甲虫卵的外形，导致了不可饶恕的错误的出现。

现在，我们来详述一下这个真实的故事，并用我亲眼所见并且一见再见的事实作为依据。圣甲虫的地下窝巢从地面上一看便知，因为洞外有一堆浮土，似一个鼹鼠丘，是圣甲虫妈妈把洞中挖出的土推到洞外堆积而成的，以便留出一个洞来。这个鼹鼠丘下开着一个大约一分米的不太深的洞，有一条或直或曲的水平通道从洞底通到可能有拳头般大小的宽敞大厅。这就是地下室，虫卵被食物包裹着，在离地面几寸的地下，由酷热的太阳烘烤慢慢孵化；这也是圣甲虫妈妈的宽敞的车间，它可以在里面灵活自如地把未来的宝宝的面包揉制、加工成为梨形。

这个粪球面包躺倒时长轴线是水平方向的。其形状以及大小让人想到圣诞节时期的小梨子，色泽鲜艳，香气扑鼻，提前成熟，让孩子们爱不释手。梨形粪球的大小基本都差不太多，最大个儿的长45毫米，宽35毫米；最小个儿的长35毫米，宽22毫米。

梨形粪球的表面虽不像仿大理石那么光滑，但却非常规则匀称，是经过很小的红土颗粒仔细打磨过的。它原是十分松软的，宛如可塑性黏土，因为是刚做好的，但很快便因风干的缘故外层结起一层硬皮，用手指捏都捏不碎，比木头都硬。这层硬皮是一个保护层，使得隐于其中者避免与外界接触，可以极其安静地消受自己的食物。但是，如果连中间也都风干了，那就非常危险了。我们以后将有机会来谈被迫面对太硬面包的幼虫的可怜处境。

圣甲虫面包铺加工的是什么样的面团呢？马牛骡是它的供货者吗？绝对不是。不过，我以前一直以为是的，而且每个看见它在一大堆普通牛粪中拼命收集，为己所用的人，也都会这么以为的。它通常就在那儿揉制粪球，然后弄到沙土地下的某个隐蔽所去消受一番。

如果那种沾满草梗的粗糙面包只是为了自己吃的话，那没有什么问题，但如果是给它们的小宝宝们准备的，那就不行了。它必须去进行精加工，使之营养丰富且易于消化。它需要的是绵羊留下的美味，而不是干瘪的牛拉下的一地黑橄榄；绵羊留下的美味是在其不太干的肠子中逐渐形成、加工制作的单层硬饼干。这才是圣甲虫所要的材料、专门用于加工的面团。那不是马的那种无脂肪的粗纤维材料，而是腻滑而有黏性的均匀的物质，饱含着富于营养的汁液。这种材料因其黏性和腻滑而极为适于加工成为梨形艺术品，而且它又柔软可口，很符合新生儿的嫩弱的胃。在这么一个小小的梨形体中，幼虫将可以获得充足的营养。

这就是梨形食品为何如此之小的原因所在；它那么小，以致使我在看到圣甲虫妈妈正在制作梨形粪球之前，一直怀疑这新玩意儿究竟是什么尤物。我一直都没能从这么小的梨形粪球中看出那是圣甲虫幼虫的食粮，因为圣甲虫既贪馋且个头儿也挺大。

在这个形状独特新颖的大面包团里，虫卵在什么地方呀？大家自然而然地就会认为它在那圆圆的梨肚子的中心。这中心点是最安全的地方，不受外面的一切干扰，而且是恒温的。再者，新生幼虫无论从哪儿下口都能遇到厚厚的食物层，不会咬上几口就没有了。因为在它的周围全都是一样的，它也就用不着去挑选了；它随便把自己那嫩牙咬到哪儿，都会无忧无虑地、津津有味地继续吃下去。

这种看法似乎非常有道理，以致我也跟着上当了。在我用小刀的刀锋一层一层地往梨肚子中心剥去、深信在中心点会找到虫卵时，却大出我意料，那儿根本就没有虫卵。梨肚子中心非但不是空的，而且是实实的。那儿也是一堆质地均匀的食物。

我的推断看上去似乎很合理，换了任何一位观察者也会与我持同样看法的。但是圣甲虫却有自己的主张。我们有我们的逻辑，而且还颇引以为豪；但圣甲虫也有自己的逻辑，而且在这一点上还远胜于我们。圣甲虫颇有远见，能预见会发生什么事情，所以便把卵产到别处去了。

到底产到哪儿去了呢？产到梨形粪球最细薄的部分，在最顶端的梨颈那儿。把梨颈纵向剖开，但须加倍小心，别弄坏了里面的东西。那儿挖有一洞，四壁光洁锃亮。这就是胚胎所在的圣龛，这就是孵化室。相对于圣甲虫妈妈的个头儿来说，虫卵算是挺大的了，它呈长椭圆形，白乎乎的，长约10毫米，宽有5毫米多。它同四壁之间有一层薄薄的间隔，与四壁都不紧贴，只是梨颈顶端的壁后，虫卵的头顶粘在上面而已。梨形粪球通常是水平躺放着的，除了头顶粘着的那一点而外，幼虫实际上是悬浮在空中，睡在这张最有弹性最热乎的空气床上。

现在，我们已清楚明白了。让我们来看看圣甲虫这么干的原因何在。让我们了解一下为什么是个梨形，这在昆虫的制作工艺中可是一种很奇特的形状。让我们来看看虫卵放在那么个奇怪的地方究竟有什么好处。我知道，探究事情的原委和来龙去脉是非常繁难艰辛的。你可能会像是踏入流沙里去似的，因为那是个神秘的领域，变化多端，一不小心就会陷下去无法自拔的。难道因为危险就放弃这种探索吗？为什么要放弃呀？

我们的科学知识与我们手段之贫乏相比更显得其伟大辉煌，但是面对无穷的未知时又显得如此可悲。它对于绝对的真理都知道些什么？它一无所知。世界只有在我们认识了它之后才使我们感到兴趣。认识不了，一切都变得枯燥乏味，混沌虚无。一大堆事实并非科学，那只不过是一篇索然寡味的目录而已。必须解读这篇目录，用心灵之火去使之化解开来；必须发挥思想和理想之光的作用；必须诠释。

让我们去攀登这个高峰，以解释圣甲虫的所作所为吧。也许我们可以把我们的逻辑运用到圣甲虫身上去。不管怎么说，看到理性对我们的支配与本能对动物的支配如此绝妙地一致，是非常有趣的。

圣甲虫处于幼虫状态时有一个巨大的危险在威胁着它，那就是食物变干燥。幼虫生活期间的地下洞穴的天花板是一层约1分米厚的土层。这极薄的一层土又如何能挡得住能把土烤焦的大热天的酷热呢？那酷热都能把砖坯烧硬了。所以幼虫的居室温度高极了，当我把手伸进去时，都感到有股子热气在往外冒。

食物至少得存放三四个星期，所以很有可能在卵孵化之前变干，甚至变得无法为幼虫食用。当幼虫那嫩牙咬不着原本是松软的面包而咬着硬得如石头般的硬皮时，可怜的幼虫将会饿死，而且确实有因饥饿而死亡的。我就发现过有不少8月烈日的牺牲者，它们早已把松软的食物吃了一个大洞，后来因啃不动剩下的太硬的食物而死于吃出的那个大洞中。粪球剩下的是一个厚厚的壳，像一只没有口的球形锅子，可怜的幼虫在锅里被烤干瘪了。

在那个干硬得像石头似的厚壳中，幼虫即使变成了成虫也一样会饿死的，因为它冲不破围城，逃不出来。关于幼虫的彻底解放我稍后还要论述，在此就不再就这一点多加赘述了。我们就只关心一下幼虫的悲惨处境吧。

我们说了，食物变干燥对于幼虫来说是致命的。我们见到的在厚壳中干死的幼虫就证明了这一点；下面要做的实验会更加明确地证实这一点。在7月份那筑巢做窝的季节里，我在一些硬纸盒或杉木盒里放了一打当天早上从产地挖到的梨形粪球。这些被密封起来的盒子被放在我实验室的暗处，那儿的气温与外面的气温一样。结果，没有一只盒子见到成果：要么是卵干瘪了，要么是幼虫孵化出来后很快就死去了。相反，在一些白铁盒或玻璃笼中，情况十分不错，全部存活。

这种差别原因何在？其实很简单，在7月份的高温天气里，硬纸板或杉木板隔热效果差，水分很快就蒸发掉，所以梨形粪球变干，幼虫便饿死了。而白铁盒或玻璃笼则相反，隔热效果好，水分不易蒸发，食物能保持松软，所以幼虫如同在出生地的洞穴中一样很好地成长。

圣甲虫有两种方法避免食物干燥。首先，它用它那宽臂的铠甲使劲地压紧压实梨形粪球的外层，弄成一层比中心更均匀更密实的保护性外皮。如果我把一个用这种方法制作的食品罐头捏碎，那层外皮通常会一下子脱落，露出中心的内核来。这让我联想到一个核桃的核儿和仁儿来。圣甲虫妈妈在按压时只涉及几毫米的表层，所以便出现了一个外壳。它并没往深处按压，这样中间的那个大内核也就分出来了。夏季最炎热的时候，为了让食物保鲜，家庭主妇会把面包放在密封的坛子里；而圣甲虫妈妈的做法有异曲同工之妙，它通过按压，制成外壳，以保护里面的孩子们的食粮。

圣甲虫的所作所为远胜于此：它变成了一位几何学家，能够解决最小值的难题。在其他所有的条件完全相同的情况下，蒸发显然与蒸发面的大小成正比。因此，为了减少水分的丧失，就必须让食物的面积尽量地小；但又必须让这个最小的面积包含最大数量的营养物质，以便让幼虫吃饱吃好。那么，什么样的形状才能达到面积最小而体积又能达到要求呢？按几何学的回答，那就是球形。

圣甲虫因此便把幼虫的食粮加工成为球形，而梨颈暂时地忽略一边；这种球形并非强加给圣甲虫一个必需的外形而盲目的机械条件下造成的结果；也不是在地上滚动而突然获得的成果。我们已经看见了，为了更方便更快捷地把收集到的食物弄到别处去食用，圣甲虫把食物加工成球形，但又没有挪动它的位置。总之，我们已经承认这个球形在滚动之前就做成了。

同样，我们马上也可以确定，为幼虫准备的梨形则是在洞底深处制作而成的。它没有滚动过，它甚至都没有挪过窝儿。圣甲虫完全按照所需要的外形对它进行了加工，犹如泥塑艺人用拇指捏泥人一样。

圣甲虫利用自己配备的工具也能制作出曲形不如梨形柔和的其他一些形状出来。譬如，它就能制作较粗糙的圆柱体，那是粪金龟通常制作的香肠面包；它也能草率从事，让没有固定形状的粪块是什么样就什么样。如果草率从事，活儿就干得更快，它也就有更多的闲暇尽享阳光下的欢乐了。但是不然，圣甲虫专门选择制作梨形粪球，而这种形状要做得精确是十分不容易的。它制作这种繁难的梨形粪球，就像是它深知蒸发的规律以及几何学的规律似的。

现在剩下的是搞清楚梨颈的事了。它的功能、作用究竟是什么？答案显然是：有很大的作用。孵化室就在梨颈部位，卵就在其中。而所有的胚胎，无论是植物的还是动物的，都需要空气这个生命的原动力。为了让激发生机的空气这种助燃剂渗透进去，鸟的蛋壳上满是气孔。圣甲虫的梨形粪球就类似于鸡蛋。

为了避免过快地干燥，梨形粪球的外壳被压实成一层很硬的外皮；它的营养核，也就是蛋黄、卵黄，是藏于外皮内的松软的球；它的透气室就是顶端的那个小屋，亦即梨颈上的那个小窝窝，里面的空气把胚胎团团围住。为了呼气吸气，有哪儿能比孵化室更好的？那儿位于尖角上，沐浴在空气中，气体可以透过薄薄的壁自由地渗进渗出。

空气和高温是最重要的条件，所以食粪虫中没有谁敢等闲视之。我们以后会有机会看到，食粪虫的食物块形状各异；除了梨形而外，根据制作者的种属不同，还有圆柱形、鸟蛋形、球形、尖顶形等；但是，虽说是形状各不相同，首要的一点却是永远不变的：卵待在紧靠表面的一间孵化室里，这是呼吸新鲜空气和吸热的最佳方法。在这种精巧艺术方面，圣甲虫制作的梨形粪球独占鳌头。

我前面刚提到过，圣甲虫这位一流的揉制工在揉制粪球时所表现出的逻辑性可与我们人类的相媲美。就我们现在所知，我所做的实验就证明了这一点。但还有更好的证明。我们把下面这个问题让我们的科学加以阐释吧。胚胎是被包围在一大块食物中的，而因为干燥，这大块食物会很快变得无法食用。如何加工这种食物块才好呢？为了容易地呼吸到新鲜空气和吸收热量，把卵产在哪儿好呢？

所提问题中的第一个问题已经回答过了。我们从所获知识中得知，蒸发是与蒸发表面的面积大小成正比的，所以食物应做成球状，因为球状体包含的物质最多而表面面积又最小。至于虫卵，既然需要一个保护套加以保护，免得有任何伤害性的接触，就必须把它放置在一个薄的圆柱形套子里，再让套子立在球体上方。

这样，必需的条件就得以满足了；制作成球状的食物可以保持新鲜了；由一个圆柱形薄套保护着的卵可以通畅地呼吸新鲜空气和吸收热量。这必需的条件虽然满足了，但那形状却太难看。讲实用就顾不上美了。

一个艺术家把我们推理得来的粗糙作品进行了加工。它把圆柱形修改成半椭圆形，显得优美雅致得多；它又在这个球体上加工出一个精巧的曲面，与球体仍连接在一起，这就变成了一个梨形，变成了一个带颈的葫芦。这样一来，这就是一件艺术品了，非常漂亮。

圣甲虫所做的正是美学要求我们做的。它是不是也有一种审美观？它知道自己制作的梨形很美吗？它肯定是看不出梨形之美的；它是在地下漆黑一片中制作的。但是它摸得出来。尽管它的触觉不值得一提，而且身披粗糙的角质外壳，但不管怎么说，对自己精心揉制出来的外形轮廓是不会没有感觉的！

圣甲虫的造型术

圣甲虫是如何制作那饱含慈母爱的梨形粪球的？首先可以肯定的是，这绝不是在地上通过滚动制作而成的，因为它的形状从各个方面看都是无法向前滚动的。就算那梨形葫芦的肚子可以滚动，但是那个椭圆形凸出来的梨颈里面可是个孵化室呀！这个精巧的杰作也不可能是猛烈撞击的结果。它如同首饰匠的首饰一样，是不可能让铁匠放在铁砧上捶打出来的。我同意其他一些已经提及的十分明显的原因，但愿梨形粪球的形状将永远把我们从那认为卵是放在一个摇来晃去的粪球里的陈旧看法中摆脱出来。

为了自己的杰作，圣甲虫这个雕塑家与真正的雕塑家们一样，关起门来潜心制作。它藏在自己的洞穴中，专心一意地加工被它运入洞中的粪料。在对待粪料的方法上有两种情况。一种是在粪堆里按照我们已知的那种办法选取优质食料，就地揉制成小球，搓成圆形后再滚动它。如果只是为解决自己的口粮问题，它肯定就这么做了。如果它认为粪球体积过大，又不适宜就地挖洞，它便滚动着这个大家伙上路；它毫无目的地走着，直到找到一个合适的地点为止。路途中，粪球不会越滚越圆，但表面那一层会稍稍变硬，沾上一些泥土和细沙粒。这层沾上土和沙的表层是其跋涉之远近的真实记录。这一点很重要，我们一会儿会用得上的。

还有一种情况是，在它从中选取粪料的粪堆附近就很适合挖洞。

那地方没什么石头，很容易挖洞。这样就无须长途跋涉，也就用不着滚动粪球了。羊的松软蛋糕被收集起来，原样储存，放进车间，需要时再切成小块加工。

这种情况通常并不多见，因为地面粗糙，石头太多，轻易就可以挖洞的地点零零星星，圣甲虫不得不身负重荷四处寻觅。不过，我的笼子里铺的一层土是过过筛子的，挖洞就极其容易，每一处都可以挖洞造巢，因此，圣甲虫妈妈为产卵而劳作时，只要把附近的粪块弄到地下去就行了，用不着先把粪块弄成个什么固定的形状。

这种无须事先揉成粪球再运输储存的方法无论是在野地里还是在我的笼子中，其最后的结果都非常令人惊讶。头一天，我看见一块没有形状的粪料消失在地下，第二天或第三天，我查看了它的车间，发现艺术家正面对自己的杰作哩。当初不成形的粪块，被一块块抱进洞中的碎块，已经变成了形状完美、无可挑剔的梨形粪球了。

这件艺术品身上有着其艺术家的印记；立于洞底地上的那一部

圣甲虫的造型术

分沾着少许的泥土；其余部分都很光滑明亮。在圣甲虫制作梨形粪球时，由于粪球自身的重量，由于圣甲虫的轻轻拍打，仍很松软的梨形粪球接触地面的那一面就沾上点泥土，而其他的大部分面积则保持了圣甲虫精心加工所给予它的精细完美。

这些仔细观察到的细节的结论是显而易见的：梨形粪球不是旋转制作而成的；它不是圣甲虫在宽敞车间的地上经过滚动获得的，如果是那样的话，它就应该全身到处都沾上了泥土才对。另外，它那凸起的颈部也排除了这种制作方法的可能性。它甚至都没有从一头翻转到另一头；它的朝上一面一点儿泥土都没沾，这就是有力的证据。圣甲虫没有移动也没有翻转，就在它所在的地方原地对梨形粪球进行了加工制作；它用它那宽臂轻轻地拍打梨形粪球，正如我们在露天地里看见它制作时的那样。

现在我们回过头来说说田野里的通常情况。这时候，粪球是从远处运来拖进洞穴里去的，整个表面全都沾满了泥土。圣甲虫将如何处理这只粪球？粪球上已经显现出未来梨形粪球的肚子来了。我如果只想求得答案而不考虑曾经使用过的方法的话，这答案是很容易得到的：只要在洞中连同其小粪球一起抓住圣甲虫妈妈，把它和小粪球全都弄到我的实验里，进行仔细观察，研究进展情况就可以了，而这种事我干过许多次。

我用一只短颈大口瓶装满筛过的湿润的土，并把土夯实到需要的程度。然后，我把圣甲虫妈妈及其紧搂住的宝贝粪球放在我制造的土堆表面。我把大口瓶放在半明半暗的地方之后，等待着。我的耐心并未受到太久的考验。圣甲虫因卵巢的活计所迫，便重新开始了被我打断了的工作。

在某些情况中，我看见圣甲虫一直待在地面上，把粪球打碎敲破，弄得粪渣满地皆是。这根本不是因为圣甲虫被捉住，成了俘虏的绝望之举，恍惚之中把宝贝粪球给毁坏掉。它那是明智的合乎卫生的举动。对在一些疯狂的争抢者中间匆忙弄到的粪球进行仔细的检查往往是必要的，因为在强盗们中间，就在收获地点进行翻检并不总是很合适的。粪球有可能裹进一些小蜣螂、蜉金龟什么的，因为忙着拼抢而顾不上仔细挑拣。

这些无意间闯入其间的入侵者非常自在地待在粪球里，将来会与合法的消费者争食未来的梨形粪球。必须把这帮馋虫从粪球中清除出去。因此，圣甲虫妈妈便把粪球打碎，变成碎屑，仔细搜查。然后，再重新把粪渣聚拢，粪球又做好了，这时表面已无泥土了。于是圣甲虫把它拖入地下，把它加工制作成为除支撑的那一面而外无泥土的梨形粪球。

但更常见的是，粪球被圣甲虫妈妈原样埋入地下，如同我从洞中把它挖出来时那样，外层很粗糙，这是因为圣甲虫妈妈把它从收集点一路滚动，直至理想的加工点所造成的。在这种情况下，我在大口瓶底看见的是已成为梨形的粪球，外壳很粗糙，表面嵌满了沿途沾上的泥土和沙子，足见梨形粪球并不要求从里到外进行全面的加工改造，而是通过简单的按压，拉出梨颈就成了。

在绝大多数情况之下，一切都是这样正常发展的。我在田野里挖出来的梨形粪球几乎全都有一层硬痂，程度不同地都不很光滑。如果没有发现这硬痂是因长途运输所造成的，那便会以为这沾满土和沙的外壳是圣甲虫在地下制作时滚动粪球所致。我所看到的那几个罕见的光滑粪球，特别是我的笼子里挖出的那几个极其干净光洁的粪球，彻底纠正了这一错误。这几个梨形粪球告诉我们，用就近收集的并且未成形便储存起来的粪料加工成梨形粪球必须彻底地塑造，而且根本就不是用滚动加工的方法；这几个梨形粪球还告诉我们，那些表层粗糙的梨形粪球并不是在车间里滚动时沾上泥土造成的，而纯粹是表明它们在地面进行了长途跋涉所致。

亲眼观看梨形粪球的加工制作并非易事：那个在黑暗中干活儿的艺术家稍被光线照到，就坚决罢工停手。它需要漆黑一片才能进行雕塑；我则必须有光亮才能看到它。这两个条件不可能同时得到满足。不过，我们不妨试一试，断断续续地抓住那不能完全展露的真情实况。我采用了下面这个办法。

我还是用了先前的那个短颈大口瓶，在瓶底铺了一层几指厚的土。为了弄一个我所必需的四壁透明的车间，我在土层上支起一个三脚架，有一分米高，我在其上放置一个与大口瓶瓶口直径相同的枞木盖板。这样装置好的玻璃壁板房就是圣甲虫干活儿的宽敞的地下室。枞木板边缘被切开一个小口，刚够圣甲虫及其粪球通过的。最后，在枞木盖板上堆上一层尽可能厚的土。

在堆土时，盖板上的土有一部分会滑落，从所开缺口处漏到房间里去，形成一个宽宽的斜坡。这是我计划好的。当圣甲虫发现连接口之后便借助这一斜坡，下到我为之准备好的透明屋中去。当然，这个透明屋必须全黑之后它才会去。因此，我便用硬纸板做了一个上面封住口的套，把短颈大口瓶给罩上。这样一来，那间房间就全黑了，符合了圣甲虫的要求。我只要猛地拿起套来，我所要的光亮也就有了。

万事俱备，我便开始寻找带着自己的粪球宝宝刚退隐进天然洞穴中的圣甲虫妈妈。正如我所希望的，一个上午就全安排妥当了。我把那位圣甲虫妈妈及其粪球宝宝放在上层土的表面上，并在大口瓶上罩上了纸套，然后便耐心地等待着。只要卵没安置好，圣甲虫妈妈便会执着地完成自己的工作，它将会为自己挖一个新的洞穴，并随时一点一点地把粪球往洞坑中拖；它将会穿过上面的那层不太厚的土；它将碰到枞木板盖的阻碍，这是与它多次在露天地里挖洞时遇到的阻挡去路的碎石一样的障碍；它将会探寻受阻的原因，并发现了那个缺口，于是它便从这个小门爬到下面的小屋，小屋对它来说很宽敞，可以自由爬动，如同我刚才让它搬家前它所住的地下室一样。我就是这么推断的。但这一切都将需要时间去验证，而我觉得最好是一直等到第二天，以满足自己那急不可耐的好奇心。

到时候了，看看去。头一天我把实验室的门敞开着，因为门锁的一点点响动就会惊动我的那个疑心很重的劳作者，它会马上停下手中的活儿。为了减小动静，我进实验室前换上了一双软底拖鞋。我猛地一下掀去纸套。太好了！我的推断一点没错儿。

圣甲虫正待在玻璃车间里，我看见它正在忙活着，宽爪正放在梨形粪球的雏形上。但是，这突然地一亮，把它惊住了，一动不动的，仿佛僵住了似的。这种情况延续了几秒钟的工夫。然后，它转过身去，笨拙地往回爬上斜坡，想进到地道的黑暗的高处。我看了一眼它干的活儿，记下了其作品的形状、姿态、方位，然后又把纸套给套上，让里面全黑下来。如果想再做这种实验，就不能让这种突然袭击持续得太久。

我突然而短暂的窥探向我们透露了这项神秘工程的初步信息。一开始完全呈圆球形的粪球现在出现一个大鼓包，像个不太深的火山口。这件活计让我想起某些史前时期的瓦罐——只是这件活计的比例要小得多——圆肚，边口厚实，颈部有一圈小槽勒着，这个梨形粪球的雏形道出了圣甲虫的制作工艺，这工艺与不懂得陶瓷技术的第四纪人类的工艺完全一样。

这可塑的粪球一侧被勾勒出一圈，挖出了一圈沟槽，那就是梨形粪球的颈部。这只粪球雏形还被拉伸出来一个又圆又钝的凸起，这凸起部分的中心部位被挤压过，粪料被挤压到周边去了，因而形成一个边缘不规则的火山口。这样，初步的活计就算结束了。

傍晚时分，我又悄无声息地突然再次探访。早上被惊扰的圣甲虫妈妈已经恢复常态，回到了自己的车间。现在又突然一片光明，它又一次受到惊吓，慌忙逃窜，奔到上面去躲藏起来。被我用亮光三番两次地折腾的可怜的圣甲虫妈妈逃到上面躲了起来，但却是满怀遗憾，极不甘心。

它的活计有所进展。火山口变深了；厚实的边口消失了，变得细薄，收拢起来，伸长为梨颈。但是，粪球并没挪动过。它的姿态、方位完全是我先前记下的那样。接地的那一面仍旧在下面，仍在同一个点上；朝上的一面仍旧朝上；已成为梨颈的火山口依然在我的右边。由此可见，我原先的推断是完全正确的：粪球没有滚动；仅仅是挤压，然后揉制加工。

第二天，我进行了第三次探访。昨天还是半开着的袋状梨颈现已闭合了。卵产下了；工程也完工了，只需再进行一番全面磨光、修饰即可。我惊扰它时，圣甲虫妈妈想必正在做这种磨光、修饰工作，因为它极其注意粪球几何形的完美。

工程中最繁难的部分我给错过了。我大致看清楚了卵的孵化室是怎么建成的：围绕着初始阶段的火山口的凸出物经爪子的按压后变小变薄了，然后伸长成在开口处逐渐缩小的口袋。到这时为止的活计还是可以给出满意的解答的。但是，当我想到圣甲虫的那些僵硬的工具、那让人联想到木偶动作的宽大锯齿状铠甲的生硬笨拙的动作时，卵将在其中孵化的那间小屋怎么建得那么漂亮完美，我就解释不清楚了。

用这种挖矿石倒挺合适的粗糙工具，圣甲虫是怎么建成那育婴室、那内部极其光洁的产卵房的？那锯齿极大、如同采石用的锯子的爪子，在从那口袋的狭窄口子伸进去时，是不是变得与刷子一般柔软了？为什么不可能呢？我们早就介绍过这种情况了，而圣甲虫的情况则又是在证明这一点：工具在能工巧匠的手里什么都能干。圣甲虫用自己所配备的随便什么工具都能发挥其专家的才能。它如同富兰克林所说的那种模范工人，能把刨子当锯子，能把锯子当刨子，怎么使唤都行。圣甲虫就用它刨土的那把大锯齿耙作抹刀和刷子用，把幼虫将要诞生的小屋抹得溜光。

最后，还有一个有关这个孵化室的细节。在梨颈的顶端，有一处总是显得与众不同：有几根纤维竖立在那儿，可梨颈的其他地方全都细心地抹光溜儿了。那儿是塞子，圣甲虫妈妈一产完卵便用这个塞子把那狭小的开口塞上；而这个塞子结构松散，说明没有被拍打按压，而其他地方全都仔细拍压过了，一点突出的纤维都没有。

为什么在其他地方圣甲虫都用爪子拍压实了而唯独顶端这儿偏偏来个例外呢？因为圣甲虫卵用其后端靠在这个塞子上，如果它受到挤压，被往后推去，这个塞子就会把此压力传导给胚胎，使胚胎有死去的危险。圣甲虫妈妈了解这一危险，便用一个没有拍压过的塞子封住口子，这样孵化室内的空气更加流通，而虫卵也避免受到挤拍所引起的震荡的危害。

西班牙蜣螂

为了虫卵，昆虫由本能所做的正是人通过经验和研究所得的理性会让昆虫去做的，这一点可不是微不足道的哲学道理所产生的结果。因此，受到科学之严谨的启迪，我凡事都要谨慎对待。我这并不是要给科学一副令人憎恶的面孔，因为我相信人们能够不使用一些粗俗的词汇也可以讲出一些绝妙的事情来。清晰明白是要笔杆子的人的高尚手段。我要尽可能地做到这一点。因此，使我停笔思考的那种谨慎属于另一个范畴。

我在问自己，我这是不是受到一种幻想的欺骗。我心中在想："圣甲虫和其他一些甲虫是粪球制作工匠。那是它们的行当，不知它们是从哪儿学的这门手艺，也许是机体结构导致的，特别是因为它们有长长的爪子，而且有的爪子还稍微弯曲。如果它们在为卵而忙碌的话，那它们在地下继续发挥自己那制作粪球的特长又有什么可大惊小怪的呢？"

如果先不谈那些很难讲细致讲清楚的梨颈和蛋形粪球突出的一端的话，剩下的就是最大的食物团，也就是昆虫在洞外制作的食物球团；还剩下的是圣甲虫在太阳地里把玩的而并不做他用的小粪球。

那么，这种在夏季酷热中被认为是最有效地防止干燥的球形物是做什么用的呢？就物理学而言，粪球及其相似形状粪蛋的这种特性是毋庸置疑的，但是，这两种形状同已克服的困难只有一种偶然的联系。机体结构导致其在田野里制作粪球的这种昆虫在地下仍在制作粪球。如果说幼虫直到最后都有软嫩的食物放在嘴边而悠然自得的话，那我们也别因此就对其母之本能大加赞扬。

为了最终说服自己，我得找一只仪表堂堂的食粪虫，它在日常生活中根本就不懂得粪球制作工艺，但产卵时刻到来时，它又会一反常态，把收集到的材料制作成粪球。我家附近有这样的食粪虫吗？有。它甚至是除圣甲虫之外最美最大的一种，那就是西班牙蜣螂，它前胸截成一个陡坡，头上也长着一个怪角，极其引人注目。

西班牙蜣螂身子矮胖，缩成一团，又圆又厚，行动迟缓，肯定对圣甲虫的体操技能一窍不通。它的爪子极短，稍有一点动静，爪子就缩回肚腹下面，与粪球制作工们的长腿简直无法相比。只要看看它那五短身材、笨拙的样子，就很容易猜想得到它是根本不喜欢推着一个大粪球去长途跋涉的。

西班牙蜣螂确实是喜静不喜动。一旦找够了食物，夜间或者日暮黄昏时分，它就在粪堆下挖洞。挖的是个粗糙的洞，能放得下一只大苹果。然后，它三下两下地一扒拉，粪料便成了屋顶，或者至少挡在其门口；体积颇大的食物没有一个准形状地落入洞中，这也正是它贪馋好吃的明证。只要宝贝食物没有吃完，西班牙蜣螂就不再回到地面，一门心思地大快朵颐。直到饭尽粮绝，这种隐居生活才会结束。于是，晚间，它就又开始寻觅、收获、挖洞，另建一个临时居所。

有了这种无须事先准备就可吞食垃圾的本领，很明显眼下西班牙蜣螂根本就不去了解揉捏粪球的工艺。再者，它爪子短小、笨拙，似乎根本干不了这种工艺活儿。

5月里，最迟6月份，产卵期到了。西班牙蜣螂已习惯了用最肮脏的粪料填饱自己的肚子，这下要考虑自己的子女了，这就让它犯难了。如同圣甲虫一样，这时候它也必须弄到绵羊的软软的排泄物做成一个软面包。而且还得同圣甲虫一样，这个软面包必须营养丰富，就地整个儿地埋入地下，地面上不留任何残渣碎末，因为必须勤俭节约，一点也不能浪费。

只见它没有远行，没有运送，没有任何的准备工作，那个软面包就被划拉到洞里去，就在它自己栖身之地。为了自己的孩子们，它在重复做着原先为自己所做的事情。至于地洞，足有一个鼹鼠洞大，是个宽大的洞穴，离地有20厘米左右深。我发现它比西班牙蚰蜒大快朵颐时住的那种临时住宅要宽敞得多，精致得多。

不过，我们还是让西班牙蚰蜒自由地干活儿吧。偶然发现的情况所提供的资料可能是不全面的、片断的，内在关系也不明显。笼中的喂养就非常利于观察，而且蚰蜒也十分配合。我们还是先看看它是怎么储存食物的吧。

在黄昏那朦胧的光线下，我看见它出现在洞门口。它是从地下深处爬上来收集食物的。它没花什么工夫就找到了：洞口附近就有很多的食物，是我放的，而且我还精心地常常更换。它天生胆小，一有动静就随时准备缩回去，所以它步子很缓慢，不灵活。它用头盔划拉、翻找，用前爪拖拽，很小的一抱食物就给弄出来了，但却被拖散开来，掉成碎末。蚰蜒把食物倒退着拖着，消失在地下。不到两分钟的工夫，它又爬到地面上来了。它仍旧小心翼翼的，用展开的触角瓣探察周围，然后才跨出门槛。

粪堆与它之间相隔两三寸。闯到粪堆那儿，对它来说可是一件了不得的大事。它宁愿食物正好位于其洞宅门旁，构成其住宅的屋顶。这样它就用不着出门，免得提心吊胆的。可我却另有打算。为了观察方便起见，我把食物放在门口，但离洞口并不远。慢慢地，胆小的蚰蜒心里踏实了，来到露天地里，到了我的面前，但我还是尽可能地不让它发现。它又没完没了地在一趟一趟地搬运食物了，但它搬运的总是一些不成形的碎块、碎屑，就像是用小镊子夹住的那样。

我对它储存食物的方法已经颇有了解，所以任由它自己继续这么干了大半夜。天亮时，地面上什么都没有了，蚰蜒也就没再出来。只一夜工夫，足够的宝藏便堆积起来了。我们先等上一段时间，让它有

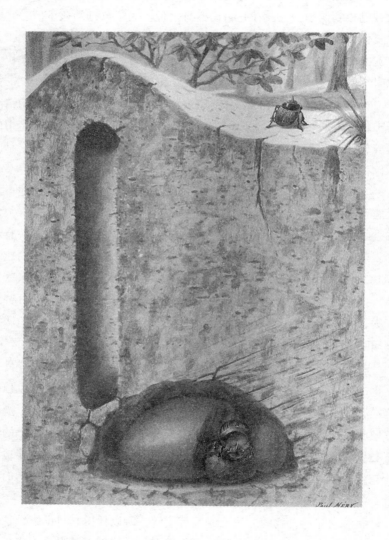

余暇把自己的收获随其心愿地整理存放好。在这个周末之前，我在笼子里翻挖，把我曾看见它存放一部分粮食的那个洞挖开来。

如同在野外的洞中一样，那是个屋顶不平的宽敞大厅，屋顶低矮，但地面几乎是平坦的。在大厅一角，有一个圆洞张开着，像是一个瓶口。那是太平门，通向一条地道，往上直达地面。在这个新土上挖成的住宅四壁都被精心压紧、压实，我挖掘时虽有震动，但却没有坍塌。看得出来，蟋蟀为了未来，施展了全身本领，费尽了全部挖掘工的力气，建造了坚固耐用的住宅。如果说那个只是为了在其中填饱肚子的陋室是匆匆挖成的，既无样式又不坚固的话，那么现在的这座房屋则是面积又大、建筑又精美的地宫。

我怀疑雌雄蟋蟀同心协力地完成了这项大的工程；至少，我经常看到一对蟋蟀待在用于产卵的地洞里。这宽敞而豪华的屋子想必曾经是婚礼的彩厅；婚礼就是在这个大拱顶下举行的，而新郎想必帮着盖了这座大厅，以此来表达自己那不一般的爱情。我还猜想新郎也帮着新娘收集和存放粮食。在我看来，新郎是那么强壮，也一抱一抱地把粮食运往地宫。两人齐心协力，这份儿细致的活计就干得快了。但是，一旦屋内存粮已满，新郎就悄悄地退去，返回地面，去别处安家立命，让蟋蟀妈妈独自去完成母亲的职责。雄蟋蟀在这个家里的作用也就完成了。

在这个我们看见有那么多的小粒粮食运进来的地宫中能发现什么呢？一大堆乱七八糟的散乱颗粒吗？绝对不是的。我在里面发现的始终都是一个整块的大圆面包，占满了整个屋子，只在四周留下一条狭小的过道，只能容得下蟋蟀妈妈来回走动。

这块巨大的蛋糕没有固定的形状。我见到过蛋形的，形状和大小如火鸡蛋；我也见到过扁平椭圆形的，状如一个普通的洋葱头；我还见到过几乎浑圆形的，如同荷兰奶酪一般；我也曾见到过朝上的一面圆圆的，微微鼓起，就像是普罗旺斯的乡村面包，或者更像是复活节时食用的蒙古包状的烤饼。不管是什么形状的，表面都很光滑，曲线也很均匀。

这下子我明白了：蜣螂妈妈把先后搬运进洞的无数散碎食物聚集起来，揉成一整块；然后，它把这一整块食物搅拌、混合、压实成为颗粒均匀的食物。我多次看到这位女面包师站在那个大面包上；与之相比，圣甲虫做的那个小粪球简直是小巫见大巫了。在这个有时有一厘米宽的粪球凸面上，西班牙蜣螂走动着，踱着步；它轻轻地拍打这个大面包，让它变得瓷实、均匀。我只能偷偷地瞥上一眼这个滑稽场景，因为一看见有人，女面包师便顺着弯曲的斜坡滑下来，藏于面包下面。

为了深入观察，研究细枝末节，就必须耍点花招。这并不困难。也许是因为我长期与圣甲虫打交道使我在研究方法上变得更加机灵了，也许是西班牙蜣螂心并不太细，更能忍受狭窄囚室的烦闷，所以我得以毫无阻碍、随心所欲地观察筑巢的各个阶段的情况。我使用了两种方法，每个方法都告诉了我某些特殊的东西。

在笼子里有了几个雌蜣螂做成的大面包之后，我便把蜣螂妈妈与这几个大面包一起搬出来，放到我的实验室里去。容器分两种，按我的愿望让它们或明或暗。如果我希望容器里面光亮，我就用大口玻璃瓶，直径差不多与蜣螂洞一般大小，也就是12厘米左右。每只瓶子底部铺了一层薄薄的新沙子，薄得蜣螂无法钻进去，但却足以让它不致在玻璃地上滑来滑去，而且还让它以为是与我刚让它搬离的地方一样的沙地。我把蜣螂妈妈及其大面包就放在这层沙子上。

无须指出，即使在光线极其微弱的状况下，蜣螂因惊吓而不会做什么的。它需要完全无光亮，于是我便用一个硬纸板盒把大口瓶给罩起来了。我只要小心翼翼地稍稍掀起一点这个硬纸板盒，就可以在我认为合适的时间随时借着室内的弱光，偷窥女囚正在干什么，甚至能观察上好一段时间。大家都看到了，这个方法比我当时想观察圣甲虫制作梨形粪球时所使用的方法简便得多。西班牙蜣螂性格更温驯一些，适合使用这种方法，换了圣甲虫可能就行不通了。因此，我在实验室的大桌子上放了一打这样的可明可暗的容器。谁要是见到这一溜瓶子，可能会误以为灰纸盒套下面盖着的是异邦的食品调料哩。

如果要全不透光的，我就用花盆，里面堆上新沙子。花盆下面弄成一个窝，用硬纸板搭个屋顶，挡住上面的沙子，蜣螂妈妈和它的大面包就放在窝里。或者干脆我就把它和它的大面包放在沙子上面。它会自己挖洞做窝，把面包藏进去，如同平常一样。无论采用哪种方法，都得用一块玻璃片盖住，免得让俘虏逃逸。我期待着这些不同的不透亮的容器能为我澄清一个棘手的问题，这个问题我以后会阐明的。

这些用不透亮的纸盒罩住的大口瓶能告诉我们一些什么呢？能告诉我们许多东西，非常有趣的东西。它们让我们知道，这个大面包尽管形状多变，但它始终是规则的，它的曲线并非是因为滚动导致的。我们在检查天然洞穴时已经很清楚，这么大的一个圆球几乎占满了整个屋子，所以是无法滚动的。再者，蜣螂也没有这么大的力气去推动这么大的一个粪球。

西班牙蜣螂

不时地查看大口瓶都会得知同一个结论。我看见蜣螂妈妈立于面包上，这儿摸摸那儿敲敲，轻轻地拍打，抹平突出的地方，把粪球修整得臻于完善；我还从未见到过它试图把那个大家伙翻转过来。这就十分清楚了：圆面包并非滚动而成的。

蜣螂妈妈的勤奋与耐心细致让我想到我以前从未想到的一个问题：制作的时间之长。为什么要对这块大东西翻来覆去地修修补补？为什么在吃它之前要等待那么长的时间？确实，要经过一个星期甚至更多的时间之后，蜣螂在面包打磨，变得光鲜之后才决心享用它。

当面包师把面团和好搅匀之后，它就把它拢成一堆，放到和面槽的一个角落里。在体积大的块团内，面包发酵的温度调节得更好。蜣螂深谙面包制作的这一诀窍。它把收集到的食物堆在一起，精心揉制，做成粗坯，然后再让它有时间去进行内部发酵，让粪团味道变美，并让它有一定的硬度，以利于日后的加工。只要这道化学程序没有完成，女面包师及其小伙计就会等待。对蜣螂来说，这个等待时间很长，至少得一个星期。

发酵成功了。小伙计把大面团分成小面团。女面包师也在这么干。它用头盔上的大刀和前爪上的锯齿切开一个圆槽口，并切下一小块体积规则的面团来。这切割动作干净利落，一刀成形，无须再修修补补，完全符合要求。

现在就要加工这个小面团了。于是，蜣螂便用它那似乎并不适于这种工作的短小的爪子尽量地抱住小面团，使用其唯一可以使用的挤压方法把小面团加以挤压。它非常认真执着地在尚未定型的粪球上移动着，上上下下，左转右绕，有板有眼地这儿多压几下那儿少压几下，然后又始终耐心地细致地加以修饰。如此这般地干了24小时之后，凹凸不平的粪团就变成了有如梨子般大小的完美的球形面包了。在它那拥挤狭小的车间的一角，矮胖的艺术家几乎待在原地不能动弹地完成了自己的杰作，而且一次也没挪动过那个面团。经过耐心细致地长时间工作之后，它终于制作成了那个十分浑圆的球形，而这是它那笨拙的工具以及狭小的空间让人觉得根本不可能完成的事。

它还得花较长的时间去仔细完善、抹光那个球形，用爪子温情地翻来覆去地抹，直到把一点点突兀都给抹掉为止。看上去它那细心的涂抹永无止境似的。但是，将近第二天的傍晚时分，它认为这个圆球已经合适了。蜣螂妈妈爬上其建筑物的圆顶，一直在压挤，在上面压出一个不怎么深的火山口来。它把卵产在这个小盆里了。

然后，它用极其粗糙的工具，以极大的谨慎与惊人的细致，把火山口边缘聚拢，做成一个拱顶，盖在卵的上方。蜣螂妈妈慢慢地转动，把粪料一点点地耙拢，推向高处，把顶封上。这是各个工序中最棘手的活儿。稍稍压重一些，扒拉得不到位，都可能危及薄薄的天花板下的虫卵。封顶的工作不时地要停一停。蜣螂妈妈低着头，一动不动，似乎在屏息聆听，看看洞内有何异常。

看来安然无恙，于是，耐心的女工又开始干起来：从两侧一点点往屋顶耙粪料，屋顶逐渐变尖，变长，一个顶端很小的蛋形就这样代替了球形。在多少有点凹凸的蛋形下面的就是虫卵的孵化室。这项细致的活计还得花上24小时。加工粪球，在粪球上挖出个小盆，在盆内产卵，把圆盆封顶盖住虫卵，这些工序加在一起需要48小时，有时还要更长一些。

蜣螂妈妈又回到了那个切去一块的大面包旁。它又切下了一小块，用同样的操作法把它变成一个蛋形粪球，在又一个小盆中产下卵。余下的粪球面包还可以做第三个，甚至还常常可以做第四个蛋形粪球。蜣螂妈妈在洞穴只堆积了唯一的一个粪料堆，据我所见，顶多也就够做4个蛋形粪球的。

卵产下后，蜣螂妈妈便待在自己那小窝里，里面差不多满满当当地挤放着三四只摇篮，一个一个紧挨在一起，尖的一头冲上。它现在要干什么呢？想必是要出去转转，这么久没有进食，得恢复一下体力了吧？谁要是这么想那就大错特错了。它仍旧待在窝里，自从它下到洞中，它什么都没有吃过，绝对没有去碰那个大面包；大面包已经分成几等份，将是它的子女们的食粮。在疼爱子女方面，西班牙蜣螂克制自己的精神确实非常感人，宁可自己挨饿也绝不让子女缺少吃喝。

它这么忍受饥饿还有第二个原因：守护在摇篮边上。自6月底开始，地洞就难以弄成了，因为雷雨大风以及行人的踩踏，洞都消失了。我所看到的几个洞穴里，蜣螂妈妈总是在一堆粪球边上打盹儿；每个粪球里都有一条已发育完全的胖嘟嘟的幼虫在大吃大喝着。

我用那些装满新沙子的花盆做的不透亮的容器里的情况证实了我从田野上所看到的情况。蜣螂妈妈们于5月上旬连同食物被埋进沙里，它们就再没有在玻璃罩下的地面上露过面。产完卵后，它们便在洞中隐居了；它们同它们的那些粪球一起度过闷热的伏天，毫无疑问，它们是在守护着那些摇篮，我把大口玻璃瓶盖子揭开看到的就是这种情况。

直到9月份头几场秋雨过后，它们才爬到外面来。而这时候，新的一代已经完全成形了。蜣螂妈妈在地下很高兴地看到子女们长大了，这在昆虫界是极其少有的天伦之乐。它听见自己的孩子们刮擦着茧子要破茧而出；它看见它如此精心加工的保险箱被打破；如果地面的湿气没能让囚室变得软一些的话，它也许会走上前去帮自己那些精疲力竭还出不来的孩子。妈妈及其孩子们一起离开地洞，一起上来迎接秋高气爽，这时节，太阳暖洋洋的，路上绵羊的天赐美食比比皆是。

南美潘帕斯草原的食粪虫

跑遍全球，穿越五洲四海，从南极到北极，观察生命在各种气候条件下的无穷无尽的变化情况，对于善于考察研究的人来说这肯定是最美好的运气。鲁滨孙的漂流让我欢喜兴奋，我年轻的时候就怀着他那种美妙的幻想。然而，紧随着周游世界那美丽梦幻而来的却是郁闷和蛰居的现实。印度的热带丛林、巴西的原始森林、南美大兀鹰喜爱的安第斯山脉的高山峻岭，全都缩成一块作为探察场的荒石园了。

但上苍保佑，让我并不为此而抱怨不已。思想上的收获并非一定要长途跋涉。让·雅克[1]在他那金丝雀生活的海绿树丛中采集植物；贝尔纳丹·德·圣皮埃尔[2]偶然在其窗边长出来的一株草莓上发现了一个世界；萨维埃·德·梅斯特尔[3]把一张扶手椅当作马车在自己的房间里做了一次最著名的旅行。

这种旅行方式是我力所能及的，只是没有马车，因为在荆棘丛中驾车太难了。我在荒石园周围上百次地一段一段地绕行；我在一家又一家人家驻足，耐心地询问，隔这么一长段时间我就能获得零零星星的答案。

我对小村镇最小的昆虫都非常熟悉；我在这个小村镇里了解了螳

---

① 　让·雅克：即卢梭，法国18世纪著名作家，写有《忏悔录》《新爱罗伊丝》等名著。

② 　贝尔纳丹·德·圣皮埃尔（1737—1814）：法国作家。

③ 　萨维埃·德·梅斯特尔（1763—1852）：法国作家，著有《在我屋内旅行》等。

螂栖息的各种细枝；我熟悉了苍白的意大利蟋蟀在宁静的夏夜轻轻鸣唱的所有荆棘丛；我认识了黄斑蜂这个棉花小袋编织工为了搜集棉絮而耙平的所有小草；我踏遍了切叶蜂这个树叶的剪裁工出没的所有丁香矮树丛。

如果说荒石园的角角落落的踏勘还不够的话，我就跑得远一些，能获得更多的贡品。我绕过旁边的藩篱，在大约100米的地方，我同埃及圣甲虫、天牛、粪金龟、蛴螬、螽斯、蟋蟀、绿蚱蜢等有了接触，总之我与一大群昆虫部落进行了接触，要想了解它们的进化史，那得耗尽一个人的整整一生。当然，我同自己的近邻接触就足够了，非常够了，用不着长途跋涉跑到很远很远的地方去。

再说，跑遍世界，把注意力分散在那么多的研究对象上，这不是在观察研究。四处旅行的昆虫学家可以把自己所得之许许多多的标本钉在标本盒里，这是专业词汇分类学家和昆虫采集者的乐趣，但是收集详尽的资料则是另一码事。他们是科学上流浪的犹太人，没有时间驻足停留。当他们为了研究这样那样的事实时，就可能要长时间地停在一地，然而，下一站又在催促着他们上路。我们就不要让他们在这种状况下勉为其难了。就让他们在软木板上钉吧，就让他们用塔菲亚酒①的短颈大口瓶去浸泡吧，就让他们把耐心观察、需时费力的活儿留给深居简出的人吧。

这就是为什么除了专业分类词汇学家列出的枯燥乏味的昆虫体貌特征而外，昆虫的历史极其贫乏的原因之所在。异国的昆虫数量繁多，难以数计，它们的习性我们几乎始终一无所知。但是我们可以把我们眼前所见到的情景与别处发生的情况加以比较；看一看同一种昆虫在不同的气候条件下，其基本能是如何变化的，这是非常有好处的。

这时候，无法远行的遗憾又涌上心头，使我比以往任何时候都更加感到无奈，除非我在《一千零一夜》的那张魔毯上找到一个座位，

---

① 西印度群岛的一种甘蔗酒。

飞到我所想去的地方。啊！神奇的飞毯啊，你要比萨维埃·德·梅斯特尔的马车合适得多。但愿我能在你上面有一个角落可坐，怀揣着一张往返机票！

我果然找到了这个角落。这个意想不到的好运是基督教会学校的修士、布宜诺斯艾利斯市萨尔中学的朱迪利安教友带给我的。他虚怀若谷，对受其恩泽者理应对他表示的感激很不高兴。我在此只想说，按照我的要求，他的双眼代替了我的眼睛。他寻找，发现，观察，然后把他的笔记以及发现的材料寄来给我。我用通信的方式同他一起寻找，发现，观察。

我成功了，多亏了这么卓绝的合作者，我在那张魔毯上找到了座位。我现在到了阿根廷共和国的潘帕斯大草原，渴望着把塞里昂的食粪虫的本领与其另一个半球上竞争者的本领做一番比较。

开端极好！萍水相逢竟然让我首先得到了法那斯米隆那漂亮的昆虫，全身黑中透蓝。

雄性法那斯米隆前胸有个凹下的半月形，肩部有锋利的翼端，额上竖着一个可与西班牙蜣螂媲美的扁角，角的末端呈三叉形。雌性则以普通的褶皱代替了这漂亮的装饰。雄性与雌性的头罩前部都有一个双头尖，肯定是一个挖掘工具，也是用于切割的解剖刀。这种昆虫短粗、壮实、呈四角形，让人联想到蒙彼利埃周围非常罕见的一种昆虫——奥氏宽胸蜣螂。

如果形状相似则本领也必然相似的话，那我们就该毫不迟疑地把如同奥氏宽胸蜣螂制作的同样又粗又短的香肠面包归之于法那斯米隆。唉！每当牵涉本能的问题时，昆虫的体形结构就会造成误导。这种脊背正方、爪子短小的食粪虫在制作葫芦时技艺超群。连圣甲虫都制作不了这么像模像样，尤其是个头儿又这么大的葫芦。

这种粗壮短小的昆虫制作的产品之精美让人拍案叫绝。这种葫芦制作得如此符合几何学标准，简直无可挑剔：葫芦颈并不细长，然而却把优雅与力量结合在一起。它似乎是以印第安人的某种葫芦作为模型制作的，特别是因为它的细颈半开，鼓凸部分刻有漂亮的格子纹饰，那是这种昆虫的跗骨的印迹。它好像是用藤柳条嵌护着的一只铁壶，大小可以达到甚至超过一只鸡蛋。

这真是一件极其奇特而稀有的珍品，尤其是这竟然是出自一个外形笨拙、粗短的工人之手。不，这再一次说明工具不能造就艺术家，人和虫都是这么个理儿。引导制作工匠完成杰作的有比工具更重要的东西：我说的是"头脑"——昆虫的才智。

法那斯米隆对困难嗤之以鼻。不仅如此，它还对我们的分类学不屑一顾。一说食粪虫，就解释为牛粪的狂热追慕者。可法那斯米隆之重视牛粪既非为自己食用也不是为了自己的孩子们享用。我们常常会看见它待在家禽、狗、猫的尸骨架下，因为它需要尸体的脓血。我所绘出的那只葫芦就是立在一只猫头鹰的尸体下面的。

这种把埋葬虫的胃口与圣甲虫的才能相结合的虫，谁愿意怎么看就怎么看吧。我嘛，我不想去解释这种现象，因为昆虫的一些癖好让我困惑不解，它们的这些癖好似乎是谁也无法仅仅根据其外貌就能判断得出来的。

我知道在我家附近就有一种食粪虫，它也是尸体残余的唯一的享用者。它就是粪金龟，是光顾死鼹鼠和死兔子的常客。但是，这种侏儒殡葬工并不因此就鄙视粪便，它像其他的金龟子一样照旧大吃不误。也许它有着双重饮食标准：奶油球形蛋糕是供给成虫的，而略微发臭的有浓重口味的腐肉食料则是喂给幼虫的。

类似情况在别的昆虫别的口味方面也同样存在。捕食性膜翅目昆虫汲取花冠底部的蜜，但它喂自己的孩子时却用的是野味的肉。同一个胃，先吃野味肉，后汲取糖汁。这种消化用的胃囊在发育过程中必须发生变化吗？！不管怎么说，这种胃同我们人的胃一样，年轻时喜食的东西到了晚年就对此鄙夷厌恶了。

让我们更加深入地观察研究一下法那斯米隆的杰作。我弄到的那些葫芦全都干透了，硬得几乎跟石头一样，颜色也变成浅咖啡色。我用放大镜仔细观察，里外都没有发现一丁点儿木质碎屑，这种木质碎屑是牧草的一个证明。这么说，这怪异的食粪虫没有利用牛屎饼，也没有利用任何类似的粪料。它是用其他材料制作自己的产品的。是什么材料呢？一开始挺难弄清楚。

我把葫芦放在耳边摇动，有轻微的响声，就像是一个干果壳里面有一个果仁在自由滚动时发出的声响一样。葫芦是不是有一只因干燥而抽缩了的幼虫呀？我起先一直是这么认为的，但我弄错了。那里面有比这更好的东西，可让我长见识了。

我小心翼翼地用刀尖挑破葫芦。在一个同质的均匀内壁中——我的三个标本中最大的一个的内壁竟厚达2厘米，嵌着一个圆圆的核，满满当当地充填在内壁孔洞里，但却与内壁毫不粘贴，所以可以自由地晃动，因此我摇动时就听见了响声。

就颜色与外形而言，内核与外壳并无差异。但是，把内核砸碎，仔细检查碎屑，我就从中发现一些碎骨、绒毛絮、皮肤片、细肉块，它们全都淹没在类似巧克力的土质糊状物中。

我把这种糊状物在放大镜下面进行了筛选，去除了尸体的残碎物之后，放在红红的木炭上烤，它立即变得黑黑的了，表层覆盖着一层鼓胀的光亮物，并散发出一股呛人的烟，很容易闻出那是烧焦的动物骨肉的气味。这个核全部浸透了腐尸的脓血。

我对外壳进行同样处理后，它也同样变黑了，但黑的程度没有核那么深。它几乎不怎么冒烟。它的外层也没有覆盖一层乌黑发亮的鼓胀物。它一点也没含有与内核所含有的那些腐尸的碎片相同的东西。内核与外壳经烧烤之后，其残余物都变成一种细细的红黏土。

通过这粗略的观察分析，我们得知法那斯米隆是如何进行烹饪的。供给幼虫的食品是一种酥馅饼，肉馅是用它头罩上的两把解剖刀和前爪的齿状大刀把尸体上能剔出来的所有东西全都剔出来做成的，有下脚毛、绒毛、捣碎的骨头、细条的肉和皮等。一开始，这种烤野味的作料拌稠的馅呈浸透腐尸肉汁的细黏土冻状，现在变得硬如砖头。最后，酥馅饼的糊状外表变成了黏土硬壳。

这位糕点师傅对其糕点进行了包装，用圆花饰、流苏、甜瓜筋囊加以美化。法那斯米隆对这种厨艺美学并非外行。它把酥馅饼的外壳做成葫芦状，并饰以指纹状的饰纹。

这种无法食用的外壳在肉汁中浸泡的时间太短，可想而知，并不受法那斯米隆的青睐。等幼虫的胃变得皮实了，可以消受粗糙的食物时，它会刮点内壁上的东西充饥，这一点倒是有可能的。但是，从整体来看，直到幼虫长大能出走之前，这个葫芦一直完好无损。它不仅开始时是保护馅饼新鲜的保护神，而且始终都是隐居其间的幼虫的保险箱。

在糊状物的上面，紧挨着葫芦的颈部，被修整成一个黏土内壁的小圆屋，这是整个内壁的延伸部分。一块用同样材料制成的挺厚的地板把它与粮食隔开。这就是孵化室，卵就产在那儿，我在那儿发现了卵，可惜已经干了。幼虫在这个孵化室里孵化出来，事先得打开一扇隔在孵化室和粮食之间的活动门，才能爬到那个可食的粪球处。

幼虫诞生在一个高出那块食物并与之并不相通的小保险匣里。新生幼虫自己必须及时地钻开那食品罐头盒盖里。后来，当幼虫待在那罐头食品上面时，我的确发现地板上钻了一个刚好能让它钻过去的孔。

这块美味的牛肉片，裹着厚厚的一层陶质覆盖层，致使这份食物根据缓慢孵化的需要，长时间地保持新鲜。怎么达到这一目的的？我仍搞不清楚。卵在其同样是黏土质的小屋里安全无虞地待着，完好无损；到这时为止，一切都尽善尽美。法那斯米隆深谙构筑防御工事的奥秘，深知食物过早地发干的危险。现在剩下的是胚胎呼吸的需求问题了。

为了解决这个呼吸问题，法那斯米隆也是匠心独运，智慧超群的。葫芦颈部沿着轴线打通了一条顶多只能插入一根细麦管的通道。这个闸口在内部开在孵化室顶部最高处，在外部则开在葫芦柄的末端，呈喇叭形半张开着。这就是通风管道，它极其狭窄而且又有灰尘阻而不塞，因此便防止了外来的入侵者。我敢说这是简单但绝妙的杰作。我说有错吗？如果说这样的一个建筑是偶然的结果的话，那么必须承认盲目的偶然却具有一种非凡的远见卓识。

这种迟钝的昆虫是如何才建好这项极其繁难、极其复杂的工程的呢？我在以一个旁观者的目光观察这南美潘帕斯草原的昆虫时，只有上述这个工程结构在指引着我。从这个工程结构上可以不出大错地推断出这个建筑工所使用的方法。因此，我就这样对它工作的进行情况展开了设想。

它先是遇上了一具小昆虫尸体，尸体的渗液使下面的黏土变软。于是，它根据软黏土的大小或多或少地收集起来。收集的多少并没有明确的规定。如果这种软黏土非常之多，收集者就大加消费，粮仓也就更加牢固。这样一来，制成的葫芦就特别的大，大得超过鸡蛋的体积，还有一个2厘米厚的外壳。但是，这么一大堆的材料远远超出模型工的能力，所以加工得很不好，外观上看上去，一眼就看出是一项十分艰苦笨拙的劳动所创造出来的成果。如果软黏土很稀少，它便严格节省着使用，这样它的动作也就自然得多，弄出来的葫芦反而匀称、齐整。

那黏土可能先是通过前爪的按压和头罩的劳作变成球形，然后挖出一个很宽很厚的盆形。蜣螂和圣甲虫就是如此做的，它们在圆粪球的顶部挖出一个小盆，在对蛋形或梨形做最后打磨之前，把卵产在小盆里。

在这第一项劳作中，法那斯米隆只是一个陶瓷工。不管尸体渗液浸润黏土有多么不充分，只要具有可塑性，任何黏土对它来说都是可以加工运作的。

现在，它变成肉类加工者了。它用它那带锯齿的大刀从腐尸上切、锯下一些细碎小块来；它又撕又拽，把它认为最适合幼虫口味的部分弄下来。然后，它把这些碎片统统聚集起来，再把它们同脓血最多的黏土搅和在一块。这一切搅拌得非常均匀，就地制成了一只圆粪球，无须滚动，如同其他食粪虫制作自己的小粪球一样。补充说一句，这只粪球是按照幼虫的需要量制作的，它的体积几乎始终不变，无论最后那个葫芦有多大。

现在酥馅饼做好了。它被放进大张开口的黏土盆里存好。它没挤没压，以后可以自由转动，不会与其外壳有一点粘连。这时候，陶瓷制作的活儿又开始了。

昆虫用力挤压黏土盆厚厚的边缘，为肉食制好模套，最后使肉食的顶端被一层薄薄的内壁包裹住，而其他部分则由一层厚厚的内壁包住。顶端的内壁上，留有一个环形软垫；这儿内壁的厚度与日后在顶端钻洞进粮仓的幼虫的弱小程度成正比。随后，这个环形软垫也进行压模，变成一个半圆形的窟窿，卵就产在其中。

通过挤压黏土盆的边缘，使之慢慢封口，变成孵化室，制作葫芦的工序就宣告结束了。这道工序尤其需要高超的技艺。在做葫芦柄的同时，必须一边紧压粪料，一边沿着轴线留出通道作为通风口。

我觉得建造这个通风闸口极其困难，因为计算稍微有点偏差，这个狭窄的口子就会立刻被堵住了。我们最优秀的陶瓷工中最最心灵手巧的工匠如果缺少一根针的帮助也是干不成这件活儿的，它把针先垫在里边，完工之后，就把这根针抽出来。这种昆虫是一种用关节连接着的机械木偶，在它自己都没有想到的情况之下，就挖出了一条穿过大葫芦柄的通道。如果它想到了，也许就挖不成了。

葫芦制作完后，就得对它粉饰加工了。这是一件费时费工的粉饰活儿，要使曲线完美流畅，并在软黏土上留下印记，如同史前的陶瓷工用拇指尖印在其大肚双耳坛上的印记一样。

这件活计完工了。它将爬到另一具尸体下面重新开工，因为一个洞穴只有一个葫芦，多了不行，如同圣甲虫制作它的梨形小粪球一样。

粪金龟与公共卫生

食粪虫以成虫的形态完成一年的轮回，在来年春季的欢乐节日里由自己的子女们围在膝前，而且家里添丁进口，成员数翻了一两番，这在昆虫世界里肯定是无出其右的。蜜蜂这种本能方面的贵族，一旦蜜罐装满也就随即死去；另一位贵族——蝴蝶，虽非本能方面的贵族，但却是服饰华美的贵族，当它把自己那成团的卵固定在得天独厚之地时也随即离开人间；浑身披着铠甲的步甲虫在把自己的子孙后代撒放在乱石下之后，随即也就命归黄泉了。

其他昆虫也是如此，除了那些群居的昆虫而外。群居昆虫的母亲能够独自或在仆从陪伴下幸存下来。规律是带普遍性的：昆虫天生是无父无母的孤儿。可我们要讲的这种情况却是一种意想不到的反常现象：卑贱的滚粪球工却逃过了那种扼杀高贵者的残酷规律。食粪虫尽享天年，成了长寿元老，而且鉴于其所做的贡献，它也确实当之无愧。

有一种公共卫生要求在最短的时间里把任何腐烂的东西全部清除干净。巴黎至今尚未解决它那可怕的垃圾问题，这迟早是这座巨大城市的生存或死亡的问题。大家在寻思，这城市之光会不会有这么一天被土壤中饱含的腐烂物质散发出的臭气给熏得熄灭了，聚集着数百万人口的大都市虽拥有无尽的财力与智力，但也存在着无法解决的问题，一个小小的村庄却无须花钱、无须操心费力就给解决了。

大自然对乡村的清洁卫生倾注关怀，但对城市的舒适却漠然置之，虽说还谈不上是充满敌意。大自然为乡间田野创造了两类清洁工，没有什么能使之厌烦倦怠、疲劳懒散的。第一类是苍蝇、埋葬虫、皮蠹、食尸虫类、阎虫科，它们专司尸体解剖。它们把尸体分割切碎，在自己的胃里把碎尸烂肉消化之后再还以生命。

一只鼹鼠被耕作的农具划破肚皮，它的业已发紫的脏腑把田间小径弄污；一条栖息在草地上的游蛇被行人踩死，这个蠢货还以为自己是除了祸害，干了好事；一只尚未长毛的雏鸟从窝里摔下，落在托着其窝的大树下面，可怜巴巴地摔成了肉酱；成千上万的这种残尸碎肉无处不在，如果不及时加以清理，其臭气将成为很大的公害。但我们也不必害怕：这种尸体一旦在某处出现，小收尸工们便立即赶到。它们随即对尸体进行处理，掏空内脏，吃得只剩下骨头，或者至少要把尸体弄得如同一具干尸。用不了24小时，死去的鼹鼠、游蛇、雏鸟等便没了踪影，环境卫生保持住了。

第二类清洁工也同样是热情饱满。城市里为了清洁卫生而在厕所里用氨水消毒，其气味极其难闻，农村里的厕所就用不着洒氨水。农民在需要独自一人待着时，一堵矮墙、一道藩篱、一丛荆棘即可避人耳目。无须赘言，你一定会知道此人在那里干什么。当你被一簇簇长生草、厚厚的苔藓以及其他一些美丽的东西装点的陈砖旧瓦所吸引，走近一堵好似为葡萄培土的矮墙边时，哇呀！在这如此美丽的隐蔽处跟前，那是一大摊什么玩意儿呀！你赶紧逃之夭夭，苔藓、长生草、青苔等都不再吸引你了。你第二天再去原地看一看，那摊东西不见了，那块地方变得干净了：食粪虫来过这里。

防止屡屡出现的有碍观瞻的东西被人看到，对于这些勇士们来说，只是它们职责中最微不足道的了；它们肩负的是一项更崇高的使命。科学向我们证实，人类最可怕的种种灾祸都能在微生物中找到根源；微生物与霉菌相近，属于植物界的极边缘的生物。在流行病暴发期间，这些可怕的病原菌在动物的排泄物中迅速大量地繁殖。它们污染着空气和水这两种生命的第一要素；它们散布在我们的衣物、食物上，把疾病传播开来。凡是被这些病原菌污染了的东西统统都要用火烧掉，用消毒剂消灭掉，用土深埋掉。

为保险起见，绝不能把垃圾积存在地面上。垃圾是否无害？垃圾是否危险？虽然说不准，但最好还是把垃圾消除掉。早在微生物让我们明白这种警惕是多么必要之前，古代的贤哲似乎就已经明白了这一点。东方民族比我们更容易受到传染病的危害，他们早已在这一方面掌握了一些明确的规律。摩西①虽然是古埃及这方面科学的传播者，他在自己的人民在阿拉伯沙漠中流浪的时候，已经在法典中制定了处理的方法。他说道："你为了解决自己的内急，你就走出营地，带上一根尖头棍子，在沙地上挖个坑，然后再用挖出的沙土把你的污秽物掩埋起来。"②

这种处理方法简单之中透着重大意义。可以相信，如果在大规模朝觐克尔白圣庙③期间，伊斯兰教采取这种措施以及其他一些类似措施的话，麦加就不会每年都成为霍乱的发源地，欧洲也就不用在红海两岸设防以防堵瘟疫的蔓延。

普罗旺斯农民也像自己祖先中的一支阿拉伯人一样不注意卫生，根本不考虑这方面的险情。幸好，摩西训诫的忠实执行者——食粪虫在为此而辛勤劳作。消灭、掩埋带菌物质全都是它。以色列人一有内急要解决便腰里别着一根尖头棍跑出营地，而食粪虫也随即赶到，还带着比以色列人的尖头棍更高级的挖掘工具。解手的人一走，它便立即挖出一个井坑，把污秽物深埋掉，不再产生危害。

这帮掩埋工所搞的服务工作对于野外的环境卫生意义十分重大；而我们，这种净化工作的主要受益者，反而对这些小勇士有点鄙夷不屑，还用粗言恶语对待它们。做好事，不为人理解，反遭恶名，被石

---

① 据《圣经》中《出埃及记》记载，摩西为公元前13世纪古代以色列人的领袖，率领在埃及的希伯来人返回故土。

② 参阅《摩西五经·经五》第123章第12节和第13节。——原作者注

③ 麦加城内大群陵庙中心的建筑。

粪金龟

头砸死，被人用脚踩死。看来这已成了一定之规了。蟾蜍、刺猬、猫头鹰、蝙蝠，以及其他一些为我们服务的动物，就是明证，它们不企求我们什么，只是希望我们多少有点宽容心。

那些垃圾污物肆无忌惮地暴露在太阳地里，而保护我们免受其害的，在我们这一带，最英勇卓绝的卫士就是粪金龟。这并不是因为它们比其他埋粪工更加勤快，而是因为它们有一副好的身子骨，能干苦活儿累活儿。再者，当需要稍稍恢复一下体力时，它们则喜欢对我们最恶心的污秽物下手。

我们附近有4种粪金龟在从事这项工作。有两种（突变粪金龟和野生粪金龟）比较罕见，我们也就不专门去观察、研究它们了；相反，另外两种（粪生粪金龟和伪善粪金龟）却十分常见。后两种粪金龟背部墨黑，胸前都穿着华美的衣服。看到专事掏粪的工人竟穿得如此漂亮，我不禁惊讶无语。粪生粪金龟面部下方像紫水晶般闪亮，而伪善粪金龟的面部下方则闪烁着黄铜的光芒。我笼子里喂养着的就是这两种粪金龟。

我们先来看看它们作为掩埋工都有哪些能耐。笼中一共有12只，两种粪金龟混在一起。笼子里原先大量放置食物，这一次事先把所剩的吃食全部清除掉了。我想估算一下一只粪金龟一次能掩埋多少东西。日落时分，我把刚在我家门前拉了一摊的骡子的粪便放进笼子里去给那12个囚徒。那摊粪便不算少，足可装上一篮子的。

　　第二天早晨，那摊骡粪全都埋于地下了。地上几乎一点也没有了，顶多有点碎渣渣什么的。我因此可以大致估算出：按每只粪金龟都干了同样的工作量，那它们每只掩埋了大约有一立方分米的粪便。如果我们想到它们那瘦小的身材，又要挖洞又要运物，那真叫人感叹：这可真像泰坦干的活儿呀。而且，这仅仅用了一个夜晚而已。

　　它们存粮这么丰富，是不是就守着财富待在地下不出来了。绝不是这样的！现在正是大好时光。黄昏来临，宁静温馨。现在正是精神振奋、心情舒畅的时刻，正是去远处大路上寻物觅宝之时，因为路上正有牛羊群放牧归去。我的住客们离开了地窖，返身回到地上。我听见它们簌簌地在爬栅栏，冒失地撞到壁板上，黄昏时的这番热闹气氛我是预料到的。我白天已经收集了与头一天一样丰盛的食物，正好拿来喂给它们。到了夜里，这些食物又都不见了踪影。第二天，地面上又干干净净了。只要夜色美好，只要我总有足够的东西满足这帮贪得无厌的敛财奴，那么这种情况就永远会继续下去的。

　　尽管其食物异常丰富，粪金龟在日落时分还是会离开已储存的食物，在太阳的余晖中嬉戏，并去寻找新的开发工地。对于它来说，好像已得到的并不算什么，只有将要得到的才有价值。那么，每晚黄昏那美好时刻它所更新的粮食仓库，它到底用来干什么呢？很明显，粪金龟一夜之间是无法消费完这么丰盛的食物的。它储存的食物多得已不知如何处理；它只知积攒，却不完全利用；而且，它还总也不满足于自己那满仓粮，每晚还在拼死拼活地忙着往仓库里运送。

　　它随处建造粮仓，每天随便遇上哪座仓库便在那里弄些吃上一顿，吃不了的就几乎全部剩在那儿。从我笼子里喂养的粪金龟来看，它们那种掩埋工的本能要比作为消费者的食欲来得迫切。笼子里的地面在增高，我则不得不随时把它弄平。如果我把土堆挖开，我就会发现坑井中堆满了粪便，厚厚的，原封未动。原先的泥土已经变成了粪和土的结块，难以分开，如果我要继续观察而不致搞错，就得大加清理才行。

要想把结块中的粪便分离出来，总免不了有误差，不是分出来的多了，就是分出来的少了，与精确的量难以一致，但从我的观察中，有一点是明白无误的：粪金龟是热情似火的掩埋工，它们往地下运送的食物远远超过它们日常之所需。这样的一种掩埋工作是由一大群出力多少不一的合作者的劳动大军完成的，所以很显然，土壤的净化在很大的程度上得以实现，而且有这么一支辅助性的劳动大军在做出贡献，公共卫生的保持也才能有望，这是值得庆幸的。

此外，植物以及因植物的连锁反应而连带的一大批生物也得益于这种掩埋工作。粪金龟埋到地下并于第二天抛弃的那些东西并未丢失，远未丧失其利用价值。世界的结算中什么也不会丢失的，清单的总数是永恒的。粪金龟埋起来的小块软粪便将会使周围的一簇禾本植物枝繁叶茂。一只绵羊路过这儿，把这丛青草吃掉。羊长肥，人也就有了美味羊腿可以享受了。粪金龟的辛勤劳动给我们带来了一块美味肉块。

9、10月份，当头几场秋雨浸透土壤，圣甲虫得以打破出生的牢笼时，粪生粪金龟和伪善粪金龟开始建造自家住宅，这住宅建造得很简陋，有辱这些享有挖土工美称的勇士们。如果单纯是挖掘一个避难所以防冬季的严寒的话，粪金龟倒也不负其挖土工之美名：在井的深度、工程之完美和速度方面，没有谁可与之相提并论。在沙土地和不难挖掘的土地上，我曾发现一些坑洞，洞深竟达一米。还有的能挖得更深，我因为没有耐心，再说工具也不凑手，也就没有去挖挖看究竟深有几许。这就是粪金龟，熟练的挖井工，无人可及的打洞者。如果天寒地冻，它会下到不用担心霜冻的地层。

但是，建造子孙住宅就是另一码事了。美好季节转瞬即逝；如果要给每只卵配备一个这样的地堡，那时间是来不及的。要挖掘一个深洞，粪金龟就必须把冬天来临之前的空闲时间全部用上，别无他法。要使避难所更加安全，它就得把心思全用在造房建屋上，暂时不能去干别的事情。可在产卵期间，这么辛勤的劳作是不可能的。时间过得很快。它得在四五个星期内给很多的子女住的吃的，这就无法长时间地去挖深井了。

粪金龟为其幼虫挖的地洞并不比西班牙蜣螂和圣甲虫挖的深多少，尽管季节有所不同。就我在野地里发现的所有地洞来看，也就是3分米左右，尽管那儿土很好挖，挖多深都没问题。

这种简陋的住处状如一段香肠或猪血腊肠，长度不超过2分米。这段香肠几乎都是不规则的，有时弯曲，有时又多少有些凹凸不平。这种不完美的情况是由于石头地的高低起伏所导致的，粪金龟是直线和垂直的挖掘工，无法总是按照自己

粪金龟挖洞

的艺术标准去挖掘。于是，与地道紧贴在一起的粮食也就很忠实地再现了其模具的不规则性。香肠底部是圆的，如同地洞底部一样。这圆圆的底部就是孵化室，这圆形的孵化室可以放下一只小榛子。因胚胎的需要，室的侧壁挺薄，空气能很容易地透进。在孵化室内，我看到有一种带点绿的黏液在闪亮，那是疏松多孔的粪核的半流质状物质，是粪金龟妈妈吐出来喂给新生幼儿的头一口食物。

卵就睡在这个圆圆的小窝里，与四周无任何接触。卵是白色的，呈加长的椭圆形，与成虫的体积相比较，卵的体积够大的了。粪生粪金龟的卵长有七八毫米，宽有4毫米多，比其他粪金龟卵的体积要稍小一点。

昆虫的装死

我研究昆虫装死的情况时，第一个被我选中的是那个凶狠的剖腹杀手——大头黑步甲。让这种大头黑步甲动弹不了非常容易：我用手捏住它一会儿，再把它在手指间翻动几次就可以了。还有更加有效的办法：我捏住它，然后把手一松，让它跌落在桌子上，在不太高的高度下，让它摔这么几次，让它感到碰撞的震动。如果必要的话，就多让它摔几次，然后，让它背朝下，仰躺在桌子上。

大头黑步甲经这么一折腾，便一动不动，如死一般。它的爪子蜷缩在肚腹上，两条触须软塌塌地交叉在一起。两个钳子都张开着。在它的旁边放上一只表，这样，实验的起始与结束时间就可以准确地记录下来。这之后，只有等待，而且还得静下心来，耐心地等待着，因为它静止不动的时间是非常长的，让人等得心烦，没有耐心是成功不了的。

大头黑步甲的静止状态保持得很长，有时竟然长达50分钟，一般情况之下，也得有20分钟左右。如果不让它受到外界的影响，比如，这种实验正好是在盛夏酷暑时进行，我就把它用玻璃罩扣住，避开了大热天里的常客——苍蝇的骚扰，那么，它的静卧状态就是真正的完全的静止状态：无论是跗骨、触须，还是触角，全都毫不颤动，看上去，它就像是僵死在桌子上了似的。

最后，这只看似死了的大头黑步甲"复活"了。前爪跗节开始在微微颤动，随即，所有的跗骨全都颤动起来，触须、触角也跟着在慢慢地摇来摆去。这就证明它是确实"复活"了。腿脚随后也跟着乱划乱踢起来。它的身体在腰带紧束住的地方稍稍弓起；接着重心落在头和背上；然后，它猛一用力，身子便翻转过来了。此刻，它便迈开小碎步，跑动起来，仿佛知道此处危险重重，必须逃离险区。假如我又把它抓住，它便又立刻装起死来。

我趁此机会又做了一次实验。刚刚复苏的大头黑步甲又一次静止不动了，依旧是背朝下地仰躺着。这一次，它装死的时间要比第一次来得长。当它再次苏醒时，我又进行了第三次同样的实验。随后，我又对它进行了第四次、第五次实验，一点喘息的机会都不留给它。它静卧的时间在逐渐地延长。根据我所记录下来的静卧时间，分别为17分钟，20分钟，25分钟，33分钟，50分钟。

我做了许多次类似的实验，虽然结果不完全相同，但基本上有着一个共同点：昆虫连续假死时，每一次的持续时间都不相同，长短不一。这个结果使我们得知，通常情况之下，如果实验连续多次进行的话，大头黑步甲会让自己假死的时间一次比一次长。这是不是说明它一次比一次更适应这种假死状态呢？这是不是说明它变得越来越狡猾，企图让敌人最后终于丧失了耐心？对此我一时尚无法作出定论，因为我对它的探究还很不够。

要想探出它真的是在耍手腕，真的是在做假蒙人，蒙混过关，就必须采取一种非常聪明的试探方法，揭穿这个骗子的骗人招术。

接受试验的大头黑步甲躺在桌子上。它能感觉得出自己身子下面压着的是一块坚硬的物体，想要向下挖掘，根本就不可能。挖掘一个地下隐蔽室，对于大头黑步甲来说简直是小菜一碟，因为它掌握着快捷强劲的挖掘工具。然而，自己身下却是一块硬东西，毫无挖掘的可能，所以它无可奈何，只能忍气吞声地静静地躺在那儿，一动不动，必要的话，它甚至可以坚持一小时。如果躺在沙土地上的话，它立即就能感觉得到下面是松松散散的沙粒。在这种情况之下，它还会傻乎乎地静静地躺着，不想法尽快逃之夭夭？难道它连扭动腰身都不想？没有一点往沙土地里钻的意思？

我真的希望它会有所转变，产生逃跑的念头。但是，最后，我知道自己的想法错了。无论我把它放在木头上、玻璃上、沙土上，还是松软的泥土地上，它都不改变自己的战略战术。在一片对它来说挖掘起来极其容易的地面上，它照样是静卧着不动弹，同在坚硬物体上躺着时一模一样。

大头黑步甲对不同材质物体表面采取了同样态度，并不厚此薄彼，坚持一视同仁，这一点对我们的疑惑不解稍微地敞开了一点门缝。接下来所发生的事情令这扇门大大地敞开来了。接受试验的大头黑步甲躺在我的桌子上，离我很近，可以说是就在我的眼皮子底下。我发现它的触角在半遮挡着它的视觉，但它的那两只贼亮的眼睛看见了我，它在盯着我，在观察着我。面对着我这么个庞然大物，这个昆虫的视觉会有什么样的感应呢？

我们就认为这个正盯着我的昆虫把我看作是欲加害于它的敌人吧。这样的话，只要我待在它的面前，这个生性多疑的昆虫就会一动不动地躺着。如果它突然又恢复活动了，那它肯定是认为已经把我耗得差不多了，让我已经完全失去了耐心，那么我还是先躲到一边去。既然它面前的这个庞然大物已经离开了，它也就用不着再装死，再要这种花招也没什么意义了，所以，它就会立刻翻转身子，急急忙忙地溜之大吉。

我走出10步开外，到了大房间的另一头，隐蔽好，不弄出任何的动静。但是，我的这番谨慎小心的心思全都白费了，我的那只昆虫仍旧待在原地，没有一点动静，就这么静静待了好长好长的时间，跟我在它的近旁待的时间一样长。

它真够狡猾的，想必它是发觉我仍旧待在这间房间里了，只是待在房间的另一头罢了。这也许是它的嗅觉在告诉它我并没有离去。一计不成，我就另生一计。我把它用钟形罩给扣住，不让讨厌的苍蝇去骚扰它，然后，我便走出房间，到花园里去了。房间的门窗全都紧闭着，屋外的声音传不进去，屋内也没有什么会惊扰它的，总之，一切会令它感到惊恐的东西，全都远离了它。在这么安静而不受骚扰的环境中，它会有什么反应呢？

实验的结果是，假死的时间与平时情况之下完全一样，既未增加也未减少。20分钟过去了的时候，我进屋里去查看了一下，40分钟过去的时候，我又进屋里去查看了一番，但是，情况没有发生任何变化，它仍旧是仰面朝天，一动不动地原地躺着。

这之后，我又用几只虫子做了相同的实验，但其结果都很明确地证明，它们在装死的过程中，并没有任何令它们感到危险的东西存在，在它们的周围，既没有声音，又没有人或其他昆虫。在这种情况之下，它们仍然一动不动，那想必并不是在欺骗自己的敌人。这一点得到肯定之后，我便推测其中必然是另有原因的。

那它究竟为何采取这种特殊伎俩来保护自己呢？一个弱者、一个得不到保护的不惹是生非的人，在必要之时，为了生存而采取一些诡计，这是可以理解的；但它可是一个浑身甲胄、崇尚武力的家伙，为什么要采取这种弱者的手段，对此我感到很难理解。在它所出没的势力范围内，它是打遍天下无敌手的。强悍的圣甲虫和蛇金龟，都是生性温厚的昆虫，它们非但不会去骚扰它，欺侮它；相反，倒是它食品储存室里的源源不断的猎物。

我又开始怀疑，是不是鸟儿对它构成了威胁？可是，它同步甲虫的体质相同，身体里浸透着一股刺鼻恶心的气味，鸟类闻了是绝不敢把它吞到肚子里去的。再说，它白天都躲藏在洞穴里，根本就不到洞外来，谁也见不到它，谁也不会打它的歪主意。而到了天黑之后，它才爬出洞外，可夜里鸟归林，河边已无鸟儿的踪影了，它也就根本不存在有被鸟类一口啄到之虑。

这么一个对蛇金龟，有时也对圣甲虫进行残杀的刽子手，这么一个并没有谁敢碰它的可恶而凶残的家伙，它怎么就一遇风吹草动便立刻装死呢？我百思不得其解。

我在这同一片河边地带，发现了同时在此居住的抛光金龟，也叫光滑黑步甲的昆虫，它给了我以启迪。前面所说的大头黑步甲是个巨人，相比之下，现在所提到的同是这片河边的主人的抛光金龟就是个侏儒了。它们体形相同，同样是乌黑贼亮，同样是身披甲胄，同样是以打家劫舍为生。但是，相比之下算是侏儒的抛光金龟，虽然远不如其巨人同类个大力强，但它却并不懂得装死这个诡计。你无论怎么折腾它，把它背朝下放在桌子上，它会立即翻转过来，拔腿就跑。我每次试验它，也只能看到它背朝下静止不动个几秒钟而已。只有一次，我实在是把它折腾得够呛，它总算是假装死去地待了一刻钟。

这侏儒与巨人的情况怎么这么不同呀？巨人只要一被弄得仰面朝天，它就静止不动了，非要装死一个钟头之后才翻身逃走。强大的巨人采取的是懦夫的做法，而弱小的侏儒则是采取立即逃跑的做法，二者反差这么大，其原因究竟在哪里呢？

于是，我便试试危险情况会对它产生什么样的影响。当大头黑步甲背朝下腹朝上一动不动地静躺着的时候，我在想，让什么敌人出现在它的面前好呢？可我又想不出它的天敌是什么，只好找一种让它感到是个来犯者的昆虫。于是，我便想到嗡嗡叫的苍蝇。

大热天里做实验，苍蝇嗡嗡地飞来飞去，真的是让人心里很烦。如果我不给大头黑步甲罩上钟形罩，我也不在它的身边守着，那么讨厌的苍蝇肯定是会飞落在我的实验对象的身上，这样，苍蝇就会帮上忙了，可以替我探听一下装死的大头黑步甲的虚实了。

当苍蝇落在大头黑步甲身上，刚刚用自己的细爪挠了挠装死的它几下，它的跗节便有了微微颤动的反应，仿佛因直流电疗的轻微振荡而颤抖一样。如果这个不速之客只是路过，稍作停留，随即离去的话，那么这细微的颤动反应很快便会消失；如果这位不速之客赖着不走，特别是又在浸着唾液和溢流食物汁的嘴边活动的话，那么受到折腾的大头黑步甲就会立即蹬腿踢脚，翻转身子，逃之夭夭。

它也许是觉得，在这么个不起眼的对手面前耍花招实在没有必要，有伤自尊。它重又翻转身子离去，是因为它明白眼前的这个骚扰者对自己并不构成什么威胁。看来，我们得另请高明，让一个力量强大、身材魁梧、让人望而生畏的讨厌的昆虫来试探一下大头黑步甲了。正好，我喂养着一只天牛，爪子和大颚都十分厉害。天牛这种带角的昆虫，我知道它性情平和，但大头黑步甲并不了解这个情况，因为在它所出没的河边地带，从来就没有出现过天牛这种大个儿昆虫。说实在的，看上去，这长角的天牛真的让自己的蛮横的虫类望而生畏，退避三舍。对陌生者本来就存有的一种恐惧感，一定会让情况复杂起来的。

　　我用一根稻草秆儿把天牛引到大头黑步甲旁边。天牛刚把爪子放到静静地仰卧着的那个家伙的身上，它的跗节便立即颤动起来。如果天牛非但不把爪子挪开，而且还老在它的身上摸来挠去，甚至转而变成一种侵犯的姿态，那么如死一般躺着的大头黑步甲便一下子翻转身子，仓皇地溜走。这情景，与双翅目昆虫骚扰它时一模一样。危险就在眼前，再加上对陌生者所怀有的恐惧感，它当然会立即抛弃装死的骗术，逃命要紧。

　　我又做了一种实验，结果也颇让我感到欣慰。大头黑步甲仰躺在桌子上装死，我便用一件硬器物轻轻敲击桌腿，让桌子产生微微的颤动。但不能猛敲，免得桌子发生摇晃。我注意掌握力量的大小，让桌面产生的颤动仿佛是一种弹性物体所产生的颤动一样。用力过大，会惊动大头黑步甲的，它就不会保持其僵死状态了。我每轻敲一下，它的跗节便蜷缩着颤动一会儿。

　　最后，我们再来看看光线对它所产生的影响。到目前为止，我的实验对象都是待在我书房那弱光环境中接受我的实验的，并未接触到直射进来的太阳光。此刻，我书房的窗台已经洒满阳光。我要是把我的实验对象移到阳光充足的窗台上去，让这个静卧着一动不动的昆虫接触一下强光，它会有何反应呢？我刚往窗台这么一移，效果立即产生：大头黑步甲腾地翻转身子，拼命奔逃。

现在，真相大白了。吃尽苦头、被折腾得够呛的大头黑步甲，已经把自己的秘密吐露出来了。当苍蝇戏弄它，舔它粘有黏液的嘴唇，把它当作一具尸体，想吸尽所有可口的汁液的时候；当它眼前出现了那个让它望而生畏的天牛，爪子已经伸到它的腹部，像是要占有一个猎物的时候；当桌子发生轻微的震颤，它以为是大地传来的震颤，断定有敌人在自己的洞穴附近挖掘，将要来袭的时候；当强烈的阳光照射到它的身上，对自己的敌人十分有利，而对喜欢昏黑的它不利，以为自己的安全受到威胁的时候，它就会立即作出反应，抛弃装死的骗术，立即逃命。但是，当一种灾祸对它构成威胁的时候，它通常总是采取它那装死的惯技，以骗过敌人。所以说，装死是它的看家本领。

在我以上所提及的那种危在旦夕的时刻，我的实验对象是在战栗，而不是继续在装死。在这类危险之下，它已经是分寸大乱了，慌不择路地拼命逃遁。它那一贯的伎俩已经不见了踪影，确切地说，它根本就无计可施了。所以说，它的静止不动，并不是装出来的，而是它的一种真实状态。是它的复杂的神经紧张反应造成它一时间陷于动弹不得的状态之中。随便一种情况都会让它极度地紧张起来，随便一种情况都可以让它解除这种僵直状态，特别是受到阳光的照射。阳光是促发活力的无与伦比的强烈刺激。

我觉得，在受到震动后长时间保持静止状态，可以与大头黑步甲相提并论的是吉丁中的一种，即烟黑吉丁。这种昆虫个头儿不小，浑身黑亮，胸甲上有白粉，喜欢在刺李树、杏树和山楂树上待着。在某些情况之下，你有可能发现它把爪子紧紧地收拢起来，触角耷拉着，仿佛僵死了一般，而且可以保持一个多小时这种状态。而在其他的情况之下，它总是一遇危险便迅速逃走；从表面上看，是气候因素在起作用，但我却没明白气候到底暗暗地发生了什么变化。在这种情况之下，一般来说，我只发现它僵直状态只是保持一两分钟而已。

烟黑吉丁在光线暗淡的地方一动不动，可我把它一移到充满阳光的窗台上，它立刻就恢复了活力。在强烈的阳光下只待几秒钟，它便把自己的一对鞘翅裂开，作为杠杆，骨碌一下，就爬了起来，立刻就想飞走，好在我眼疾手快，一把便摁住了它，没让它逃掉。这是一见到强光就惊喜，晒着太阳就狂热的昆虫，一到午后炎热的时候，它便趴在刺李树上晒太阳，如痴如醉，快活极了。

　　看见它如此喜欢酷热，我立刻便产生一种想法：如果在它装死的时候，立刻给它降温，那它又会作出何种反应呢？我猜想它会延长其静止状态。但这种方法使不得，因为一旦降温，有越冬能力的昆虫可能会被冻得麻木，随即会进入冬眠状态。

　　我现在需要的不是烟黑吉丁的冬眠，而是要它保持充沛的活力。所以，我要让它处于徐缓的、有节制的降温状态，要让它像在相似的气候条件下一样，依然具备它平时那样的生命行为方式。于是，我动用了一种很合适的保冷材料——井水。我家的那口水井，夏季里，水温要比外面气温低12℃，清凉清凉的。

　　我用惊扰的方法，把一只烟黑吉丁折腾得处于僵缩状态，然后，让它背朝下地躺在一只小的大口瓶底上，再用盖子把瓶口盖紧盖严，放进一个装满冷水的小木桶里。为了使桶里的水保持其低温，我不断地往桶里加井水。在加入新的井水时，我小心翼翼地先把原来桶内的井水一点一点地去掉。动作必须轻而又轻，否则就会惊动瓶子里的昆虫。

　　结果十分理想，我并没白费心思。那只烟黑吉丁在水中的瓶子里待了5个小时，都没有动弹一下。5个小时可不算短，而且，如果我再这么实验下去，它可能还会坚持很长时间的。但是，5个小时已经很不错了，很能说明问题了，绝不要以为它这是在要花招。毫无疑问，它此时此刻并不是在故意装死，而是进入了一种昏昏沉沉的麻木状态，因为我一开始把它折腾得只好以装死来对付，后来嘛，降温的方法又给它造成一种超乎寻常的延长休眠状态的条件。

　　我对大头黑步甲也采取了这种井水降温法，但它的表现却不如烟黑吉丁，在低温下保持休眠状态的时间没有超过50分钟。50分钟不算稀奇，以往没有用降温法时，我也发现过大头黑步甲静卧过这么长时间的。

现在，我可以下结论说，吉丁类昆虫喜欢灼热的阳光，而大头黑步甲是夜游者，是地下居民。因此，在进行"冷水处理"时，吉丁与大头黑步甲的感受就不尽相同。温度降低之后，怕冷的昆虫会惊魂不定，而习惯于地下阴凉环境的昆虫则不以为然。

我继续沿着降温的这一思路进行了一些实验，但并未发现什么新的情况。我所看到的是，不同的昆虫在低温下保持休眠状态的时间之长短，取决于它们是追求阳光者还是喜欢阴暗者。现在，我再换一种方法来试试看。

我往大口瓶里滴上几滴乙醚，让它挥发，然后，把同一天捉到的一只粪金龟和一只烟黑吉丁放进瓶里。不多一会儿，这两只试验品便不动弹了，它们被乙醚给麻醉了，进入了休眠状态。我赶紧把它们取了出来，背朝下地放在正常的空气之中。

它俩的姿态与受到撞击和惊扰后的姿态一模一样。烟黑吉丁的6只足爪，很规则地收缩在胸前；粪金龟的足爪则是摊开来的，不成规则地叉开着。它们是死是活，一时还说不清楚。

其实，它们并没有死。2分钟后，粪金龟的跗节便开始在抖动，口须在震颤，触角在缓缓地晃动。接着，前爪活动起来。又过了将近一刻钟，其他爪子也都乱摇动开来。因碰撞震动而采取静止状态的昆虫，很快就会采取动态姿态。

但烟黑吉丁却如死一般地躺着，好长时间也不见它动弹，一开始，我真的以为它死了。半夜里，它恢复了常态，我是第二天才看到它已经像平时一样在活动了。我在乙醚尚未充分发挥效力之前，便及时地停止了这种实验，所以没有给烟黑吉丁造成致命的伤害。不过，乙醚在它身上所起的作用要比在粪金龟身上所起的作用严重得多。由此可见，对碰撞震动和降低温度比较敏感的昆虫，同样对乙醚所产生的作用也很敏感。

敏感程度的这种微妙的差异，说明了为什么我用同样的撞击和手捏方法使两种昆虫处于静止不动状态之后，它们的表现会有这么大的区别。烟黑吉丁静卧姿态保持近一个小时，而粪金龟则只待了2分钟就在摇晃自己的足爪了。直到今天为止，我也只是在少有的情况之下，才见到粪金龟能坚持2分钟的静卧姿态。

烟黑吉丁体形大，且有坚硬的外壳在保护身体，它的外壳硬得连大头针和缝衣针都扎不透。既然如此，为什么它那么爱装死，而无坚硬外壳保护的小粪金龟却无须装死来保护自身呢？这种情况，在不少的昆虫身上也都是存在的。各种昆虫当中，有些会长时间地一动不动，有的却坚持不了一会儿；仅依照接受实验的昆虫的外形、习性来预先判断其实验结果，是完全不可能的。譬如，烟黑吉丁一动不动的时间保持得很长，那么，就可以断定与它同属的昆虫，因其类别相同，就一定同烟黑吉丁的表现是一样的了？我碰巧捉到了闪光吉丁和九星吉丁。我在对闪光吉丁做实验时，它硬是不听我的指挥。我把它背朝下地按住，它就拼命地抓我的手，抓住我捏着它的手指，只要让它的背一着地，它就立即翻过身来。而九星吉丁却不用费劲儿就能让它静卧着不动了，只是它装死的时间也太短了！顶多也就是四五分钟而已！

我在附近山间碎石下经常可以发现一种墨纹甲虫，身子很短小，且有一股怪味。它能持续一个多小时一动不动，可以与大头黑步甲相提并论了。不过，必须指出，在大多数情况之下，它只坚持几分钟的僵死状态，然后便立即恢复常态。昆虫能长时间地坚持一动不动，是不是它们喜欢暗黑的习性造成的？完全不是，我们看一看与墨纹甲虫同属一类的双星蛇纹甲虫就十分清楚了。双星蛇纹甲虫后背滚圆滚圆的，仰身翻倒后，立即便翻过身来。还有一种拟步行虫，脊背扁平，身体肥实，鞘翅因无中缝而无法帮它翻身，因此，静止不动，装死一两分钟之后，便在原地仰卧着拼命踢蹬、挣扎。

鞘翅目昆虫因腿短，迈不了大步，逃命时速度不快，因此，它应该比其他昆虫更加需要以装死来欺骗敌人，但实际上并非如此。我逐一地观察研究了叶甲虫、高背甲虫、食尸虫、克雷昂甲虫、碗背甲虫、金匠花金龟、重步甲、瓢虫等一系列昆虫，它们全都是静止几分钟，甚至几秒钟，便立即恢复了活力。还有不少种类的昆虫，根本就不采取装死这一招。总之，没有任何昆虫指南可以让我们事先就能断定，哪种昆虫喜欢装死，哪种昆虫不太愿意装死，哪种昆虫干脆就拒绝装死。如果不经过实验就先下断言，那纯粹是一种主观臆测。

昆虫的"自杀"

　　人们不会去模仿自己根本就不认识的人，也不会假扮成自己所不了解的人，这一点是显而易见的。所以说，要想装死，就必须对死亡多少有点了解。

　　昆虫，或者更确切地说，动物，它们对有限的生命会有预感吗？它们会在自己那极其简单的脑子里思考生命终止这一可怕的问题吗？这种对生命的最后时刻所感到的惊恐不安，既是人所感到的最大痛苦，也是人之所以伟大的一个证明。命运卑微的动物就不存在这种不安。它们与意识模糊的小孩子一样，只享受现在，不考虑未来。它们摆脱了"人生苦短"的忧虑，生活在一种蒙昧无知的甜美的宁静之中。

　　少年时期，中学时代，我也是个淘气包。我常常与几个同学，放学之后，在回家的路上，到河边去摸那种很小的花鳅。鱼儿被我们抓到之后，拼命地挣扎，没有装死的样子。我们也常去抓鸟，鸟被抓到之后，吓得浑身哆嗦，但也没见它装死。可有一次，我看到火鸡（我们附近养火鸡的人家很多），我便突发奇想，我要折腾折腾火鸡。圣诞将至，它将成为大家节日的盘中餐了，我便把家中的一只火鸡的脑袋别在它的翅膀下面，一边用手摁住它，不让它动弹，一边从上往下慢慢地摇晃它两三分钟。奇怪的结果出现了，我的实验对象变成了一堆没有了生气的东西，它侧着身子倒在地上，任由我摆弄它。如果它那时而膨胀起来，时而瘪了下去的羽毛没有显露出它仍然在呼吸着的话，我还真的以为它已经死了。它确实像只死鸟。它把自己那变得凉冰冰、足趾蜷缩起来的爪子缩到肚腹下面，让人看着十分可怜。圣诞节，平安夜，尚有几天才到，它就这么死了，那可就太早了点。但是，我白担心了。它醒了，站立起来，只是身子有点摇晃，站立不稳，而且尾巴耷拉着，没精打采的样子。但这种状况并未持续多久，不一会儿，它又恢复了常态，欢蹦乱跳起来。

这种迷迷糊糊、昏昏沉沉、麻木迟钝的状态介于熟睡与死亡之间，持续的时间有长有短。我又多次用火鸡做过实验，每一次都出现这种适当间隔的静止状态，有时持续半个小时，有时则只持续几分钟工夫。同昆虫一样，想要弄清楚原因，并非易事。后来，我又用珠鸡做了相同的实验，做得非常成功。它那昏昏沉沉、迷迷糊糊、麻木迟钝的状态持续了很长时间，以致我当时都有点忐忑不安了。它的羽毛不像火鸡那样，没有起伏，无一点生命的迹象，我真的以为它已经给憋死了。我用脚轻轻地把它挪动了一下，但它却一点反应也没有。我又把它挪动了一下，只见它把脑袋从翅膀底下扭出来，站立住，平衡了一下身体，立刻便飞跳着逃走了。它那麻木状态维持了半个钟头。

我后来又对母鸡、鸭子、鸽子、雏鸟、翠鸟进行了实验。母鸡、鸭子、鸽子麻木状态保持得较短，只有两分钟左右，而雏鸟和翠鸟则更加顽固，半睡半醒状态只有几秒钟。

我们还是关注我们的昆虫吧。昆虫从静止不动状态恢复到活动状态，呈现出十分值得注意的特点。我们曾用乙醚对试验对象进行过实验，它们确实是被麻醉了，一动不动。它们并不是在耍花招，这一点是毫无疑问的。它们真的是处于死亡的边缘。如果我不及时地把它们从散发着乙醚气味的大口瓶里弄出来，那它们永远不会从麻木状态中苏醒过来，最后，必死无疑。

它们身上究竟是什么在预示它们生命恢复了呢？那就是：它们脚上的跗节在微微颤动；触须在微微颤抖；触角在摇晃摆动。这就像是人一样，从酣睡中醒转来时，伸伸胳膊腿儿，打打哈欠揉揉眼睛。昆虫也是先摇动自己的那些细小的趾肢节和最活动的器官，以示其知觉的恢复。

如果昆虫真的是在耍花招施诡计的话，它又有什么必要去做这些细致的苏醒准备动作呢？危险一旦消除，或者被认为已经消除，它为什么不迅速站立起来，尽快逃脱，何必慢慢腾腾地做那些很不合适的假动作呢？它难道会狡猾到在最小的细节上也要假装"复活"不成！绝对不是这么一回事。这种看法是毫无道理的。脚上跗节的颤动，触须和触角的晃动，都明显地说明存在着一种真正的、即将消失的昏沉迷糊的状态，这种状态与乙醚麻醉所造成的后果相似，只是程度较轻而已。脚上跗节的颤动表明，被我折腾得动弹不了的实验对象，并不是民间传说或流行的理论所坚持的那样，说昆虫是在装死。它确确实实是被施行了催眠术。

经敲击物体引起的震动的影响，或者突然间遭受惊吓，昆虫便陷入一种迷迷糊糊、昏昏沉沉的麻木状态。这种状态就像是鸟儿把头埋在翅膀下面，原地晃晃悠悠地站立一会儿一样。对于我们人来说，突然看见恐怖的事情，我们会被惊呆，茫然不知所措，有时甚至因此而丧命。作为高等动物的人尚且如此，那么，反应极其敏锐的昆虫，其生理机能在遇到可怕事物的震慑惊吓时，叫它怎能承受得住，怎能不暂时就范呢？如果惊恐程度不太严重，昆虫在片刻的痉挛之后，很快就会恢复常态，惊恐症状也就随之得以缓解；如果惊恐程度很严重，它就会突然进入催眠状态，好长时间僵直不动。

昆虫根本就不知道死亡是怎么回事，它又怎么会装死呢？当然是不可能的。昆虫同样也不知道自杀是怎么回事，根本不知道自杀是用来立刻终止极其痛苦的状况的一种手段。据我所知，我还没见到过有什么动物自动剥夺自己生命的名副其实的自杀实例。感情色彩较浓的昆虫，有时会任凭苦恼去折磨自己，直至神形憔悴，这件事情倒是有的；但是，用匕首刺死自己，用小刀割断自己的喉咙等这种事，却从未见到过。

说到这儿，我倒是想起了蝎子自杀的事来。对于蝎子是否会自杀，众说纷纭，有人认为确有其事，有人则持否定态度。有人说，蝎子被一圈火围住之后，用带毒的蜇针扎自己，直到自杀成功为止。这故事究竟有多少真实的成分？我们亲自来做个实验看看。

我所住的环境为我提供了便利的条件。我在几只大泥瓦罐里铺上一层沙土，再放上几片碎瓦片，养着一群怪模怪样的昆虫。我一直在企盼着它们向我提供一些有关昆虫习性方面的事实，但它们却不肯满足我的愿望。我养的是南方的那种大白蝎，一共有12对。附近小山上阳光充足的沙质土地带，有许多扁平的石条；每块石条下面都居住着一只蝎子，孤零零的，但这个可憎可恶的丑陋家伙却无处不在，多得不得了。这种大白蝎子恶名在外。

它的毒针到底有多厉害，我未亲身经历，所以也说不清楚。可是，我书房里就关着这群可怕的囚徒，总得与它们接触。需要去查看它们时，必然会有危险，所以我加倍地小心，注意避开它们的锋芒。既然我自己没有亲自尝到过它们的厉害，我便只好向别人求教。我让曾经被蝎子蜇过的人谈谈他们被蜇的体验。这些人主要是打柴的樵夫，他们长年在山上砍柴，难免会一不注意就被蝎子蜇上一下的。其中有一位曾经告诉我说："我吃完了午饭，靠在柴捆上打了个盹儿。突然间，一阵钻心剧痛把我给疼醒了。那滋味就好像是被烧红了的钢针给扎了一下似的。我赶紧伸手去摸，一把摁住了一个乱爬乱动的家伙。是只蝎子！它钻进了我的裤腿里去了，在我小腿肚子下边一点儿蜇了我一家伙。这只丑陋不堪的小怪物，足有人手指头那么长。喏，这么长，先生，这么长。"

这位老实忠厚的樵夫边说边比画着，还把自己那根长长的食指伸出来。手指长的蝎子我并不觉得有什么可惊奇的，因为我在野外捕捉昆虫时，时不时地也要碰到蝎子，比手指长的有得是。

"我还想继续干活儿，"那位忠厚的樵夫继续对我说道，"可我浑身直冒冷汗，眼瞅着那条腿渐渐地肿胀起来，肿得有这么粗，先生，这么粗。"

他比画着肿胀的腿。然后，又张开双手，空掐在小腿周围，比画成有一只小水桶那么粗的圈圈来。

"真的，有这么粗，先生，这么粗。我一步三挪，使出吃奶的劲儿，忍着剧痛，才回到家里，其实也只有四分之一里那么点儿路而已。小腿越肿越厉害，还在往上肿去。第二天，已经肿到这么老高的地方了。"

他用手指了指，告诉我已经肿到小腿窝儿那儿了。

"真的，先生，整整3天，我下不了床，站不起来。我咬着牙关，拼命忍着，把肿腿跷到一把椅子上。敷了好几次碱末，总算把肿给消了下去，喏，才恢复到现在这个样子。先生，您看。"

说完自己被蜇的经历之后，他也跟我讲述了另一个樵夫的故事。那人也被蝎子蜇了小腿下部。那个樵夫走出老远去砍柴，被蜇了之后，没有力气走回家去，走走便倒在了路边。后来，被几个过路人发现了，抱头的抱头，抱腰的抱腰，抱腿的抱腿，总算把他给送到了家里。"他们就像在抬死尸一样，先生。真的，就像抬死尸一样！"

这位讲述者带着乡下人的风格在叙述着，说话时比画个没完，但我却并不觉得他夸张。人要是被蝎子蜇了，那疼痛确实是难以描述的。而蝎子要是被自己的同类蜇了一下，那它很快就支持不住了。对此，我有很大的发言权，因为我亲自做过多次的观察研究。

我从我的"动物园"里取出两只强壮的大蝎子，把它俩同时放进一个大口瓶的沙土底儿上。然后，我拿起一根稻草梗儿，去撩拨它们，激怒它们，并让它们住后倒退，最后，相互遭遇上。这两个受到骚扰的大家伙，本来就怒火中烧，仇人相见，分外眼红。这怒火是我给挑起来的，但看上去，它俩都把这挑衅的罪责算到了对方的头上。双方都把自己的防御武器——钳子举起，呈月牙儿形；钳口大张，顶着对方，不让对方靠近自己；两条蝎子尾巴你一下我一下地突然伸出，从背部上方向前刺去；毒囊不断地顶撞在一起，一小滴如清水般的毒汁挂在蜇针的硬尖上。

格斗进行的时间并不长。其中的一个被另一个毒针刺中，只见它，没过两三分钟，便站立不住，摇摇晃晃，倒在了地上。得胜者毫不客气，走上前去，平静如常地开始撕咬战败者的头胸前端，也就是撕咬我们想找到蝎子头却看到的只是个肚腹前口的地方。它一口一口慢慢地在撕咬，时间拖得很长。一连四五天，在吃同类尸体的战胜者一直没有停止过啃噬自己的同类。它要把战败者吃掉，其理由有一点是可以予以谅解的：这个行为对战胜者来说是正大光明的。

我从观察中掌握了真实的情况：蝎子的毒螯针能够使自己的同类即刻毙命。现在，我想谈一谈蝎子的自杀问题，也就是有人说过的那种自杀法。如果按人们所说，蝎子被一圈火炭围住，它便会用螯针螫自己，最后，以自愿死亡来结束这失常的状态。如果真的是这样的话，那么对这种野性十足的昆虫来说，应该是一件很理想的事。现在，还是让我们来看一看吧。

我用烧红的木炭围成一个圆圈，把我养着的那只个头儿最大的蝎子置于圈中。风助火势，木炭越烧越旺。热浪滚滚，向圈中的蝎子袭去，灼热难耐，只见它一个劲地倒退着在火圈内打转。稍不注意，身体便被火苗灼了一下，它便左一闪右一躲，突然加快倒退，不顾方位地瞎冲瞎奔，免不了身体又不时地遭到火灼。它每次想逃出重围，都被狠狠地烧了一下。它变得狂躁不安。往前冲，被烧一下，往后退，又挨火灼一下，它进也不是退也不是，既绝望又愤怒。只见它怒气冲冲地挥舞着自己的长枪，再反卷成钩子，然后伸直，平放于地，接着便把长枪举起。它的动作迅疾而又章法不乱，简直让我眼花缭乱，惊叹不已。

现在，它该给自己一枪了，以便摆脱这进退维谷的境地。谁知道，它竟突然一阵抽搐，然后便一动不动了，身体直直地平躺在地上。等了一会儿，仍不见它有所动作，像是完全僵直了。它真的死了？也许在它那让人眼花缭乱的狂舞中，有一剑刺中了自己，而我却没有看到。如果它真的是用自己的短剑刺中自己的身体，以自杀术得以解脱，那它肯定是死了。

但是，我心中总是存有疑惑。于是，我便用镊子把看上去已经死了的蝎子夹起来，放在一层清凉的沙子上面。一小时之后，这个看上去已无生命迹象的蝎子却突然复活了，与放进火圈中间之前一样的活泛，虎虎有生气。我又用第二只、第三只蝎子做了同样的实验。结果同第一只蝎子的情况完全一样：因绝望而发狂，突然间一动不动，像遭雷击似的瘫软地平躺在地上；放到清凉的沙子上时，又都突然地生机勃发了。

由此可以断定，说蝎子会自杀的人，一定是被它那突然失去生命力的假象给蒙骗了；他们看见蝎子身陷火墙的高温之中，于绝望之中变得疯狂至极，浑身抽搐，猝然倒地，便以为它经过垂死挣扎，终于自杀身亡了。他们过早地得出一个错误的结论，以致让蝎子在火墙中活活地给烤焦了。如果他们不是那么轻信表面现象，早点把蝎子从火墙内取出，置于清凉的沙子上，那他们大概早就会发现，表面上看似死去了的蝎子会恢复生命活力，就会得出结论说，蝎子根本就不知道什么叫自杀。

可以说，除了高级动物——人而外，任何具有生命的生物都不具有自愿结束生命的这种视死如归的精神力量。我们人，自以为具有很大的勇气和魄力从生活的苦难中自行解脱，把这种解脱视之为人的崇高特质，视之为一种可以进入沉思境界的优势，好像这是人优于其他动物的一种标志。然而，我们一旦真的把这种精神付诸行动，实际上则是一种懦弱的表现。

谁若是想走上自杀这条道的话，最好想一想中国的一位伟大的哲人——孔子，在2500年前所说的话。这位中国哲人有一天在树林中遇到一个陌生男子，见他正往树杈上扔绳子做套，准备上吊，他便赶紧向那陌生人说了几句话。伟大的哲人说："哀莫大于心死。哀皆可补，惟心死不能。勿以万事于子皆无可救。试以历多世而无争之理自服。此理为：活则无绝望之事。人能自至哀达至乐，自至难达至福。子其鼓勇若自今日起和生之所值。子其善用寸阴。"

这种中国式的哲思深入浅出，浅显易懂，但其寓意却十分深邃。它让人想起一位寓言作家的另一种哲学。寓言家写道：

> 若我被人致伤致残，
> 缺腿断臂，患痛风，
> 只要我仍活着，
> 我便心满意足矣。

的确，中国的伟大哲人和这位寓言家说的都很有道理。生命是一种严肃的东西，不能因遇到点艰难困苦就心烦意乱，轻易地就把生命抛弃。我们不应把生命视为一种享乐、一种磨难，而是应该把它视为一种义务，一种只要一息尚存都必须全力以赴地去尽的义务。

让生命的最后一刻提前到来者，就是懦夫，就是蠢货。我们有权凭着自己的意愿决定坠入死亡深渊的方式，但这并不意味着我们有权轻生遁世。相反，这种自由意志的权利恰恰向我们提供了动物所毫无所知的向前看的本领。

只有我们才知晓生命的欢乐会怎样结束；只有我们才能预见自己末日的到来；只有我们才对死者表示缅怀，怀有崇敬之情。凡此种种，都是一些重大的事情，这是其他动物所想不到的。当伪劣的科学在高谈阔论，在拼命让我们相信一只可怜的昆虫会耍花招装死的时候，我们要求这种科学应更贴近事物去进行观察研究，切莫把昆虫因恐惧而引发的昏厥状态，误以为它能装出自己根本并不知晓的状态。

只有我们人才能够清醒地认识到一种结局，只有我们人才具有想象到人世彼岸的卓越本能。地位卑微的昆虫们也在发表着自己的意见："你们应有信心。本能是从来不会违背自己的诺言的。"

豌 豆 象

  人一向对豌豆有很高的评价。自远古时起，人通过越来越专业的精耕细作，细心管理，想尽办法让豌豆结的果实更大、更嫩、更甜美。这种作物很善解人意，遂人心愿，终于满足了园丁的奢望，提供了他们想要的东西。我们今天离瓦罗①和科吕麦拉们有多么遥远啊！我们尤其是离第一个也许是用岩穴熊的半颌骨（因为颌骨上的牙齿如同铧犁）扒划土地以便种下这种野生果实的人有多么遥远啊！

  这种豌豆的始祖植物究竟在野生植物世界的什么地方呀？我们所在的各个地区都没有类似的这种植物。在别的地方能找得到它吗？在这一点上，植物学缄默不语，或含糊其词。

  另外，对于大多数可食用的植物人们同样是一无所知。向我们提供面包的备受颂扬的小麦来自何处？没人知晓。我们除了精耕细作而外，就不再费劲乏力地在这儿寻根溯源了，也不到外国去探究来龙去脉了。在东方这片农业诞生之地，采集植物标本者从未在没被犁铧翻耕过的土地上见到过这种独自繁衍增长的圣麦穗。

  同样，对于黑麦、大麦、燕麦、萝卜、小红萝卜头、甜菜、胡萝卜、笋瓜以及其他许多作物，我们也不甚了解。我们不知道它们原

---

① 瓦罗（公元前116—前27）：古罗马学者，讽刺作家。著有涉及各学科的著作620卷，其中包括《论农业》。

产于何地，顶多也就是根据几百年来的以讹传讹的说法去加以猜测罢了。大自然在把它们交付给我们时，它们饱含着野生的生命力和不太高的营养价值，如同大自然今天把桑葚和灌木丛的黑刺李提供给我们一样，它们是处于一种吝于施舍的粗胚状态，我们得通过辛勤劳动和运用才智使它们的果实饱含养分。这是我们投入的第一笔资本，这资本始终通过耕耘者的出色劳作在那特殊的银行里不断地翻本增息。

谷物和豆类植物作为储存食物，大部分是人工生产的。其初始状态极不发达的那些改良对象，我们是照原样从大自然的宝库中提取的。经过改良的品种向我们提供大量的食物，这是我们的技术创造的成果。

如果说小麦、豌豆以及其他作物对我们来说是不可或缺的，那么我们的精心照料作为正当回报对于它们来说也是绝不可少的。这些植物在生命的激烈搏斗中没有抵抗能力，是我们的需求使它们在成长发育，如果我们弃之不顾，任随其自生自灭，尽管它们的种子无以计数，但也会很快灭种的，如同愚蠢的绵羊，没有精心圈养放牧，很快就会消失的。

它们是我们创造的产物，但并非总是我们所专有的财产。在食物大量积存的任何地方，都有大批的食客从四面八方奔来，不管不顾地大快朵颐，食物愈丰盛，食客来得愈多。唯一只有人能够促进农业的发展，进而成为各方食客蜂拥而至的盛宴的操办者。人在创造更加美味、更加丰盛的食物同时，无可奈何地也把千千万万的饥肠辘辘者招引到粮仓谷堆中来，它们的利齿尖牙令人无以为抗。人生产得越多，上贡得也越多，大规模的耕作，大量的作物，大量的积存，肥了我们的竞争者——虫子。

这是事物固有的规律。大自然以同样的热情向所有的婴儿提供乳汁，既喂养生产者也喂养剥削他人财富者。大自然为我们这些辛勤耕耘、播种和收获，并因此而累得筋疲力尽的人在使小麦成熟的同时，同样也在为小象虫们让麦子成熟。这种小象虫不在田间劳作，却在我们谷仓里安家落户，用它那尖嘴在麦垛里一粒一粒地嚼食麦粒，把麦子都吃成麸子了。

大自然为我们这些因翻地、锄草、浇灌而累得腰酸背疼、日晒雨淋的人催促豆荚快快饱满，也为小象虫让豆荚赶快成熟。豌豆象对田园劳作一窍不通，但照旧在春回大地的时刻，按时从收获物中提取自己的那一份儿。

让我们好好瞧瞧豌豆象这个税务官是如何卖力干活儿的。我是个主动纳税者，我任由豌豆象自由行事：我正是为了它才在我的荒石园中播种了几垄它所偏爱的植物种子。除了这不多几垄的豌豆而外，我没有任何别的可召唤豌豆象的东西，但它5月里便按时前来了。它知道在这个不适宜辟作菜园的荒石园里，头一次有豌豆在开花。这位昆虫税务官急匆匆地奔来履行自己的职责了。

它是从何处而来？这可无法说得准确。它应是来自某个隐蔽之所，在那儿呈僵直状态地度过了寒冬腊月。盛夏酷暑自己脱皮的法国梧桐，用它那微微翘起的木栓质皮片为无家可归的虫子提供避难之所。我经常在这种冬季避难所里看见我们的豌豆象。只要寒风凛冽，严冬肆虐，豌豆象就躲在法国梧桐的这些微翘的枯皮下，或者用别的方法以求躲过劫难，直到和煦的阳光触抚它几下，它便苏醒过来。这是它的生物钟在通知它。它们像园丁一样，知道豌豆的花期，于是，它们便几乎从各个地方，迈着细碎的快步，心急火燎地向着它们所钟爱的植物奔来。

小头，大嘴，身着缀有褐色斑点的灰衣裳，长有扁平鞘翅，尾根有两个大黑痣，身材矮粗，这就是我的访客的大致模样。5月的上半月刚过，豌豆象的尖兵就到了。

它们在长有蝴蝶般白翅膀的花上安营扎寨：我看见有一些居于花的旗瓣上，另有一些则藏于龙骨瓣的小盒子里。还有一些数量较多，盘于花序中吮吸着，产卵时刻尚未到来。早晨天气温和，太阳虽明亮，但却不晒人。这是明媚阳光下举行婚配、开心享受的美妙时刻，

豌豆象

它们因此享受着生活的乐趣。有一些在成双配对，但立刻又分了开来，随后又聚在一起。将近晌午时分，烈日当空，男男女女全都退避到花褶的阴处。这种阴凉的地方它们非常熟悉。明天，它们又要开始寻欢作乐，后天依然乐此不疲，直到一天天鼓胀起来的豌豆果实撑破龙骨瓣的小盒子为止。

有几只比其他更着急的豌豆象产妇，把卵托付给了新生豆荚，而后者扁平而细小，刚刚才褪掉花蒂。这样匆忙产下卵也许是因卵巢已无法等待被迫而为的，我觉得它们的处境极其危险。豌豆象的幼虫将安于其中的种子此时此刻还只是个脆弱的细粒，既无韧性又无粉质堆。除非豌豆象幼虫颇有耐心，能扛到果实成熟，否则在那儿就找不到吃的。

但是，幼虫一旦孵化出来，它能够长时期不吃不喝吗？这令人怀疑。我所看见过的一些幼虫表明，新生儿一出来便忙着要吃的，如果没有吃的，便会死去。因此，我认为在尚未成熟的豆荚上产下的卵是必死无疑的。但种族的兴旺繁衍并不会受到多大的影响，因为豌豆象妈妈是多产的。我们一会儿就会看到豌豆象妈妈是如何满地下种，而其中大部分都注定是会夭折的。

5月末，当豌豆荚在籽粒的促动下变得多节，达到或接近成熟的时候，豌豆象妈妈的重任也就完成了。我急切地盼望着能看到豌豆象是如何以我们昆虫分类学所给予它的象虫科昆虫的身份工作的。其他象虫是一些带嘴象、带喙象，它们配备有一根尖头桩，用它来修筑产卵的窝巢。而豌豆象则只有一个短喙，在吸食点甜汁方面非常有用，但论起钻探来则是毫无用处。

因此，豌豆象安顿家小的方法是不同的。它不像橡树象、熊背菊花象、黑刺李象等那样做一些细致灵巧的准备工作。豌豆象妈妈没有配备钻头，所以只好把卵产在露天里，没有任何保护以防风吹日晒雨打。它这么做简直是太简单方便了，但这却有极大的风险，除非卵有特殊体质，能抗御酷热严寒、干燥潮湿。

上午10点，阳光和煦，豌豆象妈妈步伐急促，忽大步忽小步，从上到下，又从下到上，从正面到反面，又从反面到正面地把自己选中的豌豆荚看个遍。它不时地把一根细小的输卵管伸出来，左探探右触触，像是要划破豆荚的表皮似的。然后便产下一个卵，随即便弃之不顾了。

豌豆象妈妈的输卵管就这么在豌豆荚的绿皮上左点一下右点一下的，就算完事了。卵就留在那儿，没有任何保护，任随太阳暴晒。在帮助未来的幼虫，使之在必须自己进入食橱时缩短寻觅时间方面，豌豆象妈妈没有任何考虑，没有想到为孩子找个合适的地方。有的卵产在被豌豆种子鼓胀起来的豆荚上，有的则产在像贫瘠小山谷似的豆荚膈膜内。在豆荚上的卵几乎与食物直接接触着，而豆荚膈膜内的卵则离食物较远。以后就靠幼虫自己去辨别方向，寻找食物了。总之，豌豆象这种无序产卵让人想到粗放式播种。

更严重的是：产在同一个豆荚上的卵与豆荚内的豌豆粒不成比例。首先我们得知道，一个幼虫就得有一粒豌豆，这是必须的定量，这一定量对一个幼虫来说是富足有余，但是好几个幼虫同时消受，哪怕只是两个幼虫，那也很勉勉强强的了。每个幼虫一粒豌豆，不要多也不能少，这是永远不变的规定。

这就要求豌豆象妈妈产卵时必须探知豆荚内的含豆量，限制自己的产卵数。但是豌豆象妈妈根本就不理会这种限制。对一个定量，豌豆象妈妈总是产下许多的小宝宝。

我所有的统计在这一点上都是一致的。在一个豆荚上产下的卵总是超过，而且常常是大大地超过可食的豌豆粒的数量。无论粮食多么瘪，上面都有大量的卵。我把豆粒和卵的数量分别数了数，发现一粒豆子上总有5个到8个卵，有时甚至有10个，而且看不出豌豆象妈妈不会在一个豆荚上产下更多的卵来。真是僧多粥少！在一个豆荚上下这么多的卵干什么？它们肯定要被逐出宴席的呀！

豌豆象卵呈琥珀黄色，挺鲜艳，圆柱状，很光滑，两头圆圆的。

它长不过一毫米。每个卵都用凝固的蛋清细纤维网黏附在豆荚上。无论是风还是雨都吹不掉，打不下来。

豌豆象妈妈产卵常常是成对的，一个卵在上另一个在下，而往往是上面的那个卵得以孵化，而下面的那个则干瘪而死。为了孵化出来而不死，需要什么呢？也许是需要阳光的沐浴，而下面的卵正好被上面的遮挡着，没有了这种温暖孵育。或者是由于不合适的挡板遮挡的影响，或者是由于其他什么原因，反正孪生卵中的先产下者很少得到正常的发育，在豆荚上干瘪，没有出世便灭于无形了。

这种夭折也有例外的时候；有时候，成对的卵两个都发育良好，但这种情况实属罕见，所以，如果总这么成对地产卵，豌豆象的家庭成员差不多要减少一半。有一项不利于我们的豆荚但却有利于象虫科昆虫的临时措施可以减少这种毁灭：大部分的卵都是一个一个地产下的，而且是独自待在一处。

新近孵化的标记是一条弯弯曲曲的苍白或淡白色小带子，它在卵壳附近翘起，撑破豆荚的表皮。这是幼虫的产物，是皮下通道，幼虫在其中蠕动，寻找钻入点。找到这个钻入点之后，身长刚刚一毫米、全身苍白、头戴黑帽的幼虫便在豆荚上钻孔，钻入豆荚宽敞的肚腹中。

它爬到豆粒处，在最近的那颗豆粒上安顿下来。我用放大镜观察它，同时观察它的豌豆地球——它的世界。它在豌豆球面上垂直地挖出一个井坑。我曾看见过一些幼虫半个身子下到井坑中去，后半身则在井坑外边蹬踢加力。不大的一会儿工夫，幼虫便不见了，钻进了自个儿的家中。

入口很小，但一眼就能认得出来，因为它在豌豆淡绿色或金黄色的衬托下呈褐色。入口没有固定的位置，总的说来，除了豌豆的下半部而外，在豌豆表面的任何地方都可以钻洞，因为下半部的顶端是悬韧带的肥硕之处。

豌豆的胚胎就在这个部分，可它却没受到幼虫的损害，并且还发育成为胚芽，尽管豆粒上面被豌豆象成虫钻了个大窟窿。为什么这个部位完好无损呢？是什么原因使之免遭幼虫的侵害的呢？

豌豆象肯定不是在关心园丁的利益。豌豆是为它而生，只为它而生。它之所以不去咬那几口使种子死亡，目的并非是减轻灾害。它克制自己是有其他一些原因的。

请注意，豌豆是一粒一粒相互紧贴在一起的，寻找下嘴部位的幼虫在豆粒上行走并不自如。还应注意，豌豆的下端因肚脐的瘿瘤而变厚，钻孔就很困难，而在只有表皮保护的其他部分就没有这种困难。甚至也许在肚脐这一特殊部位有一些特别的液汁是幼虫所讨厌的。

毫无疑问，这就是豌豆既被豌豆象蚕食却又照样能够发芽的秘密之所在。豌豆虽破损，但却并未死亡，因为入侵是针对空着的上半部，那是既容易钻入又无伤大雅的区域。另外，由于整粒豌豆对于单独一个消费者来说是绰绰有余的，而受害部分只是这个消费者所喜爱的部分，但又不是豌豆生命攸关的部位。

在其他一些条件下，在种子个头儿太小或非常大的情况下，我们可能会看到大不相同的情况。在种子个头儿太小的情况下，由于幼虫吃不着什么，不够塞牙缝的，胚芽就一块儿被吃掉了；在种子个头儿非常大的情况下，食物丰盛，可以招待多个食客。如果豌豆象偏爱的豌豆短缺，它就退而求其次，去吃野豌豆和马蚕豆，这两种植物也向我们提供了类似证据。野豌豆颗粒小，被吃得只剩下一层皮，根本无望发芽生长；马蚕豆个头大，尽管其上有豌豆象的多间住屋，但照样能破土发芽。

我们已知豆荚上的虫卵数量总是大大多于荚内豆粒的数量，我们也知道每个被占有的豆粒是一只幼虫的私有财产，那就要问，多余的那些幼虫是什么下场呢？当最早成熟的幼虫一个个在豆荚食橱里占好位置时，多余的那些幼虫是不是在外面死去了？它们是否被先行占领阵地的幼虫无情地咬死了？都不是。情况是这样的。

就在此一时刻，在豌豆象成虫钻出来时留下了一个大圆孔的老豌豆上，用放大镜可以辨别出一些棕红色的斑点，数量有所不同，斑点中央都有钻孔。我数过，每粒豌豆上有五六个甚至更多的钻孔。那么这些斑点又是什么呢？我不会弄错的：有多少钻孔就有多少个幼虫。有好几个幼虫钻进了一个豆粒中，但能存活的、长大长肥、变为成虫的却只有一个。那么其他的呢？我们马上来看看。

5月末和6月份是产卵期，豌豆仍然又嫩又绿。几乎所有被幼虫侵入的豆粒都向我们展示出许多斑点，这我们已经从豌豆象遗弃的那些干豌豆上看到了。这是不是好些幼虫聚在一起的标记呢？没错儿。我们把所说的那些豆粒，把子叶分开，必要时再加以细分。我们将好几个蜷在豆粒内的很小的幼虫暴露出来。

聚在一起的这些幼虫似乎相安无事，幸福安详。邻里间和睦相处，互不相争。进餐开始，食物丰盛，就餐者被子叶尚未被触动的部分所形成的膈膜分开着，各自待在自己的小间里，不会互相争斗，没有任何用无意的触碰或有意的寻衅引发的大动干戈。对所有的占有者来说，所有权相同，胃口相同，力量相同。那么共同享用同一个豆粒的情况将如何结束呢？

我把一些被认为有豌豆象居民的豌豆剖开之后放在玻璃试管里。我每天再剖开另一些。我通过这种办法了解到共居一处的豌豆象的生长发育状况。一开始并无任何特别的情况，每只幼虫独自在自己狭小的窝里，嚼食自己周边的食物。它省俭着吃，不吵不闹。它还太小，稍微吃一点点食物就饱了。然而，一粒豌豆无法供养这么多幼虫吃到长大为止。饥饿有可能发生；除了一只，其余的全都得死去。

事情确实很快就发生了变化。幼虫中居于豆粒中心位置的那一只发育得比其他幼虫要快。当它稍稍比自己的竞争对手们个头儿大一点点时，后者便全都停止进食，克制着自己不再往前探索食物。它们一动不动，听天由命；它们就如此这般地静静地死去了。它们消失了，溶解了，灭亡了。这些可怜的牺牲者是那么小！从此，那粒豌豆整个儿地属于那个唯一的幸存者了，在这个享有特权者的身边，其他的都一个个地死去了，到底是怎么回事呢？我没有确凿的答案，只能提出一种猜测。

豌豆的中央比其他地方更多地受到太阳的光合作用的抚爱，那儿会不会有一种婴儿食物，一种更适合豌豆象幼虫那娇弱的胃的松软食物呢？在豌豆的中央，幼虫的胃也许受到一种松软、味美、甜甜的食物的滋养，变得强壮，能够消化一些难以消化的食物。婴儿在吃流质，吃大人吃的面包之前，吃的是奶。豌豆的中心部分会不会就像是豌豆象妈妈的乳汁？

豌豆粒的所有占据者雄心相同，权利相等，所以全都往最美味的部分爬去。行程充满艰辛，临时的栖身之所反复出现，以便休息。在期盼更好的食物同时，它们凑合着吃点自己身边已成熟了的食物；它们更多的是用牙来为自己开辟通道而非进食。

最后，那个掘进方向正确的掘土工便抵达了豆粒中心的乳制品厂。于是，它便在那儿安顿下来，而一切便已成为定局：其他幼虫只有死路一条。其他幼虫是如何得知中心部位已被占据了的呢？它们听到自己的那位同胞在用大颚敲击其小屋的墙壁了吗？它们老远地就感觉到有啃噬的动静了吗？大概出现过某种类似的情况，因为自这时起，它们就不再往前探路了。迟到的幼虫们没有去与幸运的优胜者拼抢，没有去试图将它赶走，而是自己选择了死亡。我很喜爱迟迟赶到的幼虫们的那种淳朴的忍让精神。

另有一个条件，空间的条件，在这件事中起着作用。在我们的那些豆象中，豌豆象个头儿最大。当它到了成年时，它就需要一种较宽敞的居所，而其他那些豆象成年时并无这种要求。一粒豌豆可以为豌豆象提供很宽敞的一个居所，但是要住两个人就不行了，因为即使紧挨着也不够宽。这样一来，就必须毫不留情地精简人数，所以在一粒被侵入的豌豆里，除了一只幼虫，其他的竞争者一个不剩地被清除了。

而蚕豆则不同，它几乎像豌豆一样深受豌豆象的喜爱，但它却可以接纳好些个豌豆象同时下榻一家旅馆。刚才所说的那种独居者在蚕豆这儿就成了共居者。蚕豆地方宽敞，可住下五六只甚至更多的幼虫而又互不侵犯邻居的领地。

另外，每只幼虫都有最初几日的松软蛋糕在自己的嘴边，也就是说远离表面、硬化缓慢、味道保存得很好的那一层。这内里的一层是面包心，其余的则是面包皮。

在豌豆中，这松软的一层位于中心部分，是豌豆象幼虫必须到达的很小的一个点，到不了那儿，就必死无疑；而在蚕豆这块大圆面包里，这个内层覆盖着两片扁平的豆瓣。如果在这硕大的豆粒上随处吃上一口的话，每只幼虫只需在自己面前往下钻，很快就能钻到想吃到的食物。

这样的话会出现什么情况呢？我统计了一下固定在一个蚕豆荚上的虫卵，又数了一下豆荚里蚕豆粒，两相比较，我便得知按五六只幼虫计算，这只蚕豆荚有足够的空间容纳全部家庭成员。这就不存在几乎从卵中孵出之后便死去的多余者了；人人都有一份丰盛的食物，个个都能家兴人旺。食物的丰富保证了这种粗放式的产卵方法。

如果豌豆象始终都是以蚕豆作为自己全家的住所的话，我就很清楚它为什么在同一个豆荚上产下那么多的卵了：食物丰盛，又容易吃到，所以便能招引豌豆象产下大量的卵来。而豌豆就让我困惑不解了。是什么原因促使豌豆象妈妈昏头昏脑地把孩子生在缺粮的地方，活活地饿死呢？为什么有那么多食客围着只坐一人的餐桌呢？

在生命的进程中事情可不是这么发展的。某种预见性在调节着卵巢，使之根据食物的多寡产下自己的卵的。金龟子、泥蜂、葬尸虫以及其他为孩子们储备食品罐头的妈妈们，都严格控制自己的生育，因为它们面包铺里的松软面包，它们一筐筐的野味肉，它们埋尸坑中的腐肉块等是通过艰辛劳动获得的，而且数量不多。

相反，肉上的绿头苍蝇则成包成包地堆积它的卵。它深信尸肉是取之不尽的财富，所以便在其上大量下蛆，根本不在乎下了多少。另外，昆虫要狡诈地抢掠食物，经常会导致死亡事故的发生，因此昆虫妈妈也就用大量产卵的办法来抵消意外死亡的损失，以保持均衡。

芜菁科昆虫就是属于这种情况，它常在极其危险的情况下抢劫他人财物，因此它的繁殖能力就极强。

豌豆象既不了解被迫减少家庭人口的劳作者之艰辛，也不清楚被迫大量增加家庭成员的寄生者的苦难。它自由自在，不费劲地去寻找，只是在明媚的阳光下在自己所偏爱的植物上溜来荡去，便给自己的每个孩子留下了足够财物。它是做得到的，而且还疯婆子似的想让超量的孩子生在一个豌豆荚上，致使多数孩子饿死在这间营养不足的哺乳室里。这种愚蠢的做法我不甚理解：它与昆虫妈妈的母性本能的固有的远见卓识背道而驰。

因此我倾向于认为，在世上的财富分享中，豌豆并非是豌豆象初期所取得的那一份，可能是蚕豆才对，因为一粒蚕豆就能够供养半打甚至更多点儿的食客。种子个头儿大，昆虫产卵与可食食物之间的明显的不协调也就不复存在了。

另外，毋庸置疑，在我们园中种植的各种豆类中，蚕豆是历史最悠久的。它个头儿特别大，而且口感又特别好，肯定自古以来就引起人类的注意。对于饥饿的种族来说，它是现成的，很有营养价值的食物。因此，人们急不可耐地在自己宅旁园地里大量地种植它，这就是农业的开始。

中亚地区的移民用他们那长满胡须的牛拉着的牛车，一站一站地长途跋涉，给我们的蛮荒地区首先带来了蚕豆，然后把豌豆，最后把防止饥荒的谷物也带来了。他们还给我们带来了牛群羊群；他们让我们了解青铜，那是最早的制作工具的金属。就这样，在我们这里文明的曙光就出现了。

这些古代的先驱在给我们带来蚕豆的同时是否不知不觉地也把今天与我们争夺豆类植物的昆虫给带来了呢？这种怀疑不无道理。豌豆象似乎是豆类植物的原住民。至少我发现它就曾对当地的许多豆科植物在征收贡税。它尤其是在树林里的山黧豆上大量繁殖，因为山黧豆有一串串花朵和长长的、美丽的豆荚。山黧豆的籽粒个头儿不大，大大小于我们的豌豆粒。但是，它的籽粒皮软，幼虫能吃，所以每粒籽粒都足以让其居住者长大长胖。

也请大家注意，山黧豆的豆粒数量很多。我曾数过，每个豆荚内含有20来颗豆粒，这是豌豆即使产量最高时也达不到的数字。因此，无太多渣滓的优质山黧豆一般可以供养下在其豆荚上的昆虫家庭。

如果树林中的山黧豆突然缺乏了，豌豆象便会转往其他一种味道相同的植物，但这种植物的豆荚又无法喂养其全部幼虫，例如，在野豌豆上或人工种植的豌豆上产卵。在食物不丰富的豆荚上产下的卵也不少，因为起源时期的植物或因种类繁多，或因籽粒个头儿大，可以提供丰富的食物。如果豌豆象真的是外来者，它初始阶段的食物假定为蚕豆；如果豌豆象是原住民，那就假定它的初始食物为山黧豆。

古老岁月中的某一天，豌豆到了我们这里。它起先是在先它而来的史前的那同一个小园子里收获的。人们发现它优于蚕豆，后者在为人做出那么多贡献之后让位于豌豆了。象虫也是这种看法。象虫虽未完全撇弃蚕豆和山黧豆，但却把自己的大本营建立在一个世纪以来逐渐广泛种植的豌豆上。今天，我们得与豌豆象共享豌豆：豌豆象是提取它中意的一份之后把剩下的一份留给了我们。

我们产品的丰富和优质所产生的儿女——昆虫的这种繁衍兴旺，从另一方面来看却是衰败没落。对于象虫来说如同对我们来说一样，食物方面的进步，并不总是完美的。省吃俭用，种族则更得益；食不厌精，种族遭殃。豌豆象在蚕豆和山黧豆这种粗糙食物上建立了婴儿低死亡率的移民地。在它们上面，人人都有吃饭的地方。而在精美食品——豌豆上，大部分食客则因饥饿身亡。豌豆上，份额不够，而食客却多。

我们不必在这个问题上过多地耽搁时间了。我们来看看由于兄弟姐妹全都死去而成为唯一主人的豌豆象幼虫吧。它在这种大死亡中毫发未损，是机遇帮了它的忙，仅此而已。在豌豆粒中央这个湿润的僻静处，它干起了自己唯一的本行——吃。它先吃自己周边的食物，继而扩大范围，只见它的肚子越来越鼓，它的窝儿在变大，但也随即被大肚子填满。它身轻体健，丰满迷人，透着健康的丰采。如果我撩拨它，它便在自己的宅子里懒散地打着转儿，头还轻轻地点着。这是它讨厌我打扰的一种方式。我们让它安静，别打扰它了。

它发育得又快又好，以致酷暑来临时，它已经在忙着即将到来的外出了。豌豆象成虫没有配备足够的工具为自己在豌豆中打开一条通道钻出去，因为豌豆此时已经完全变硬了。幼虫知道自己将来的这种无奈，便早有所预见，用一种绝妙的技艺摆脱困境。它用自己有力的颌钻出一个安全门，圆圆的，四壁十分光洁。我们用最好的雕琢象牙的刀具也干不出这么好来。

事先准备好逃跑的天窗还不够，还必须很好考虑蛹干细致活儿时所需要的宁静。擅闯民宅者会从开着的天窗溜进来，进而损伤毫无防卫能力的蛹。所以这个天窗必须关上。怎么关呢？窍门在这儿。

幼虫在钻逃逸的出口时，啃噬面粉状物质，连一点儿渣渣都不剩。待钻至豆粒表皮时，它便突然停下。这层表皮是一层半透明的薄膜，是幼虫变态用的凹室的防护屏，以防外来的不法之徒进入其间。

这也是成虫迁居时将遇到的唯一的障碍。为了使这道屏障易于脱落，幼虫曾在里层细心地围绕着盖子刻画出一道阻力不大的沟槽。发育成成虫后，只需用肩膀一顶，用额头稍稍一撞，圆盖就微微顶起，像木锅盖似的掉了下来。出洞口穿过豌豆那半透明的表皮展露出来，宛如一个宽大的环状斑点，因室内阴暗而不很明亮。下面发生的事因为隐没于类似毛玻璃的下面，所以看不清楚。

这种舷窗盖构思真巧妙，既是抵挡入侵者的街垒，又是豌豆象成虫在适当时机用肩膀一顶即开的活门。我们将会因此而向豌豆象表示敬意吗？这灵巧的昆虫会想出这么个高招儿，思考出一个计划，进而一步一步地付诸实行吗？象虫的小脑袋有这本事可是了不得。在下结论之前，我们还是先进行一下实验吧。

我把被豌豆象幼虫占据的那些豌豆的表皮剥掉，再把这些豌豆放在玻璃试管里，免得它们过快地变干。幼虫在其中同在没有剥去表皮的豌豆里一样发育良好，到时候便开始准备出屋。

如果幼虫矿工是由自己的灵感所指引的话，如果那被不时地仔细检查的顶板被认为已很单薄而不再继续挖它的通道的话，那么在现在的种种条件之下，会发生什么情况呢？幼虫感觉到自己已经贴近表面，将停止钻探；它将不会损坏无表皮的豌豆的最后那一层，从而获得了不可或缺的保护屏。

类似的情况并没有出现。井坑在充分挖掘；出口在外面张开，如同表皮仍在保护着豌豆似的一样宽大，一样精雕细琢。安全的原因一点儿也没有改变幼虫的习惯劳作。敌人能够进入这间来去自由的小屋；幼虫对此并不担心。

当它没有把有表皮的豌豆钻透时，它也没有更多地想到这个。它之所以突然停下来，是因为没有面粉的薄膜不合它的胃口。我们不也是把那些并无营养价值的豌豆皮从豌豆泥中弄出去吗？因为豌豆皮并没有什么用。看上去，豌豆象幼虫同我们一样：它讨厌豌豆粒上那层如羊皮纸似的咬不动的表皮。它到了表皮那儿便驻足不前了，知道那玩意儿不好吃。从这种厌恶的心情中却产生出一个小小的奇迹。昆虫没有逻辑，它被动地听从一种高级逻辑。它只是听从，而并未意识到自己的技艺，它的这种无意识如同可结晶物质有条不紊地聚集其大量原子一般。

8月份，或稍早些或稍晚些，一些黑斑在豌豆上出现，每粒上始终都是一个，毫无例外，这就是出口舱。9月份，其中绝大部分都会打开。好像是钻孔器钻出的舱门盖整齐划一地分离，落在地上，住屋的出入口便畅通无阻了。豌豆象以最终的形态衣着光鲜地爬了出来。

季节很美好，经雨水浇灌的花朵盛开。从豌豆上来的移民在秋天的欢悦中前来探花。然后，寒冬来临，移民们便纷纷寻找避难所躲藏起来。其他一些与这些移民数量相当，并不急于离开出生的豆粒，整个寒冬腊月，它们滞留在出生的豆粒里，躲在不敢触动的保护屏下面，一动不动。小屋的门只待酷暑回来时才在铰链上，也就是说在抵抗力较弱的沟槽上发挥作用。到那时，迟到的幼虫才大搬家，与先期到达者们会合，待豌豆开花时节，共同准备干活儿。

从方方面面去观察昆虫本能的无穷无尽、变化多端的表现，对于观察者来说是对昆虫世界观察的最大乐趣，因为没有任何东西比这更能展现生命中的种种事物那奇妙的配合一致了。我知道，这么去了解昆虫学，并非人人都赞赏；人们对一心扑在昆虫的一举一动上的这个天真汉真是嗤之以鼻。对于急功近利的功利主义者来说，一小把没被豌豆象糟蹋的豌豆远胜于一大堆没有直接利益的观察报告。

缺乏信仰的人呀，谁告诉你今天没用的东西明天就不是有用的？了解了昆虫的习性，我们将能更好地保护我们的财富。如果我们轻蔑这种不注重功利的观念，我们可能会追悔莫及。正是通过这种或立即可以付诸实践的或不能立即付诸实践的观念的积累，人类才会而且继续会变得越来越好，今天比从前好，将来比现在好。如果说我们需要豌豆象与我们争夺的豌豆和蚕豆，那我们也需要知识，因为知识如同巨大而坚硬的和面缸，进步这种面包就在其中揉拌、发酵。思想观念同蚕豆一样的重要。

思想观念还特别告诉我们说："贩卖谷物者无须费心劳神地去与豌豆象进行斗争。当豌豆运到谷仓时，损失已经造成，无法弥补，但这种损失不会扩展的。完好无损的豌豆丝毫不用担心与受损害的豌豆为邻，无论它们混居一起多久。豌豆象到时候会从这些受损害的豌豆中出来；如果有可能逃走，它们会从粮仓中飞走的。如果情况相反，它们会死去而不对完好无损的豌豆造成丝毫的损害。在我们食用的干豌豆上从来没有豌豆象卵，从来没有新的一代豌豆象出现。同样，也从来未见豌豆象成虫所造成的损害。"

我们的豌豆象并非定居于粮仓之中，它们需要新鲜空气、阳光、田野的自由。它吃得不多，蔬菜硬的部分它们是绝对不吃的。对于它那细小的嘴来说，在花间吮吸几口蜜汁就足够了。另外，幼虫需要的是正在豆荚里发育成长的绿色豌豆这松软的面包。正是由于这些原因，粮仓中没有碰到开始时进入其中的豌豆象卵发育成长之后又在繁殖下一代的现象。

灾害的根子在田野里。在与这种昆虫进行斗争时如果我们不总是束手无策的话，就特别应该在田野上监视豌豆象的为非作歹。豌豆象数量惊人，个头儿又小，且极其狡猾，所以很难消灭，因此，它对我们人的愤怒不屑一顾。园丁又叫又骂，象虫则无动于衷。它仍旧一如既往地继续干它那收税官的行当。幸好，有一些助手前来帮我们的忙，它们比我们更有耐心，更加卓有成效。

8月的第一个星期，当成熟的豌豆象开始搬迁时，我看到了一种很小的小蜂，它是我们豌豆的保卫者。我看见它在我的那些作培育用的短颈大口瓶里，大量地从象虫那儿出来。雌性小蜂头和胸呈棕红色，肚腹黑色，并带有长长的螺钻。雄性小蜂个头儿稍小一些，一身的黑衣裳。雌雄两性都有泛红的爪子和丝状触角。

为了钻出豌豆，豌豆象的歼灭者自己在豌豆象为最终解脱而在豌豆表皮上雕刻出的天窗圆封盖上开启一扇小天窗。被吞食者为其吞食者铺平了出去的道路。看到这一细节，其余的就不难猜测了。

当豌豆象幼虫变化的最初阶段结束时，当出口已经钻通时，小蜂急匆匆地突然而至。它仔细检查还长在茎上的豆荚中的豌豆；它用触角探来探去；它发现了表皮上的薄弱部位。于是，它便竖起它的探测尖桩，插进豆荚，在豆粒的薄薄的封盖上钻孔。象虫的幼虫或者蛹，无论躲在豆粒多深的部位，小蜂的长尖桩都能触到。小蜂在象虫的幼虫或蛹上产下一只卵，大功便告成了。象虫现在还处于半睡眠状态或者呈蛹状，所以不可能进行反抗，这个胖娃娃将被吸干，直到只剩下一个皮囊。

真遗憾，我们不能随心所欲地帮助这种热情的歼灭者大量繁殖！唉！这就是令人大失所望的恶性循环，我们无法放开手脚，因为如果想有许多的豌豆的探测者——小蜂来帮忙，首先就得有大量的豌豆象。

菜豆象

　　如果上帝在世间创造过一种蔬菜，那就是菜豆。菜豆有种种的优点：口感绵软，味道甜美，产量很高，价格低廉，营养丰富。它是植物性的肉，但却不会令人看着不舒服，不血腥，不像屠户在砧板上切下的肉那样。为了记住它的好处，普罗旺斯方言称它为"穷人的点心"。

　　你是神圣的豆子，是穷人的慰藉，你价格低廉，你让劳动者，让从来得不到好运的善良而又有才的人食以果腹；敦厚的豆子，加上两三滴油和一点点醋，你曾是我青少年时代的美味佳肴；现在我已年迈，可你仍然是我那粗茶淡饭中最受欢迎的蔬菜。让我们直到我生命的终结都是好朋友吧。

　　今天，我并不打算颂扬你的功绩，我只想问你一个好奇的问题。你的祖籍是哪里？你是不是同马蚕豆和豌豆一起从中亚地区来的？你是那些农作物先驱者从他们的小园子里为我们带来的那些种子一起的吗？古人知道你吗？

　　公正的、消息灵通的昆虫对此回答道："不，在我们这一带，古人并不知道菜豆。这种珍贵的豆子不是同蚕豆一起经过同样的路径来到我们这里的。它是个外来客，很晚才引入旧大陆。"

　　昆虫的话语值得认真考虑，因为这番话言之有理。情况是这样的，我很久以来一直在关注农业方面的事情，我就从来没有见到有菜豆受到昆虫科中任何一种抢劫者，特别是遭到专爱侵犯豆科植物的象虫的劫掠。

　　我就这个问题询问过我的那些农民邻里。一涉及其收获物，这些农民就非常警觉。触及他们的财产，那简直是罪不容恕，他们很快就能发现是谁干的坏事。另外，农妇们就在家里，在盘子里一粒一粒地剥出准备下锅的菜豆，她们心细手巧，触到歹徒很快就能把它捉出来。

　　喏，他们全都一致地以微笑来回答我所提出的问题，那笑容是在笑话我有关小虫子方面的知识少得可怜。他们说："先生，您要知道，菜豆里是从不长虫的。它是受上帝赐福的一种豆子，象虫不敢伤害它的。豌豆、蚕豆、扁豆、山蔾豆、小豌豆是都生虫子的。可菜豆是穷人的点心，是从不生虫的。我们是穷苦人，如果虫子也来同我们抢夺它的话，我们可怎么活呀？"

　　的确，象虫科昆虫确实是瞧不起菜豆，如果大家看看其他的豆类是如何遭到它们的疯狂侵害的，那就会觉得这种对菜豆的蔑视极其奇怪了。所有的豆类，连最小的小扁豆都难逃一劫，而菜豆个头儿又大，味道又美，却安然无恙。这可真让人难以理解。豆象无论好的次的豆粒都毫不犹豫地要吃，为何唯独不吃最美味的菜豆呢？它吃了山蔾豆吃豌豆，吃了豌豆吃蚕豆和野豌豆，无论豆粒大小它都感到满意，可偏偏却对菜豆的诱惑无动于衷。这是为什么呀？

　　显然，它并不了解菜豆。而其他的豆类，无论是当地的还是来自东方都适应了当地水土的，几百年来它都已经很熟悉了；它每年都要尝尝这些豆类是否品优质，而且深信过去所获得的经验教训，按照古代的习俗对未来做出安排。对于它来说，菜豆作为它根本就不了解其优点的新来者，是令人生疑的。

　　昆虫完全证实了菜豆属于新来者这一点。它是从很远的地方，肯定是从新大陆来的。任何可食用的东西都会招引一些有意者来食用它。如果菜豆源自旧大陆，它就会像豌豆、小扁豆和其他豆类一样招来自己的消费者。就连豆类植物中最小的、往往没一个针尖大的还供养自己的豆象——一种小小的昆虫，它能耐心地咀嚼这种小豆粒，并在其间造窝筑巢；可菜豆却是肥嘟嘟的，味道又美，怎么就被放过了呢？

对这种奇特的豁免权，除下面的解释外没有其他的解释：同土豆和玉米一样，菜豆是新大陆的一件礼物。它来到我们这里时没有昆虫伴随，它合乎规定的开发者被留在了当地。而在我们这儿的田野里，它遇到了另外一些吃豆粒的昆虫，可这些昆虫又不认识它，所以便对它不屑一顾了。同样，玉米和土豆在我们这儿也未受侵害，除非有从美洲输入的它们的打劫者突然而至。

昆虫上面所说的那番话也由一些古老的经典作者的证词所证实：在农民们那粗茶淡饭的餐桌上，菜豆从未出现过。在维吉尔①的第二首牧歌中，特斯悌利丝为收割庄稼的人准备饭菜：

特斯悌利丝的饭菜丰盛多样。

多种多样的饭菜如同普罗旺斯人爱吃的蒜泥蛋黄酱。这写在诗中很美，但却华而不实。这儿的人爱吃抗饿食物——用切成细丝的洋葱拌的红菜豆。这种菜肴好极了，既保持了乡村风味，又能填饱肚子，不比大蒜差。填饱肚子之后，收割庄稼的农民们在露天地里，在麦堆的阴凉处，小睡一会儿，慢慢地消食。我们现代的特斯悌利丝们同她们古代的姐妹们没有多大差别，很留意不忘记那穷人的点心，不忘记大肚汉们的这种经济实惠的好吃的东西。诗人笔下的特斯悌利丝没有想到这一点，因为她不了解苦的大肚汉。

维吉尔还向我们描述了在殷勤招待自己的朋友梅里贝住了一夜的蒂迪尔，梅里贝被渥大维的士兵赶出家园，一瘸一拐地跟在羊群后面离去。蒂迪尔说："我们将会有栗子、奶酪、水果的。"这则故事没有说明梅里贝是否被诱惑了，这很遗憾。但在这顿清淡的饭菜中，我们

---

① 公元前71—前19年的古罗马著名诗人。

清楚地得知古代的牧羊人是没有菜豆可充饥的。

奥维德①在一个美妙动听的故事中向我们讲述了菲雷蒙和波西斯款待他们陋屋的客人——两个不认识的神明的情景。在用一块瓦片垫稳的三条腿的餐桌上，他们端上来圆白菜汤，在热炉灰里焙了一会儿的鸡蛋，在盐卤中腌渍的小冠花、蜂蜜、水果等。在这些美味的乡村食物中，缺少我们农村里的波西斯们不会忘记的一道主菜。在猪肉汤之后，必然要上一盘菜豆。擅长描写细腻情节的奥维德因为什么没有提到非常适合放在菜单中的菜豆呢？原因是一样的：他大概不知道有这种豆子。

我回忆了我读到的有关古代农村膳食的那一点点知识，但一点结果都没有，想不起有菜豆什么的。在葡萄种植者和收割庄稼的农民的砂锅里，倒是提到了羽扇豆、蚕豆、豌豆、小扁豆，唯独没有这种优质的菜豆。

另外，豆子享有美名。有人说："它让人吃着开心，你吃了之后，就去放松放松。"因此它适合黎民百姓用来说些粗俗的玩笑，特别是当这些玩笑由一个像阿里斯托芬②和普劳图斯③这样的天才不顾廉耻地说出口来，就更是这样了。对蚕豆吃多了能让人放屁的隐喻会产生什么样的舞台效果呀！雅典内河航船上的水手们和罗马的挑夫们听了会发出多么朗朗的笑声啊！这两位喜剧大师在他们忘乎所以时，用一种不如我们语言那么雅致的语言谈到了菜豆了没有？根本没有。他们对这种也能引起声响的豆子只字未提。

菜豆一词本身就发人深省。这是一个很怪的词，与我们的词汇无亲缘关系。它的形态与我们的音节组合不一样，使我们在脑子里联想到加勒比海地区的方言俚语，比如橡胶和可可。菜豆一词确实

---

① 奥维德（公元前43—17）：古罗马诗人，著有长诗《变形记》等。

② 阿里斯托芬（公元前448—前385）：古希腊诗人、喜剧作家，享有"喜剧之父"的盛誉，据传写过44部喜剧。

③ 普劳图斯（公元前254—前184）：古罗马喜剧作家，著有《一罐金子》等。

是源自美洲的印第安人吗？我们是否连同这种豆子一起接受了或多或少地保留着其乡土气息的名称？也许是这么回事，但这又怎么能知晓呢？菜豆，怪诞的菜豆，你向我们提出了一个奇怪的语言学方面的问题。

法语称菜豆为faséole、flageolet；普罗旺斯方言称它为faioū和favioū；卡塔卢西亚语称它为fayol；西班牙语称它为faseolo；葡萄牙语称它为feyâo；意大利语称它为fagiuolo。为此，我在想，拉丁语系中的各种语言虽然词尾都不可避免地有所变化，但却保存了faseolus这一古词。

如果我查阅我收集的词汇卡片，我就能找到表示"菜豆"的词汇有faselus，faseolus，phaseolus等。词汇学者，请允许我告诉您：您翻译得不妥，faselus，faseolus不能表示"菜豆"。我有不容置辩的证据：维吉尔在他的《农事诗》中告诉我们什么季节适合种faselus。他说道：

> 如果想种faselus，
> 那就等着牧羊星座把黑夜的
> 征兆传达给你，
> 你就开始播种，
> 继续耕作至一周期之中间。

没有什么能比这位深谙农事的诗人的告诫更清楚的了：必须在夕阳西下牧羊星座消失的时期；也就是说将近十月底开始播种faselus，直到降霜中期才停止耕耘。

按这种说法，菜豆则与之无关：菜豆是一种弱不禁风的植物，稍一受冻就忍受不住了。冬季对它来说是要命的季节，即使是在意大利南方的气候条件下。而豌豆、蚕豆、山黧豆和其他的豆科植物则不然，由于其发源地的关系，它们能够抵御寒冷，秋季播种，冬季长势旺盛，只要不是太冷就行。

那么，《农事诗》中的faselus这种把其名称传给拉丁语各种语言中的"菜豆"——有争议的豆子到底是何物呢？鉴于诗人在诗中曾用"鄙俗"一词来贬斥它，我不由得想起了应该是指鳖黑豆，也就是普罗旺斯农民不怎么欣赏的那种煤玉豆。

我正在做如是想，而且在这种豆子的昆虫这唯一的证据几乎要澄清了时，突然，一份意想不到的资料替我把这个谜的谜底彻底揭开来了。又有一位诗人，也就是那位闻名遐迩的约瑟·玛利亚·德·埃雷迪亚[①]帮了博物学家一把。我的一位朋友，村里的小学老师，给了我一本小册子，他没料到这竟然帮了我的大忙。我在这本小册子里读到这位十四行诗的名家与一位询问他最喜欢的作品是哪一部的女记者的如下的一番对话：

诗人说："您让我怎么回答您呢？我很犯难的……我不知道自己偏爱的是哪一首十四行诗：我写所有的诗时都殚精竭虑，耗尽心血……您呢，您更喜欢哪一首呀？"

"亲爱的大师，件件珠宝都美不胜言，怎么可能从中进行挑选呢？您让珍珠、绿宝石、红宝石熠熠生辉，看得我目不暇接，我又怎么可能决定喜欢绿宝石而不喜欢珍珠呢？整条项链都让我爱不释手。""对！可我，有一件事却使我对它比对我所有的十四行诗都感到自豪，而且它比我的诗更让我享有荣誉。"

女记者瞪大了眼睛问道：

"是什么事？……"

大师狡黠地看了看女记者，然后，他眼睛充满了得意的亮光，脸上洋溢着青春的光芒，大声说道：

"我找到了菜豆一词的词源！"

女记者惊愕得都忘了哈哈大笑了。

---

① 约瑟·玛利亚·德·埃雷迪亚（1842—1905）：法国著名诗人。

"我跟您说的可是正经的事呀。"

"亲爱的大师，我早就知道您享有盛名，学识渊博，但我却并未因此而联想到您会为找到菜豆这个词的词源而感到无比自豪。啊，不，不，我未曾料到是这么回事！您能告诉我您是怎么发现的吗？"

"当然。是这样，我在研读埃尔南德斯的16世纪的那本自然史佳作《新世纪植物史》时，找到了一些有关菜豆的资料。直到17世纪以前，菜豆这个词在法国尚不为人所知。大家一直把它称为'蚕豆'或'菜豆属'，而墨西哥语中则有'阿雅科特'（ayacot）一词。墨西哥在被征服之前，那儿就种植有30种菜豆。今天，那儿的人仍然称这30种菜豆，特别是那种带红斑或紫斑的红菜豆为阿雅科特。有一天，我在加斯东帕里斯①家中遇上一位大学者。他一听见我的名字，便走上前来问我是不是找到了菜豆这个词的词源。他一点儿也不知道我也写过诗，还发表过《战利品》这部诗集……"

啊！把十四行诗这一瑰宝置于菜豆之下，这可真是绝妙的俏皮话！该我因阿雅科特一词而心花怒放了。我怀疑菜豆这个怪诞的词儿中有印第安语的成分该是多么在理呀！以自己的方式向我们证实这种珍贵的种子源自美洲大陆的昆虫真是言之凿凿！蒙特儒马②的蚕豆，阿兹特克人③的阿雅科特，在几乎保留着自己原始的名称的同时，从墨西哥来到了我们的菜园子里。

但是，它没有由其消费者——昆虫陪伴着来到我们这里，而在它的故乡，肯定应该有一种专门征收这种丰产豆子的税的象虫科昆虫。我们土著的豆粒消费者不接受这个外来者；它们还没来得及与这个外来者熟悉起来，来不及评价其优点；它们谨慎小心地克制着，不去碰这个因其新来乍到而颇受怀疑的阿雅科特。因此，直到今天以前，这

---

① 加斯东帕里斯（1839—1903）：法国著名作家，法兰西学院院士。

② 15世纪时的墨西哥国王。

③ 美洲大陆印第安人中的一支。

种墨西哥蚕豆一直安然无恙，这与我们的其他豆子全然不同，其他豆子全都被象虫所侵害。

这种状况没能持续下去。如果说我们的田间地头没有喜爱这种豆子的昆虫，那么新大陆却有它的爱好者。通过商业交易，某一天总会有这么一两袋生虫的菜豆给我们把它带来的。这是不可避免的事。

根据我所掌握的资料，新近的这种入侵似乎不乏其例。三四年以前，我从罗讷河口地区的马雅内弄到了我一直在我家附近徒劳地寻找的东西。我当时在寻找时曾问过家庭主妇和农民，他们对我所提的问题感到十分惊讶。他们谁都没有见过什么菜豆虫，也从来没有听说过有这种虫。我的一些朋友听说我在寻找这种虫子，给我从马雅内寄来了可以说是大大地满足了我的博物学者好奇心的东西。那是一斗受到严重蛀蚀的菜豆，千疮百孔，简直像是海绵状。这些豆子里蠕动着无以数计的一种象虫，小得就像小扁豆中的小象虫。

寄豆子来的那些朋友跟我谈到在马雅内所遭受的损失。他们说，这种可恶的虫子毁掉了大部分庄稼。真是一种从未见过的大灾害，把菜豆给毁得差不多了，几乎让主妇们没有菜豆可供煮食的了。至于这罪魁祸首的习性、活动情况，大家都不清楚。这得由我去进行实验，以便搞清是怎么个情况。

得赶快进行实验。环境和条件很适合做实验。现在是6月中旬，我的园子里有一块地上长着早熟菜豆，是比利时黑菜豆，是种了自家吃的。即使损失了这宝贵的豆子，也得把这可怕的虫子放到这片绿色植物上去。根据我所看到的豌豆象的情况来判断，这些比利时黑菜豆已经成熟：花繁叶茂，豆荚也十分饱满，青翠欲滴，大小不一。

我在一只盘子里放了两三把马雅内菜豆，并把在太阳下蠕动着的一堆虫子放在比利时黑菜豆地边儿上。将要发生的情况，我觉得我已猜到了。获得自由的虫子和很快就被阳光刺激而解脱的虫子将会飞起来。它们将在附近寻找供养它们的植物，然后便停在上面，据为己有。我将看到它们探测豆荚和豆花；无须等得太久，我就会看到它们

菜豆象

产下卵来。豌豆象在这样的条件下，也会这么做的。

可是，事情并非如此。我很困惑，为什么情况与我预料的会不一样。昆虫们在太阳下动来动去了有几分钟的工夫，微微张开鞘翅，然后又闭合上，以利飞行机械的运行，然后便起飞了，一只又一只；它们飞向明晃晃的空中；它们慢慢飞远，不一会儿便不见了踪影。我一个劲儿地紧盯着，但一无所获，飞走的一只也没停在菜豆上。

获得自由的欢快满足了之后，它们今天晚上，明天，后天还会飞回来吗？没有，它们没有飞回来。整整一个星期，我都在最佳时刻检查一垄一垄的菜豆，一朵一朵的花，一个一个豆荚，挨个儿地查了一遍，都没见着有菜豆象，也没发现有虫卵。可是，这正是产卵的有利时期，因为此刻被我囚于短颈大口瓶内的孕妇们正在把它们的卵大量地产在干菜豆上。

我们换个季节再试一试。我安排了两块地，种上了晚熟菜豆——红科科特豆，有点是为居家食用的，但首先是为菜豆象准备的。这两块地相隔开来，弄成梯形，一块8月成熟，另一块9月或更晚些时间成熟。

我用红菜豆重新进行先前用黑菜豆所做的实验。我多次适时地把一窝一窝菜豆象放进绿叶丛里。它们是从总货仓——我的短颈大口瓶里取出来的。每次的结果都宣告失败。整个收获季节里，我几乎每天都在延长研究的时间，直到两次收获全部结束，全都以失败告终。我到最后也没能发现一只有虫子占据的豆荚，甚至连一只在植物上驻足的象虫都没看见。

但我并未中断监视。我还嘱咐我的家人尽心尽力地看管我为自己研究所专门种植的那几垄地，并要他们采摘时留意豆荚上可能会有卵。我自己则先用放大镜仔细查看之后再把豆荚交给妻子去剥豆。但这都是在白忙乎，哪儿也未见菜豆象卵的踪迹。

我除了在露天地里做这些实验而外，还在玻璃瓶子里做过一些实验。我用长形瓶子装了一些还挂在枝上的新鲜豆荚，有一些是青翠碧绿的，另有一些呈胭脂红色，里面的豆粒接近成熟。每只瓶子里都放了不少的菜豆象。这一回，我获得了一些菜豆象卵，但我对这些卵不太有信心：菜豆象妈妈把这些卵下在了玻璃瓶内壁上，而不是下在豆荚上。但不要紧，反正它们也在孵化。我看见孵出的幼虫游来荡去了几天，以同样的兴奋劲头儿探测豆荚和瓶子内壁。最后，它们一个个全都悲惨地死了，没有触动放在瓶内的那些食物。

这种结果是必然的：鲜嫩的菜豆并非它们之所爱。与豌豆象相反，菜豆象不愿把自己的孩子们托付给不是自然成熟和因干燥而变硬的豆荚；它不屑于在我的苗圃上停留，因为它在那儿找不到它所需要的食物。

那么它到底需要些什么呢？它需要老的、硬的、掉在地上像石头子儿似的嘭嘭响的豆子。我马上就满足它。我在我的玻璃瓶里放进一些熟透了的、硬邦邦的、经太阳长时间照射而晒干了的豆荚。这一回，菜豆象人丁旺盛，幼虫们在干干的豆荚壳上，触到了豆粒，在豆粒上进行钻探，这之后一切都如愿地在发展。

从观察到的情况看来，菜豆象就是如此这般地侵入农民们的谷仓的。收获时在田野里，留下了一些菜豆，让太阳把枝茎和豆荚晒得又干又透。这样一来脱起粒来就容易得多。也就是在这个时候，菜豆象找到了自己中意的东西，便在上面产下卵来。农民们稍后把豆子收回去时，顺带着也把其侵害者带回家中。

不过，菜豆象主要是吃我们存入谷仓的豆子。同专爱嚼咬粮仓中的麦粒而不喜欢田野里麦穗上的麦粒的象鼻虫一样，菜豆象也讨厌鲜嫩的谷粒而喜欢定居在谷堆上那又暗又静的环境之中。这虽说是农民的敌人，但更是储粮商的可怕的敌人。

这种侵害者一旦在我的宝贵的谷仓中安顿下来，它们的破坏劲儿可大着哩！我的小瓶子就充分地证明了这一点。光一粒菜豆上面就住了一大家子，常常有20来个。而且还不只是一代，一年之中足有三四代安居其上。只要是豆皮下有可食物质，就有新消费者定居其上，直吃到菜豆粒只剩个空壳，惨不忍睹。豆粒表皮幼虫不屑去吃，最后成了一个满是窟窿眼儿的空袋子，而袋内的物质用指头一触，便立即成了一摊令人作呕的粉状物团团。菜豆被完全毁坏光了。

豌豆象是一粒豌豆上只有一只，它只吃掉为自己挖掘狭小的孵化室所必须弄掉的物质，而其余部分则完好无损，因此豌豆粒仍可发芽，并且还仍可以食用，只要你不厌恶就行，再说，这也没什么可以觉得厌恶的。美洲的菜豆象则不会这么手下留情；它要把自己那颗豆子吃个干干净净，只剩下一堆连猪都不吃的垃圾。美洲在把它的昆虫灾害给我们带来时，可是来势凶猛的。美洲就曾给我们带来过根瘤蚜这种害人不浅的虱子，我们的葡萄种植者们一直在同这种害虫进行斗争；今天，美洲又给我们带来了菜豆象，这将给未来造成严重的威胁。我做了几次实验，可以看出其危害之严重。

将近三年以来，在我的昆虫实验室的桌子上，大大小小的瓶子排列了好几十只，全都是由纱罩罩住瓶口的，既可防止入侵者又可让空气保持流通。这些瓶子是我的野兽笼子。我在瓶子里培育菜豆象，并随意改变其饮食供应。我从这些瓶子中特别获知菜豆象对居所的选择并非是专一的，除了几个罕见的例子而外，它们对我们的各种豆子都很适应。

各种菜豆，无论白的和黑的，红的和杂色的，大的和小的，当年收获的和好几年前收获的几乎煮都煮不烂的，都适合于菜豆象。脱了粒的菜豆则更受青睐，因为容易侵入，但是如果脱了粒的不足时，有豆荚保护着的豆粒也同样受到菜豆象的喜爱。刚孵化出来的幼虫会钻透往往又皱又硬的豆荚触及豆粒。在田间地头菜豆象就是这样侵害菜豆的。

长荚果扁豆的优良品质也得到菜豆象的认可。这种扁豆在我们这里称作独眼菜豆，因为在豆荚的梗洼处有一黑点，好似带眼囊的眼睛，因此而得名。我甚至在我的那些菜豆象寄宿者中间看出它们对这种扁豆更加情有独钟。

直到这时之前，没有出现任何异常情况：菜豆象没有越出菜豆属植物这一食物范围。但是，这之后，情况变得危险了，菜豆象向我展示出它意想不到的一面。它毫不犹豫地去吃干豌豆、蚕豆、山黧豆、野豌豆、鹰嘴豆；它总是津津有味地从这一种吃到那一种；它的孩子们同吃菜豆一样，吃这些豆类也吃得膘肥体壮。唯独小扁豆不受欢迎，也许是因为小扁豆个头儿太小的缘故。这种美洲来的象虫科昆虫真是个可怕的侵害者！

如果像我一开始所担心的那样，菜豆象总这么贪吃，从豆类吃到谷物，那灾害就更加严重了。但并未严重到如此地步。居于我的短颈大口瓶，与小麦、大麦、稻谷、玉米等在一起的菜豆象全都无一例外地没留下后代便死去了。它同油性种子，如蓖麻、向日葵等在一起时情况也是如此。除了豆类，再没有别的什么适合菜豆象的了。尽管有此局限，但它的胃口仍是一种大胃口，而且吃起来极其疯狂，害人不浅。

它的卵是白色的，呈小圆柱形。产卵无序，对产卵地点也不做任何选择。菜豆象妈妈产卵时，或只产下一个，或产下一小堆，既产在短颈大口瓶的内壁上，也产在菜豆上。在粗心大意时，它甚至把卵产在玉米、咖啡、蓖麻和其他种子上，孩子们因在其上找不到合乎口味的食物而很快死去。在这里，妈妈的远见又有何用？卵只要是下在豆荚堆中的任何地方，都是合适的，因为新生儿自己会去寻觅并找到侵入点的。

卵顶多5天就孵化。刚孵出来时是个棕红脑袋的白色小家伙，是个勉强可以看得出来的一个小点点。幼虫上身鼓起，让自己的工具——大颚这个圆凿更加有力，因为它要利用这一工具在坚硬如木头似的种子上钻孔。树干上的矿工——吉丁和天牛的幼虫也是这么挺着上身的。小爬虫一出生便以一种我们不相信这么小小年纪就会有的积极劲头儿随意地闲逛着，它这是想着尽快地找到栖身之所和食物。

一到第二天，大部分幼虫都办好自己的事了。我看见它们在种子的坚硬表皮上钻孔；我观看着它们的执着劲头儿；我还偶然看到幼虫半个身子下到刚凿出一点的坑道的开口处，坑口边有白色粉末，那是钻孔时弄出的粉屑。它钻进洞中，钻到种子的中心部位。5个星期后，它长大成为成虫后再爬出洞来，因为它长得很快。

菜豆象的快速发育成长使它一年能有好几代。我就见过4代。另外，单单一对夫妇便给我提供了80个孩子。我们就只按一半来统计，因为夫妇双方是两个人，我是按两个性别的等量加以计算的。那么，到了年底，这第一对夫妻所生之后代就将是40的4次方，那么幼虫时期的菜豆象总数就是500多万只。这么一个强大的军团要糟蹋掉多大一堆菜豆呀！

菜豆象的本领从各个方面来看都与我们所了解的豌豆象并驾齐驱。每只幼虫都在菜豆内为自个儿凿个小屋，但并不伤及菜豆的表皮这个保护屏障，待长成成虫要出去时，只需稍稍一顶，封盖便会脱落。到了蛹的末期，一个个的小屋宛如暗淡的星星似的在菜豆表面上闪现。最后，封盖脱落，幼虫爬出屋外，菜豆上留下一个个小洞，里面有多少幼虫就有多少个小洞。

尽管菜豆象成虫吃得很少，有点粉质碎屑就足够了，但在这大堆的食物上只要有可供利用的东西，它似乎就不想弃之而去。它们在菜豆堆中交尾；菜豆象妈妈随意地在菜豆上产卵；孩子们在菜豆中安顿下来，有的住在完好无损的豆粒里，有的则栖息于被钻了洞但并未被吃光耗尽的豆粒中；每隔5个星期，在美好的季节里，就有新的幼虫重新开始钻来钻去。最后，最后的那一代，也就是9月或10月的那一代，便得在小屋中昏昏欲睡，等待热天的归来。

如果菜豆的毁坏者一旦变得过分的危险，对它们进行一场歼灭战并非难事。从它们的生活习性中我们得知应采取什么手段。它以收回来存在谷仓里的干燥豆类为食。在田间地头是很难对付它的，而且也是很难奏效的。它干坏事主要是在我们的谷仓里。这时候，敌人就待在我们家里，在我们力所能及的范围内。只需用农药喷洒，很容易就能将它们除尽。

金步甲的婚俗

　　众所周知，金步甲是毛虫的天敌，所以无愧于它那园丁的称号。它是菜园和花坛的警惕的田野卫士。如果说我的研究在这方面不能为它那久负盛名的美誉增添点什么的话，那至少我可以从下面的介绍中向大家展示这种昆虫的尚未为人所知的一面。它是个凶狠的吞食者，是所有力不及它的昆虫的恶魔，但它也会惨遭灭顶之灾。是谁把它吃掉的呢？是它自己以及其他许多昆虫。

　　有一天，我在我家门前的梧桐树下看见，一只金步甲慌急慌忙地爬过。朝圣者是受人欢迎的；它将使笼中居民增强团结。我把它抓住后，发现它的鞘翅末端受到损伤。是争风吃醋留下的伤痕吗？我看不出有任何这方面的迹象。要紧的是它可不能伤得很厉害。我仔细地查验一番，看不见什么伤残，可以大加利用，便把它放进玻璃屋中，与25只常住居民为伴。

　　第二天，我去查看这个新寄宿者。它死了。头天夜里，同室居民攻击了它，那残缺的鞘翅没能护好肚腹，被对方给掏空了。破腹手术干净利落，没有伤及一点肢体。爪子、脑袋、胸部，全部完好无损，只是肚子被大开了膛，内脏被掏个精光。我眼前所见的是一副金色贝壳架，由双鞘翅合拢护着。对照一下被掏空软体组织的牡蛎，也没有它这么干净。

　　这种结果颇令我惊诧，因为我一向很注意查看，不让笼子里缺少吃食。蜗牛、鳃角金龟、螳螂、蚯蚓、毛虫以及其他可口的菜肴，我是换着花样地放进笼中，菜量充足有余。我的那些金步甲把一个盔甲受损、容易攻击的同胞给吞吃掉，是无法以饥饿所致作为借口的。

它们中间是否约定俗成，伤者必须被结果，其要变质的内脏必须掏空？昆虫之间是没有什么怜悯可言的。面对一个绝望挣扎的受伤者，同类中没有谁会驻足不前，没有谁会试图前去帮它一把。在食肉者之间事情可能变得更加的悲惨。有时候，一些过往者会奔向伤残者。是为了安慰它吗？绝对不是，它们是为了去品尝它的味道，而且，如果它们觉得其味鲜美，则会把它吞吃掉，以彻底解除它的痛苦。

当时，有可能是那只鞘翅受损的金步甲暴露了它受伤的地方，同伴们受到了诱惑，视这个受伤的同胞为一只可以开膛破肚的猎物。但是，假如先前并没有谁受伤，那它们之间是否会相互尊重呢？从种种迹象来看，一开始，相互间的关系还是相安无事的。吃食时，金步甲们之间也从未开过战，顶多只不过是相互从嘴中夺食而已。在木板下躲着睡午觉，而且睡得很长，也没见有过打斗。我那25只金步甲把身子半埋在凉爽的土中，安静地在消食，打盹儿，彼此相距不远，各睡各的小坑。如果我把遮阴板拿掉，它们立刻惊醒，纷纷四下逃窜，不时地相互碰撞，但却并不干仗。

平静祥和的气氛很浓，似乎会永远这么持续下去，可是，6月，天

金步甲

刚开始热，我查看时发现有一只金步甲死了。它没有被肢解，同金色贝壳一模一样，如同刚才被吞食的那只伤残者的样子，使人想到一只被掏干净的牡蛎。我仔细查看了残骸，除了腹部开了个大洞，其他地方完好无损。由此可见，当其他的金步甲在掏空它时，那只受伤的金步甲是处于正常的状态的。

不几天，又有一只金步甲被害，同先前死的一样，护甲全都完好无损。把死者腹部朝下放好，它似乎好好的；而让它背冲下的话，它便是一只空壳，壳内没有一点肉了。稍后不久，又发现一具残骸，然后是一只又一只，越来越多，以致笼中居民迅速减少。如果继续这么残杀下去的话，那我笼子里很快就什么也没有了。

我的金步甲们是因年老体衰，自然死亡，幸存者们瓜分死者尸体呢，还是牺牲好端端的人以减少人口呢？想弄个水落石出并非易事，因为开膛破肚的事是在夜间进行的。但是，我因时刻警惕着，终于在大白天撞见过两次这种大开膛。

将近6月中旬，我亲眼看见一只雌金步甲在折腾一只雄金步甲。后者体形稍小，一看便知是只雄的。手术开始了。雌性攻击者微微掀起雄金步甲的鞘翅末端，从背后咬住受害者的肚腹末端。它拼命地又拽又咬。受害者精力充沛，但却并不反抗，也不翻转身来。它只是尽力在往相反的方向挣扎，以摆脱攻击者那可怕的齿钩，只见它被攻击者拖得忽而进忽而退的，未见其他任何抵抗。搏斗持续了一刻钟。几只过路的金步甲突然而至，停下脚步，好像在想："马上该我上场了。"最后，那只雄金步甲使出浑身力气挣脱开来，逃之夭夭。可以肯定，如果它没能挣脱掉的话，那它肯定就被那只凶残的雌金步甲开了膛了。

几天过后，我又看到一个相似的场面，但结局却是完满的。仍旧是一只雌性金步甲从背后咬一只雄性金步甲。被咬者没做什么抵抗，只是徒劳地在挣扎，以求摆脱。最后，皮开肉裂，伤口扩大，内脏被悍妇拽出吞食。那悍妇把头扎进其同伴的肚子里，把它掏成个空壳。

可怜的受害者爪子一阵颤动，表明已小命休矣。刽子手并未因此心软，继续尽可能地往腹部深深掏挖。死者剩下的只是合抱成小吊篮状的鞘翅和仍旧连在一起的上半身，其他一无所剩。被掏得干干净净的空壳便被撇在原地。

金步甲们大概就是这样死去的，而且死的总是雄性，我在笼子里不时地看见它们的残骸。幸存者大概也是这般死法。从6月中旬到8月1日，开始时的25个居民骤减至5只雌性金步甲了。20只雄性全都被开膛破肚，掏个干干净净。被谁杀死的？看样子是雌金步甲所为。

首先，我有幸亲眼所见，可以为证。我两次在大白天看见雌金步甲把雄的在鞘翅下开膛后吃掉，或至少试图开膛而未遂。至于其他的残杀，如果说我没有亲眼看见的话，我却有一个非常有力的证据。大家刚才全都看见了：被抓住的雄金步甲没有反抗，没有进行自卫，而只是拼命地挣扎、逃跑。

如果这只是日常所见的对手之间的寻常打斗，那么被攻击者显然会转过身来的，因为它完全有可能这么做。它只要身子一转，便可回敬攻击者，以牙还牙。它身强力壮，可以搏斗，定能占到上风，可这傻瓜却任凭对手肆无忌惮地咬自己的屁股。似乎是一种难以压制的厌恶在阻止它转守为攻，也去咬一咬正在咬自己的雌金步甲。这种宽厚令人想起朗格多克蝎，每当婚礼结束，雄蝎便任由其新娘吞食而不去动用自己的武器，那根能致伤其恶妇的毒螫针。这种宽容也让我回想起那个雌螳螂的情人，即使有时被咬得只剩一截了，仍不遗余力地在继续自己那未竟之业，终于被一口一口地吃掉而未做任何反抗。这就是婚俗使然，雄性对此不得有任何怨言。

我喂养在笼子里的金步甲中的雄性，一个一个地被开膛破肚，一个不剩，这也是在告诉我们那同样的习性。它们是已经对交尾感到满足的雌性伴侣的牺牲品。从4月至8月的4个月里，每天都有雌雄配对，有时是浅尝即止，有的时候，而且比较经常的是有效的结合。对于这些火辣辣的性格来说，这绝对是没有终结的。

金步甲在情爱方面表现得快捷利索。在众目睽睽之下，无须酝酿感情，一只过路的雄金步甲便向一眼见到的雌金步甲扑将上去。雌金步甲被紧紧搂住，微微昂起点头来，以示赞同，而在其上的雄金步甲便用触角尖端抽打对方的脖颈。迅即就交配完毕，双方立即分开，各自跑去吃蜗牛，然后又各自另觅新欢，重结良缘，只要有雄金步甲可资利用即可。对于金步甲来说，生活的真谛即在于此。

在我养的金步甲园地里，男女比例失调，5只雌的对20只雄的。但这并不要紧，没有什么争风吃醋的拼搏。雄性平和地占用、滥交遇上的雌性。有了这种忍让精神，早一天晚一天，机会多得是，经过多次相遇相试，每个雄性都能泄掉自己的欲火。

我本想让雌雄比例趋于合理的，但纯属偶然而非有意才造成这种比例失调的。初春时节，我在附近石头下捕捉遇上的所有的金步甲，不问是公是母，而且仅从外部特征去看也挺难辨出雌与雄来。后来，在笼子里喂养之后，我知道了，雌性明显地要比雄性大一些。所以说，我那金步甲园地里的雌雄比例严重失调实属偶然所致。可以相信，在自然条件下，不会是雄性比雌性多这么多的。

再说，在自由状态之中，不会见到这么多金步甲聚在一块石头下面的。金步甲几乎是孤独生活着的，很少看见两三只聚在同一个住所里。我的笼子里一下子聚着这么多实属例外，而且还没有导致纷争。玻璃屋中场地挺大，足够它们爬来爬去，自由自在，优哉游哉。谁想独处就可以独处，谁想找伴儿马上就能找到伴儿。

再说，囚禁生活似乎并不怎么让它们感觉厌烦，从它们不停地大吃大嚼，每日一再地寻欢交尾就可以看得出来。在野地里倒是自由，但却没这么受用，也许还不如在笼子里，因为野地里食物没有笼子里那么丰盛。在舒适方面，囚徒们也是身处正常状态，完全满足了它们的日常习俗。

只不过在这里同类相遇的机会比在野地里多。这也许对雌性来说是个绝妙的机会，它们可以迫害它们不再想要的雄性，可以咬雄性的屁股，掏光它们的内脏。这种猎杀自己旧爱的情况因相互比邻而居而加剧了，但是肯定没有因此就花样翻新，因为这种习性并非是一时兴起所造就的。

交尾一完，在野外遇见一只雄性的雌金步甲便把对方当成猎物，将它嚼碎，以结束婚姻。我在野地里翻动过不少石头，可从未见到过这种场景，但这并没有关系，我笼子里的情况就足以让我对此深信不疑了。金步甲的世界是多么的残忍呀，一个悍妇一旦卵巢中有了孕无须情人时便把后者吃掉！生殖法规拿雄性当成什么，竟然如此这般地残害它们？

这类相爱之后同类相食现象是不是很普遍？目前来说，我已经知晓有三类昆虫是这么一种情况：螳螂、朗格多克蝎和金步甲。在飞蝗这个种族中，情况没有这么残忍，因为被吃掉的雄性是死了的而非活着的。雌白额螽斯很喜欢一点一点地嚼其已死的雄性的大腿。绿蚱蜢也是这种情况。

在一定程度上，这里面有个饮食习惯的问题：白额螽斯和绿蚱蜢首先都是食肉的。遇见一个同类尸体，雌虫多少总要吃上几口，不管它是不是其昨夜情郎。猎物就是猎物，没有什么情郎不情郎的。

可是素食者又是怎么回事呢？接近产卵期时，雌性距螽竟冲着它那尚活蹦乱跳的雄性伴侣下手，剖开后者的肚子，大吃一通，直至吃饱为止。一向温情可爱的雌性蟋蟀性格会突然变得暴戾，会把刚刚还给它弹奏动情的小夜曲的雄性蟋蟀打翻在地，撕扯其翅膀，打碎它的小提琴，甚至还对小提琴手咬上几口。因此，很有可能这种雌性在交尾之后对雄性大开杀戒的情况是很常见的，特别是在食肉昆虫中间。这种残忍的习性到底是什么原因促使的呢？如果条件允许的话，我一定要把它弄个一清二楚。

蟹　蛛

蟹蛛因爬行时像螃蟹，横行霸道，因此得名。它也像螃蟹一样，前步足比后步足粗壮，只是它的两条前足不像螃蟹前足那样戴着"拳击手套"。

这种蟹蛛不会织网捕猎。它的捕猎方法是，埋伏在花丛中窥视着，一旦猎物出现，它会飞快地掐住对方的脖子。它尤其喜爱捕捉家蜂。一贯爱好和平的蜜蜂，为了采蜜来到花间草丛，用舌头先在花丛中探测，选好一处花粉多的开采区，立刻便忙于收获了。待它的花篮里装满了花粉，肚子慢慢地鼓起来的时候，蟹蛛便从花丛下的隐藏处突然蹦了出来，纵身跃起，掐住蜜蜂的后脖颈根部。后者无助地拼命挣扎，用蜇针乱扎一气，但攻击者始终不肯放手。

蜜蜂的奋力挣扎、反抗，未能奏效，由于颈部的神经被死死地掐住，脖子被迅雷不及掩耳般地咬住，没一会儿便蹬着小腿儿，一命呜呼了。刽子手自在、满意地吮吸着被害者的血，吸干之后，便不屑一顾地将蜜蜂干尸弃之一旁，又埋伏在花丛之中，伺机捕捉下一个采集花粉者。

受肠胃制约的动物和人，简直像是恶魔。为了获得鲜美肉嫩的猎物，它们是根本不会去顾及对方的工作之神圣，生活之快乐，母性之温柔，临终之痛苦，只要自己能大快朵颐就可以了。我们所说的这种蟹蛛，可能很像古罗马执法官手下的手持束棒的侍从，专司捆绑犯人于行刑柱上。许多蜘蛛都是这样，为了制服猎物，以便随心所欲地把它吃掉，就用"绳子"先把猎物捆绑结实，从这一点来看，上述比喻还是挺恰当的。但关键的问题是，蟹蛛名实并不相符，它并没有用绳子捆绑蜜蜂，蜜蜂是被它咬伤脖子而死的，而且几乎没有对刽子手进行任何反抗。

蜘蛛几乎总是有着一个大肚子，里面储存着大量的丝，有些蜘蛛用腹中的丝来制细丝线，而所有的蜘蛛都会用自己的丝来织卵袋中的莫列顿呢。蟹蛛也不例外，它也同其他蜘蛛一样，用肚子里的丝为自己的婴儿编织保暖服装，只是它的肚子不像其他蜘蛛那么大，那么臃肿。

蜜蜂的杀手很怕冷，在我国，它几乎没有离开过橄榄树的故乡。它尤其喜欢一种名为岩蔷薇的灌木。这种灌木开出的花呈粉红色，花朵很大，有点皱皱巴巴的，保持的时间不长，只有一个上午，第二天，凉爽的黎明来临时，新开的花便取代了昨日的花，花期通常要持续五六个星期。

蜜蜂很爱到这里来采花蜜。它们在雄蕊那宽大的管圈上飞来飞去地忙碌着，满身都蹭上了黄色的花粉。蟹蛛闻讯，匆忙赶来，躲藏在一片花瓣构成的粉红色帐篷下面，随时准备着向猎物发动攻击。我朝这片花

蟹蛛和蜜蜂

267

丛望去，只见四处的花上都落着蜜蜂。如果我发现有一只不动弹了，伸直了舌头和腿脚，我便连忙赶过去，因为那无疑是蟹蛛在作怪，它刚杀了"人"，正在吮吸尸体里的血。

话说回来，蟹蛛的这个捕杀者还是长得十分漂亮的，尽管它那金字塔形的躯干上坠着个大肚子，下端左右两侧各隆起一个驼峰状的乳突，但它的皮肤看上去简直比绸缎还要柔软。有些蟹蛛的皮肤呈乳白色，有的则呈柠檬色；有一些挺讲究的蟹蛛还在腿上戴上不少粉红色的镯子，背上饰有胭脂红的曲线，胸部两侧有时还佩戴着一条淡绿色的细带子。蟹蛛的服装色彩虽然不如彩带蛛那么丰富，但是，就简明、精致和色彩搭配而言，要比后者的服装色彩优雅许多。即使对蜘蛛感到恐惧和厌恶的没有经验的人，也不得不承认蟹蛛的优雅，忍不住要抓起一只看似温顺平和的蟹蛛来观赏一番。

蜘蛛类昆虫中的这个宝货有何才干呢？首先，它会建造适合自己的巢穴。金翅鸟、燕雀以及其他建筑师善用植物的侧根、植物纤维、棉絮团等在树枝丫上构建贝壳形的巢。蟹蛛也喜欢在高处盖房造屋。为了建造自己的屋子，它在自己平时捕猎的岩蔷薇上，选择一根长得很高、因炎热而枯萎了的树枝，枝上还挂着一些卷成小窝棚的枯叶。蟹蛛便在其上搭建巢穴，生儿育女。

蟹蛛肚子似梭子状，里面装满了丝，它让肚子上下轻轻地摆动，把丝拉向四周。它织成一个袋子，袋壁与周围的干树叶浑为一体。这个白色的不透明的巢，一部分露在外面，一部分被树叶所遮掩。它插在树叶间的夹角里，呈圆锥形，像丝蛛所织的袋子，但体积要比丝蛛袋来得小些。

当卵产入袋子里之后，一个用同样的白丝织成的盖子便把这个袋子口给盖严盖实，最后，再用几根丝织成一个薄薄的帘子，在卵袋上做成一个床顶华盖。然后，再用弯曲的叶尖做成一间凹室，母亲便居于其间。

这不仅是疲劳的产妇产后休息之所，还是一个很好的掩蔽所，一个监视哨。母亲就坚守在这个监视哨所之中。它平趴着，直到自己的孩子们大批地迁移。它因产卵以及筑巢建窝耗费了大量的丝，所以身体变得十分消瘦。现在，它只是为了保护自己的窝巢而活着。

如果有不速之客从附近经过，它会立即冲出哨所，抬脚踢蹬，把这不速之客赶跑。当我用一根草去撩拨它时，它便奋力地反击，用拳头击打我所使用的武器，仿佛在跟那根草进行着拳击。如果我想做些试验，故意让它挪挪窝，那就得花费点工夫，因为它会死死地抱住丝质地板不放，让我无法得逞。我因害怕伤着它，也不敢太用力。这个顽强的家伙刚被逗引出窝，立即便会返回自己的岗位，它放不下自己的宝贝们。

蟹蛛同纳尔仓那狼蛛一样，当别人夺它的宝贝时，它便会奋力反击。这两种蜘蛛都同样地勇敢，同样地忠诚，但也同样地糊涂，分不清宝贝是自个儿的还是别人的。

我们也无法用母爱来形容它们，因为它们那只是出于冲动，只是一种机械性的爱，没有真正的温情孕育其中。生活在岩蔷薇上的高雅的蟹蛛，也不见得就比狼蛛聪明，如果把它移到另一个形状相同的窝里去的话，它便在那儿安下家来，不再挪窝，尽管那个袋子上排列规则有所不同的叶子已经明显地在告诉它，这儿并不是它原先的家，但它只要脚下踩着丝，它就不会发现自己摸错了门，被弄到别人的家里了，它像监护着自己的巢穴一样地谨慎有加地监视着这个新家。

在母性的盲目这一点上，狼蛛则表现得尤为突出。它把我用锉刀锉成的软木球、纸团和线团当成了自己的卵袋，粘在纺丝器上，带着走来走去。我想了解一下蟹蛛是不是也会这么犯糊涂，便在封闭的圆锥形卵袋里放了一些蚕茧的碎片，把碎片那较细较平的一面朝上。我的诡计未能奏效。离开了自己的家，被安置在人造袋子上的母蟹蛛死活不肯在那儿安家。这么看，它好像是比狼蛛要聪明一些吧？也许是这样，但是，也别因此就过于对它加以赞扬，因为那个巢模仿得不够标准，过于粗糙。

5月底，产卵的任务完成了，平趴在巢顶上的母蟹蛛无论白天还是黑夜，都不离开其掩蔽体。见它那么干瘦，我便准备为它提供几只蜜蜂，它一定会开心的，因为我以前就这么做过。

可我推断错了，这并不是它所需要的。此前它一直偏爱的蜜蜂已经引不起它的兴趣了，被我放进网罩里的蜜蜂，尽管是唾手可得，它也无动于衷，任由它在嗡嗡地叫。但是，虽然如此，它却并未擅离职守，仍在坚守着自己的岗位，靠着母爱的执着在维持着生命。因此，我只能眼睁睁地看着这个蟹蛛母亲在日益衰弱，越来越干瘪。这只消瘦的蟹蛛究竟死死地在等待什么呀？

它是在等着自己的孩子出世，它这个垂死者对它的孩子们还有用。彩带蛛的孩子从"气球"里一出来，便无人照看，成了孤儿。这些孤儿根本无力从自己的袋子里挣脱出来，必须靠"气球"自行爆裂，气球爆裂时，把小彩带圆形蛛和"棉床垫"一股脑儿地弹了出来。

蟹蛛的袋子外面大部分地方都加了一层树叶，它永远不会自动爆裂，只要封条仍贴在盖子上，它就不会自行打开来。当小蟹蛛获得解放后，我发现盖子周围有一个小洞口敞开着，宛如天窗。这个天窗原先并不存在，是谁把它打开的？

袋子的布料质地很好，非常厚实牢固，里面关着的年幼体弱的小蟹蛛根本就扯不破它。那是它们的母亲解救了它们。母亲感觉到丝棉顶篷下的孩子急于出来，在乱蹬乱踢乱拱，就帮它们把袋子捅破了。蟹蛛母亲拖着病体坚持了3周，就是等着这一天，好最后用牙把卵室咬开。母亲的天职完成了之后，它便欣慰坦然地逝去，并紧紧地贴在自己的窝上，变为干尸。

7月到来，小蟹蛛出世。我预知它们有表演杂技的习性，便在它们出生的那个罩子顶上放了一把很细的枝条。它们果然全都钻过纱网，聚到那把枝条上来，并很快地在那上面用自己的丝交错地编织出一个宽阔的临时营地来。开头两天，它们躲在营地里，比较安静，随后便在一个物体与另一个物体之间架设起天桥来。这是我进行观察研究的大好时机。

我把一束爬满了小蟹蛛的枝条置于开着的窗户前的一张桌子上，放在背阴的地方。不一会儿，它们便开始进行大迁移，但速度缓慢且毫无秩序。小蟹蛛们有些迟疑，有的在向后倒退；有的则吊在丝的一头垂直坠落，然后丝往上收，又把吊在半空中的小蟹蛛带了上去。总之，一片忙碌，不见成效。

大约11点钟光景，我灵机一动，想把急于迁移的小蟹蛛所盘踞的那束枝条放到烈日照射的窗台上。被太阳暴晒了几分钟之后，情况便大不相同了。这帮小移民们爬到小树枝的顶上，十分活跃，动弹个不停。这儿简直成了一个令人眼花缭乱的制丝绳的车间，几千条腿都在从纺丝器里往外拉丝。丝绳制好后，便被甩了出去，任凭风儿将它带走。我得实话实说，我并未看见丝绳，只是凭借自己的猜想。三四只蟹蛛同时出发，然后分道扬镳，各行其道，看着它们的爪子在灵巧地忙碌着，我就知道它们都在往上攀爬，顺着一个支撑物攀缘着。但它们身后的那根丝仍然可以看得出来，因为这是一条复线。等到到达某一高度时，它们便停止了攀登，在空中荡了起来。经阳光一照，只见它们一个个闪闪发光，缓缓地在晃动着，然后便突然飞了起来。

这是怎么回事呀？原来，外面微风吹来，飘荡的丝断了，小蟹蛛被吊在"降落伞"上，被吹走了。我看着它们远去，像点点光点似的闪着光亮，落在了20步开外的那片墨绿的柏树林中。第一只小蟹蛛消失了，其他小蟹蛛也随之跟着消失不见了，有的飞得高一些，有的飞得低一些，飞向不同的方向。

在阳光的照射下，骤然发出耀眼光芒的小蟹蛛犹如焰火一般。它们紧搂住飘荡的飞丝，飞向了辽阔的世界。但或早或迟，或远或近，它们都得落地。唉！生活所迫，必须降落，哪怕是降落到很低洼的地方去。这就如同带冠毛的夜莺，为了填饱肚子，不得不将路上的驴粪蛋捣碎，从中觅食。它在天上飞时，唱出动听的歌来，其实，那是它饥肠辘辘，找不到燕麦粒充饥所导致的，它必须落到地上，寻找食物充饥，解此燃眉之急。这是动物求食的本能使然。小蟹蛛因同样的原因也不得不降落，它们因有"降落伞"的保护，削弱了重力作用，不致被摔伤。

在有能力捕捉蜜蜂之前，小蟹蛛能够抓获多少小飞虫？采用什么方法去捕捉？是靠一些雕虫小技吗？它们最后将去哪儿过冬？凡此种种，我不得而知。春天到来时，我们还会见到它们的，但它们已经长大，并潜伏在蜜蜂采花蜜的花丛之中。

圆 网 蛛

圆网蛛的才能不因年龄之不同而发生变化。小圆网蛛未成年时如何工作，老年圆网蛛即使积累一年的工作经验，但也同幼年时一样地工作。在它们的行会中，既无师傅也无徒弟；从铺第一根丝起，个个都对自己的行当非常精通。

7月初，一天傍晚，暮色苍茫，当新居民们正在我的荒石园的迷迭香上编织蛛网时，我突然在门前发现一只肚大腰圆、高傲而美丽的蜘蛛，是一位胖夫人，头年刚出生，其威风凛凛之态，在此季节实属罕见。我认出它是角形蛛，一身灰衣服，两根暗色饰带嵌在身体两侧，于后部相会，聚成一个尖尖。它从左右两侧把肚子底部短时间内胀得鼓鼓的。

我注意地观察着它，看到它拉出了一批丝来。7月整个一个月以及8月的大部分日子，每晚8点到10点，我都可以追踪观察它的织网过程。蛛网每晚都有小飞虫冲撞落网，或多或少地都会有些破损，所以它每天都得加以修补，免得洞越弄越大，难以修补，影响捕猎。晚间，提着灯笼，很容易观察它所做的各种作业。它身子藏于一排柏树和一丛月桂之间的高处，面对着飞蛾经常飞临的狭窄通道。它的网设置的位置极佳，因为在整个夏季里，它虽然每晚都得修补破网，十分辛苦，但也说明它的猎获成绩斐然。有时候，黄昏时分，我们全家都会跑去看它。看到它在颤动不已的绳网上大胆地做着那么惊险的杂技动作，大人孩子全都十分惊叹。在我的提灯照亮之下，蛛网变成了一个美丽的圆形花饰，仿佛是月光编织而成的。

我把角形蛛的业绩记录下来，每日一记，从不遗漏。从这些大事记中，我们首先可以了解到建造这个圆形建筑物的丝线是如何取得的。圆网蛛白天就蜷缩在柏树的绿叶中，到晚上8点光景，它便走出自己的隐居地，来到树杈梢儿上。它立于这高地上，先仔细地观察现场，制订计划，还要观云望天，看看夜间天气是否晴朗。

这之后，它便突然完全伸展开它的8条长腿，身子悬吊在从纺织器里拉出来的丝桥上，直线坠落。在下坠的过程中，丝也随之抽出。它就凭借自身重量作为拉力。但下坠并不因重量而加速，而是由纺织器在进行调节。它边下坠边收缩，或扩张或闭合纺织器的毛孔。这样缓缓地下降时，这条充满活力的垂直丝线就越拉越长。

降到离地面两寸高时，它突然停下，纺织器停止了工作。它抓住自己刚刚拉出来的丝，回转身来，一边纺织一边沿原路往上爬去。但这一次体重却帮不上忙，它得另外想法拉丝：后面的两个步足迅速地交替运作，把丝从丝囊里拉出来，再逐渐地把丝抛弃掉。

它回到了两米高处的出发点。它已拥有一根双股丝线，结成环柄状，在空中轻轻地飘荡着。它把这双股丝线的一端固定在适当的地点，等着另外的那一端被风吹起来，把环柄黏结在附近的细树枝上。

也许要等待很久才能得到预期的结果。圆网蛛看上去倒挺有耐心，一点也不着急，可我却按捺不住，便走上前去助它一臂之力。我用麦秸把飘荡着的环柄挑起，把它搭在高度适当的一根细树枝上。经我这么一弄，丝桥搭建成功了，圆网蛛看来颇为满意。当它感到丝的另一端已经粘住时，便从桥上一头到另一头一连跑了几个来回，每跑一趟都会在丝桥上加上一股丝线。它就这么不停地编织着框架的主要构件，悬挂缆绳便铺设好了。这丝缆很细，看起来也很简单，但它的两端却像是开花似的分散开来，形成树枝状。圆网蛛来回多少趟，便有多少个分叉。这一股股的分叉丝线，黏着点各不相同，致使丝缆两端固定得十分牢靠。

悬挂缆则比整个蛛网的其他部分都更加牢固，所以它留存得也就更久。经过一夜的捕猎，蛛网一般都会受到不同程度的损坏，第二天晚上几乎都得加以织补。在彻底清理过的地方，战场打扫完了，就得重起炉灶，只有丝缆除外，因为重新编织的网还得悬挂在这根粗粗的丝缆上。这条丝缆架设起来并非易事，因为架设成功与否并不完全凭借圆网蛛的技艺，还得依靠空气的流动，把细丝吹到灌木丛中去寻找一个依托。所以，架设起来会费不少的时间，而且还无法保证必然成功，一旦架设好了一条既牢固、方向又好的丝缆之后，轻易是不会更换掉它的，除非发生了严重的事件。每天晚上，圆网蛛都从丝缆上走过来走过去，用新的丝来加固它。

当圆网蛛无法下坠到必需的位置，丝线太短，不能将环柄固定在远处，因此就形不成双股丝，搭不成丝桥的时候，它便采用另一种方法。它仍然下坠，然后又爬上来；不过，这一次丝的一端像蓬松的毛笔，各个细权没有粘在一起，宛如从莲蓬头里洒出来的水似的。然后，这根如同浓密的狐狸尾巴似的细丝，像是被剪刀剪断了一样，伸展开来，整根丝拉长了一倍。现在，它的长度便达到了要求，圆网蛛便把丝的一端固定起来，另一端则随着分散的枝权随风飘荡，不一会儿就会很容易地黏结到灌木丛上去。

圆网蛛无论是以何种方式铺设的丝缆，只要是铺设成功了，它就有了一个基地，可以随时接近或离开作为依托的枝丫了。这根丝缆是它扩建工程的上限；圆网蛛从这根丝缆可以变换降落点，往下滑一点，边滑边抽丝，再沿着抽出的丝往上攀爬，同时也抽出丝来，形成双股丝。圆网蛛在大丝桥上行走时，这双股丝便一直延伸到系着丝桥的细枝，随即便把双股丝自由的一端或高或低地系在细枝上，从而在左右两边造出了几个斜向横档，把丝缆和枝丫连在了一起。而这些斜向横档转而又支撑着其他方向都有变化的横档。待到横档达到一

圆网蛛

定数量的时候，圆网蛛就无须再用下坠的方法来抽丝了，它可以从一根丝索到另一根丝索，用它的后足拉丝，逐渐地把丝架设起来，因此便出现了一系列的直线组合。这种组合并无一定之规，但却是保持在几近垂直的同一平面上。一个极不规则的多边形空地就这样圈定了，蛛网就编织在这片空地上。应该指出，网本身却是一个非常有规则的作品。

圆网蛛都是以中心瞄准点作为标杆来铺设等距离的辐射丝的。在铺设时都有辅助螺旋丝作为脚手架，但这脚手架只是临时性的，用完就丢弃。而且还都有许多圈相互紧密靠拢着的捕捉飞虫的螺旋丝。铺设这种捕捉飞虫的螺旋丝是一项极其精细的工作，因为工程要求必须有规则性。这么精细的工作是否需要极其安静的环境，不受外界的干扰，以免走神出错呀？它是不是需要安静的环境边干活边思考呀？其实是用不着的。我在一旁观察，而且手里还提着提灯，但它并未因此而分心走神，照样细心地工作着。它就像一架在黑暗中转动着的纺车，即使被光线照射着，仍旧在继续忙着自己的活计，既没加快速度，也没放慢步伐。

8月的第一个星期日是主保圣人节。星期二是庆祝活动的第三天，这一天晚上，村里在9点钟时，得放烟花庆祝节日的结束。烟花燃放点正巧设在我家门前的大路上，离我的圆网蛛的工作地点只有几步远。当大家敲着鼓，吹着号，手持树脂火把，再加上村里小孩的欢闹，真的是一片熙熙攘攘，吵吵闹闹。这时，我的纺织姑娘正好在铺设它的大螺旋丝。我提着灯在观察着，但是，我仍旧看见纺织姑娘在静静地专心工作着，人群的喧闹声、鞭炮的噼噼啪啪声、烟火的滋滋声，以及五颜六色的火花散落时的亮光，丝毫没有引起纺织姑娘的惊慌不安，它继续在有板有眼地忙碌着，如同平常在寂静的夜晚里一样。

圆网蛛刚刚在休息区边上结束了铺设大螺旋丝的活计，便把用节余的丝头线脑儿做成的中央坐垫给吃掉了。但是，在把这顿标志着织网工作结束的夜餐吃掉之前，蜘蛛目中只有两种蜘蛛——彩带蛛和丝蛛——还要对自己的工程进行最后的检查、认定，也就是说，它们还要从中心到休息区下部边缘铺设一条紧密相靠着的白色之字形带子。有的时候，甚至在上部也会再铺设一条同样形状，但稍许短些的带子。这种带子看似古怪，其实是用来加固蛛网的。年幼的圆网蛛开始时并不做这种加固工作，因为它们并未达到考虑未来的年龄，还不懂得节约用丝的重要性，所以，尽管网并未完全损坏，仍可以使用，它们每晚都要重新编织新网。既然还要重织新网，那旧网加固不加固又有什么关系呢？

可是，到了秋末冬初，成年蜘蛛感到产期临近，便不得不勤俭节约了，因为不仅卵袋消耗丝的量很大，而且，成年蜘蛛的网做得也大，需用的丝也就多，因此，它们不得不厉行节约，使网用的时间长些，免得筑巢搭窝要用丝时捉襟见肘，日子难熬。

也许是出于这一考虑，或者有其他我尚不知晓的原因，反正彩带蛛和丝蛛认为有必要建造持久耐用的工程，用一根横向贯穿的带子来加固它们的捕虫网。而其他圆网蛛的卵袋只不过是个简简单单的小弹丸，用丝不多，所以没有必要去编织加固丝网的之字形带子，它们与年轻蜘蛛一样，每天傍晚都要重新编织一个蛛网。

我们再来看看角形蛛是如何进行重新织网工作的。日暮黄昏时分，角形蛛便从其隐居地小心翼翼地爬出来，离开遮蔽着它的柏树叶，来到捕虫网的悬挂缆上。在上面稍稍待上一会儿之后，它便下到网上，大把大把地收拢废网，把螺旋丝、辐射丝和框架也全都扒拉到步足下面来，只把悬挂丝缆留着，因为这个结实的部件是原建筑物的基础，稍事加工，仍可留作结新网之用。

收拢来的废网被揉捏成一小团，像吃猎物似的被蜘蛛吃掉，一点不剩。这再次表明圆网蛛是多么会过日子，多么克勤克俭。这些废网丝经过蜘蛛胃的加工，又变成液体，将留作他用。

清扫完场地之后，角形蛛便在留下的那根悬挂丝缆上开始编织框架和网。晚上9点钟光景，角形蛛把网编织好了。晚间天气甚好，树梢纹丝不动，正是飞蛾夜巡、自投罗网之时。刚才我已经说了，在大螺旋丝弄好之后，圆网蛛就将中央小坐垫给吃掉了，然后回到休息区去守株待兔。这时候，我便用小剪刀沿着一条直径把蛛网剪成两半。辐射丝立即收缩回来，网上便出现了一个可以伸进3个指头的空洞。

躲藏在丝缆上的蜘蛛看着我在搞破坏，倒也并不太惊慌。当我剪完之后，它便平静如常地爬了回来，在剩下的那半张网上停下，待在整个圆面的中央。由于身体一侧的步足没有地方可以支撑，它便明白这网已经破损，便立即拉了两根丝横穿在缺口上，没有地方支撑的步足便伸到这两根丝上，它就不再动弹了，一心在窥伺着飞虫的落网。

这个纺织姑娘整个晚上都没有像我所企盼的那样去把破网织补好，而只是死守在那半张剪剩下来的残缺不全的网上，等着捕获猎物。因为第二天早晨，我又去看时，那网仍旧与我头天晚上离开时一模一样，没有任何织补了的迹象。

横拉在缺口上的那两根丝并不是它想修补破网。由于身体一侧的那些步足失去依托，要去打猎时，它便从裂缝中穿过去。在它往返的路上，它像其他圆网蛛一样，留下一根丝来。但这也并不说明它想织补破网，而只是心情不佳、闷闷不乐、来回走动，借以消怒而留下的丝而已。我用剪刀剪坏它的网，它却固执地不去织补，那好，一计不成，我另设一计。

第二天，蜘蛛把头一天的网吞吃下肚之后，又织出了一张新网。工作完毕之后，我趁它回到中央区待着时，用一根麦秸小心翼翼地拨动螺旋丝，把它拉出来，但并不破坏辐射丝和休息区。螺旋丝晃动着，一截截地断了。捕虫螺旋丝损毁，蛛网就没有用了，尺蛾飞过也捕捉不到。面对这场灾难，圆网蛛会干什么呢？它什么也没干。它只是一动不动地待在我给它预留的休息区里，等待捕捉猎物。但那网已经起不了捕捉飞虫的作用了，它白白地守候了一夜。翌日清早，我去查看时，发现那网仍破损如昨，足见圆网蛛虽饥肠辘辘，仍不思修补自己的大本营。

也许它在铺设好那根大螺旋丝之后，丝器里的丝已经告罄，不可能再连续不断地吐丝了。但我却希望不是这个原因造成的，盼着另有别的原因，我坚持不懈地等待着，终于有了结果。在我紧紧地盯着它在绕大螺旋丝时，有一只猎物傻乎乎地落入这个残缺不全的陷阱。圆网蛛一见，立刻放下手上的活计，冲向那个倒霉的冒失鬼，用丝把它缠住，美美地吃了起来。在与那个挣扎的倒霉蛋搏斗时，圆网蛛看到网的一角被撕破了，出现了一个大洞，这会影响捕猎。面对这个大洞，它会如何处置？这时候必须赶紧修补，否则就永远无法进行修补了。事故就出现在它的脚下，它不会不知道的，再说，此刻，它的纺织厂正在开工，纺织器里不会没有丝的。可它根本就没去理会，它把猎物吮吸了几口之后便撇下了，回到因捕食尺蛾而中断了工作的地方，继续去铺设它的大螺旋丝。有些人不知出于什么理论的需要，竟然大肆颂扬蜘蛛的织补能力，可我所做的实验却证明完全不是这么回事：蜘蛛根本就不会织补破网。它尽管苦恼，若有所思，但却不会去给破洞补上一块布的。

其他一些蜘蛛不会编织大网眼的网，经它们织出的绸缎上，丝线随意地交叉着，形成了连续不断的丝绸料子。这类蜘蛛中包括家蛛。它们在我们的墙角上铺就一块宽大的丝绸布，固定在墙角突出的地方。它就躲在侧面的角落里，那是它的住所，这住所是一根丝管，管口呈锥形的一个长廊，它就藏于其中，窥伺外面的情况。这块丝绸布胜过我们最柔软的平纹布，极其精细，但它并不是一个捕猎工具，而是一座平台，蜘蛛可在上面巡逻，特别是在夜晚。真正的捕猎器是张在这个平台上的一堆乱丝绳。这类蜘蛛编织捕猎器的规则与圆网蛛不同，因而其运作方式也有所不同。那上面没有黏稠的线，只有简单的线圈，由于铺就得密密麻麻，猎物一旦落入，甭想溜掉。一只飞虫落入此陷阱，越是挣扎，就越是被缠得紧紧的，家蛛见状，立刻冲上前去，把它掐死。

我做了个实验。我把家蛛的这块丝绸布弄了个圆洞，直径有两指宽。一整天，洞就这么敞开着，但是，到了第二天，我却发现洞已经被盖住了。盖着洞口的是一片细密的薄纱，薄得看不出来，必须用一根麦秸去挑一下，才能感觉得到，因为麦秸往那儿一戳，丝绸布便会摇动，便会知道是遇到障碍物了。

事情是明摆着的：夜里，家蛛把破损建筑物修补过了，给破丝绸布添了个补丁，这可是圆网蛛所不具备的才能。家蛛的这块丝绸布既是它的监视哨所，又是它的捕猎网，猎物一旦被上面的吊索抓到，便会坠落到这块丝绸布上。这个捕猎场不断地会有猎物坠落，但却并不很牢固，因为墙皮斑驳，有细泥灰落下，把网坠破，所以家蛛得经常加工，每天夜晚都要在上面加上新的一层。

它每次从管状隐蔽所出来或回去，总要把系在身后的一根丝牵长，留在走过的路上。我每每可以看见搭在表面的丝线，其方向全都汇聚在管状隐蔽所的入口处，无论家蛛随心所欲，走的是直道，还是拐来绕去。这就表明，它每走一步，都要给这块丝绸布添上一根丝线。这与松毛虫倒是如出一辙，松毛虫夜晚从其丝屋里出来进食或返回屋里休息，总要在其住所的表面留下一条丝线。每次出征都要为自己的住所"添砖加瓦"。

家蛛正是如此，它每天夜晚都要到平台上来溜达，同时也就给平台加上了一层，无论平台上是否出现空洞。它这并非有心在为撕破的地方织补一块，而只是继续在做自己的习惯动作。如果说破洞终于给补上了，那也只是说明是习惯使然，而非家蛛特意为之。

再者，如果说要把破洞织补上的话，那它就该集中全部注意力，把丝全都用在破洞上，一下子把损坏处弄得与其他地方一样的平展。可我所看到的却是，破损的地方只留下一层薄薄的几乎看不见的细纱。显然，它在破洞上的所作所为，与它在别处的做法一模一样，不多也不少。它并没把丝全用在破洞上，它这是在节约材料，以便留着丝好织一整张网。要把损毁处逐渐地修补好，得花好长的时间。

足见，无论是地毯女工还是纺织姑娘，都不懂织补这门手艺。

现在，我们还是来仔细观察一下圆网蛛是如何巧妙地编织自己的螺旋丝网的。只要稍加留意，就会发现，组成捕虫网的丝与构成框架的丝是不一样的。它们在阳光下闪烁着，显现出其中的结节，状似一串小颗粒编成的念珠。因为一有点风，网就飘来荡去的，无法用显微镜直接观察。于是，我便把一块玻璃片放在网下，抬起那张网，取下几段丝来，平放在玻璃片上，然后把它放在放大镜和显微镜下面仔细地加以观察。

我简直无法相信，这些肉眼看不太清的丝的末端，竟然是一圈圈密实的螺旋丝，而且，这丝还是空心的，是一根极细极细的管子，管内满是类似于阿拉伯树胶的黏液。这黏液从丝端流出半透明状的液体。我用玻璃片压住它，放在显微镜下的托座上，只见螺旋卷便延伸成细带，带子从一头到另一头全都扭卷着，中间有一道暗线，即为空腔。

丝里面的黏液就穿过这卷曲的管状丝的壁，一点一点地往外渗，使整个网都具有黏性，而且黏度很高。我用一根细麦秸轻轻地触碰了一段丝的第三、第四节。尽管是轻而又轻地一触，麦秸还是被粘住了。我抬高麦秸，丝被拉起，长度比原先增长了一两倍，最后，由于绷得过紧，丝便脱落了，但并没有断，只是缩回到原先的长度了。丝被拉长时，螺旋卷便松开来；缩回去时，又卷曲起来。最后，黏液渗到丝的表面，使丝变成了黏合物。

总之，这螺旋丝是我从未见过的纤细如发丝的细管。它卷成螺旋状以便具有弹性，使之经得住猎物的挣扎而不致被拉断，让猎物得以逃脱。丝管里储存着大量的黏性物质，不断地渗透出来，在丝的表面因暴露于空气中而减弱黏附力的时候，可以恢复丝的黏性。这简直是太奇妙了。

圆网蛛并不是在一般性的网上捕食，而是在带黏胶的网上捕猎。其黏性之大，令人叫绝，就连蒲公英的冠毛轻轻擦过，也都会被粘牢的。可是，圆网蛛天天在这张网上爬来爬去，怎么就没被粘住呢？

我前面已经介绍过，蜘蛛在其捕虫网的中央留着一个区域，黏性螺旋丝是不进入这一区域的，它们在离这个中心区尚有一定的距离时便终止了。这个中心区域在整张网中占有掌心那么大的面积，它由辐射丝和辅助螺旋丝的开端构成，不具有黏性。我用麦秸在这个中心区试探过，在这个中心区内的任何地方，都不会被粘住。

圆网蛛只是驻守在这个中心区，这个休息地内，几天几夜地监视着，等待猎物自投罗网。但是，猎物经常是在大网的边缘被粘住的，蜘蛛一见，立即冲上前去，把猎物五花大绑，让它挣扎不了。那么，它是如何在那黏性丝上行走的呢？我见它行动时快如闪电，毫不犯难，黏性丝并未因其步足的移动而被带起来。这到底是怎么回事呀？

我小的时候，每逢周四下午不上课时，同学们都会三五成群地跑到田野里去抓金丝雀。我们在给竹竿头上涂黏胶之前，总要先用点油抹抹手，以免粘住了自己的手。圆网蛛是不是也了解油脂的这个用途呢？

我用纸沾了点油把麦秸擦了擦，再把它拿到螺旋丝上试了试，果然，麦秸没被丝粘住。于是，我便从一只活圆网蛛身上取下它的一只步足，把它放在涂了油的麦秸上让它与黏丝相接触，它就像是在非黏性丝上一样，没有被粘住。圆网蛛在任何情况之下都不会被粘住，这一点我们早就应当预料到的。

我又做了一个实验，但结果却完全不一样了。我把这只步足先放在油脂物的最佳溶解剂——硫化钠中浸泡了一刻钟，然后，用一支浸泡了这种溶解剂的毛笔仔仔细细地把这只步足清洗了一番，然后，把它与捕虫网的螺旋丝一接触，它就立刻被粘得牢牢的了。我因此得出结论，圆网蛛之所以不会被黏性极强的螺旋丝粘住，说明它身上肯定有着一种脂肪物质。仅仅由于出汗，也会在蜘蛛身上轻轻地涂上一些这样的脂肪性物质的。蜘蛛身上涂着一层特殊的汗液，在网上就能行动自如，不用惧怕那黏性螺旋丝了。

不过，即使如此，圆网蛛也不可在螺旋丝上待得太久。与这种黏性丝接触得太久，就会造成黏附，从而妨碍它行动自由，而它必须保持敏捷的身手，才能在猎物挣脱掉之前，把猎物尽快地捆绑起来。因此，它用来长时间窥伺的地方是绝对不会有黏性极强的螺旋丝的。

圆网蛛只是在这块休息区里才这么静止不动地长时间待着。它伸开自己那8只步足，时刻准备着发现蛛网晃动，有猎物落网，冲将出去。它即使是用餐进食，也是待在这个休息区里。因为有时猎物较大，得吃上好长时间，只能把猎物弄到休息区里来美美地细嚼慢咽。它在把猎物五花大绑，使之失去挣扎能力之后，把它拖到一根丝的末端，以便在没有黏性的中心区里享用。

这种黏性胶数量很少，无法对它的化学特性加以研究。我们从显微镜下可以看到从断丝里流出一种略带粒状的透明液。我通过实验了解到了这种液体的情况。

我用一块玻璃片穿过蛛网，采集到了一些固定成平行线的黏胶丝，然后，把这块玻璃片放在水面上，用一个罩子把它罩起来。罩子里湿度很高，不一会儿，蛛丝边儿便伸展开来，在一种可溶于水的套管中逐渐膨胀，变成了流体。这时候，丝管的螺旋形状消失了，在蛛丝的管道里出现了一种半透明的圆珠，也就是出现了一些极小极小的颗粒。

24小时之后，丝里面的汁液没有了，丝变成了几乎难以看出的细线。我如果在玻璃片上滴上一滴水，几乎立即便会看到一种黏性分解物。由此可见，圆网蛛的黏胶是一种对湿度极其敏感的物质，在温度饱和的环境下，它会大量地吸收水分，然后通过丝管渗透出来。因此，圆网蛛通常不会在大雾天里织网，更不用说在雨地里了，因为捕虫网被雾浸湿便会溶解成黏性破片，由于受潮而失去效用，但这并不妨碍它们构建总的框架，架设辐射丝，甚至绕辅助螺旋丝，因为这些部件不会因湿度过大而受到损毁。

在毒日头的暴晒下，捕虫网为什么没有变干、萎缩，变成僵硬而无活力的细丝呢？反而始终是那么具有弹性，而且黏附力越来越强呢？这完全是由于它对湿度的极大的敏感性导致的。空气中永远都会存在湿气，湿气会慢慢地浸入到黏性丝里去，随着丝里原有黏性的逐渐消失，它会按照要求稀释丝管里浓稠的胶汁，并让胶汁渗透到管外来。这就解决了螺旋丝变干变硬的问题。尽管如此，我仍旧没有弄明白这个出色的拉丝厂是如何工作的。丝质的东西怎么会铸造出极细的管子来？这管子又怎么会充满着黏胶，而且卷成螺旋形？这同一家拉丝厂怎么既能提供普通丝，用来加工框架、辐射丝和螺旋丝，又能提供彩带蛛丝袋里的那种棕红色的丝以及装饰在丝袋上的横条黑色饰带的？我看见了这许许多多不同品种的产品，却不了解这部机器是如何运作的。我才疏学浅，这个问题只好留待解剖学家和生物学家去解决了。我们现在还是来看看圆形蛛身上是否有"电极线"吧。

在我所观察的6种圆网蛛中，只有彩带蛛和丝蛛这两种蜘蛛即使是烈日当头，也始终待在自己的网上，而其他的蜘蛛一般都是在夜晚出现。它们在离网不远的灌木丛里有自己的简易隐蔽所，白天通常都待在那儿静止不动，专心窥伺外面的动静。

但是，它毕竟离得较远，它到底怎么发现猎物落网的呢？其实，网的颤动比亲眼看到猎物更会引起它的警觉。我做了一个实验，在彩带蛛的黏胶网上放了一只刚刚死去了的蝗虫。不管我怎么放，蜘蛛都没有任何反应，即使我把蝗虫放在它的前方不远处，它仍旧是一动不动，似乎毫无知觉似的。于是我便用一根长麦秸轻轻地拨动了一下死蝗虫，彩带蛛和丝蛛立即从中心区冲了过来，其他一些蜘蛛也从树叶下面钻出来，奔向猎物，用丝把猎物捆个结结实实，如同平常捕捉活物一样。这就证明，必须让网震动才能使蜘蛛发动冲击。

会不会是因为蝗虫体色泛灰，不太能引起蜘蛛的注意？那么，就给它换一个颜色鲜亮的猎物，红色的。蜘蛛捕食的猎物中还没见过穿红颜色外衣的，我便用红毛线绕了一个小圆团，大小与蝗虫一般，粘在蛛网上。

此计甚妙。只要小毛线团一动，蜘蛛就立刻冲过来；没让毛线团动弹时，蜘蛛就静止不动地待在其中心区域里。有一些冲过来的蜘蛛，傻乎乎地用脚尖触碰小红线团，用丝把它捆绑了起来，甚至还咬了咬这个诱饵。这时候，它们才发现那不是什么猎物，便悻悻地离去了。另外一些蜘蛛比较狡猾，虽然也被这红毛线制作的诱饵吸引了过来，但它们先用触须和步足进行了试探，立刻便发现那不是什么可吃的东西，就没浪费自己的丝去捆绑诱饵。经过一番检查，便弃之离去了。

但是，不管怎么说，聪明的也好，愚笨的也好，反正它们都冲了过来。那么，它们究竟是怎么获得情报的呢？肯定不是靠视觉。在发现错误之前，它们必须先用步足抓住"猎物"，甚至还要咬一咬。蜘蛛的视力极弱，诱饵不动弹，即使近在咫尺，它们也看不见，何况，多数情况之下，捕猎是在夜间进行的，即使视力再好，夜晚也看不清东西。所以，它一定配备有一个远距离接收信息的仪器。我们随便找一只蜘蛛来观察，就会发现，当它白天躲在隐蔽处窥伺时，有一根丝从网的中心拉出来，斜向拉到蛛网平面之外，一直通向蜘蛛白天的隐蔽哨所。这根丝线除了与中心点相连之外，与蛛网的其他部分没有任何关系，与框架的线也不发生交叉。这条线通常长约半米。角形蛛因为高踞于树上，它的这根丝线就更长些，达两米。虽然，这根斜向丝线是一座丝桥，当蜘蛛遇有紧急情况，便会迅速地从桥上跑到网上来，巡查结束后，又从桥上返回隐蔽哨所。实际上，这就是它来回往返所走的路。但是，可能不仅如此。如果圆网蛛只是为了在隐蔽所和网之间搭建一条快速通道的话，把丝桥搭在网的上部边缘不就行了吗？这样的话，路程既短，斜坡又不陡。

再有，这根丝为何总是以黏性网的中心为起点，而不设在别处呢？因为这个中心点是辐射线的汇聚处，是一切震动的震中，网上的所有东西都会把其颤动传到这个中心点上，因此，中心点上的这根斜向丝线就可以把猎物挣扎震颤的信息传到远处。这根线是个信号器，是根"电极线"。

我们再来做个实验。我把一只活蝗虫放到蛛网上，被粘住的猎物拼命地挣扎。只见蜘蛛立即兴冲冲地爬出隐蔽所，从丝桥上下来，扑向蝗虫，把它捆绑住，注射上麻醉药，然后，用一根丝把俘虏固定在丝器上，拖到隐蔽所，美滋滋地享用起来。

过了几天，我又对它进行实验。仍旧用的是一只蝗虫。但这一次，我先把信号天线给剪断了。猎物放到网上后，同样是拼命地挣扎，震颤着蛛网，但蜘蛛却一动不动，好像无动于衷似的。这并不是因为丝桥断了，它来不了了，它有几十条道可以来到该去的地方，因为网由许多丝系在枝丫上，通道多得是，来去自由，方便至极。可是，捕猎者就是没动窝。为什么呀？因为它的电极线被我给剪断了，没有获得引起猎物震颤的消息。整整一个钟头了，蝗虫仍旧在踢蹬着腿挣扎着，捕猎者仍旧是一动不动地待在原地。最后，它发觉那根信号线绷得不紧，很是蹊跷，便顺着框架上的一根丝，毫不困难地来到网中，了解情况。于是，它发现了猎物，立即将它捆绑起来，然后，又去架设电极线，取代被我剪断了的那一根。它通过这条新丝桥，拖着战利品，回到隐蔽处。

这之后，我又对其电极线长达3米的粗壮的角形蛛进行了实验；后来，又对另一种圆网蛛——漏斗蛛进行了实验。这两次用的猎物是蜻蜓，实验的方法相同，结果也完全一样。实际上，各种蜘蛛都有这种捕猎所必需的电极线，不过，只是到了喜欢休息和长时间地打盹儿的年龄才会有。年幼的圆网蛛则没有，一来是因为它们比成年蜘蛛警觉；二来它们也没有掌握收发电极的技术；再者，年幼蜘蛛编织的网存在的时间短，没等到第二天，就全都不能用了，所以没有架设电极线的必要。

埋伏着的蜘蛛的脚一直踩在电极线上，这样一来，它就可以不必总要强打起精神来时刻警惕着，可以安然地休息，用不着过分劳累，甚至背朝着网也能知晓网上的动静。我就观察过一只胖大的角形蛛，它在两棵月桂树中间编织了一张直径有一米的大网。阳光照射在网上，而角形蛛在黎明时分便已离开了网，躲藏在它白天休息的庄园里。我顺着那根电极线查过去，很容易地就发现了它的庄园。那是一个用几股丝连起来的枯叶建成的隐蔽所。此屋极深，角形蛛除了它那圆乎乎的屁股之外，身子全都隐蔽得看不见了，而它那肥臀却把隐蔽所的大门堵了个严严实实。

它把前半身整个儿地藏进隐蔽所里，根本就看不到它的那张大网，即使它视力再好，而非弱视，它也无法看见猎物。这并不说明，在这阳光普照的时刻，它只顾歇息，不想捕获了，我们再来仔细地观察一下。只见它的一只后步足伸到屋外来，而那根电极线就连在这只足的足尖上。突然间，有只猎物撞到网上，这只步足立刻接收到了震颤的消息，角形蛛睡意顿失，立即惊醒过来，冲了出去。那是我故意放上的一只蝗虫，引得它匆匆地赶来。它见了那只蝗虫后，非常满意，而我则因为刚才所获得的资料，比它更加开心。

第二天，我切断了电极线。然后，我放了两个猎物（一只蜻蜓和一只蝗虫）在那张大网上。蝗虫那带刺儿的长腿拼命地踢蹬着，而蜻蜓的翅膀则一直在颤抖着，几片离蛛网很近的树叶，由于与蛛网框架的丝线连在一起，也跟着摇动个不停。这么大的动静就发生在离角形蛛非常近的地方，可却没有引起它的注意来，它根本就没有扭转身子来探看一下发生了什么事情。报警线断了，角形蛛成了睁眼瞎，什么都不知道了，整整一天，它就这么待着，一动不动。晚上8点光景，它爬出隐蔽所来重新织网时，才突然发现这两只天赐猎物。

另外，我也想介绍一下圆网蛛"洞房花烛夜"的情况。圆形蛛同其他昆虫一样，也要交配，也要繁衍子孙后代。不过，这虽然十分重要，可我也不想赘述，因为圆形蛛野性十足，它们神秘的一夜情，很容易变成悲剧性的葬礼。说实在的，我只见过一次蜘蛛交尾，这我还得感谢我的胖邻居——角形蛛，是它给了我这次观察的机会，因为我经常要去拜访它。经过情况是这样的：8月的第一个星期，晚上9点来钟，天气晴朗，炎热无风。我的这位胖邻居还没织网，一动不动地待在悬挂丝上。此刻本应是忙着干活儿的时候，它却如此悠闲自在，我好不纳闷儿，觉得必定有什么事情发生。果不其然，我看到一只雄蜘蛛从附近的灌木丛中奔来，爬上了缆绳。来者是个侏儒，矮小瘦弱，却跑来向胖夫人献殷勤。这个小东西，待在偏僻的角落里，怎么会知道这儿会有一只已达适婚年龄的雌蜘蛛呢？夜深人静，没有呼唤，没有信号，它们是怎么了解到的？大孔雀蝶是闻到神秘的气息，才从方圆几公里的地方飞到我的房间里来，拜访被我罩在玻璃罩下的雌性大孔雀蝶的。今晚的这个小家伙也是个夜间朝圣者，它越过乱七八糟的树叶，准确无误地直奔那位走钢丝的女杂技演员。它具有可靠的指南针在为它指引方向，奔向雌蜘蛛。它在悬挂丝缆上小心翼翼地一步一步地向前爬着，爬到一定的距离，它却停了下来。它在犹豫不决？它还会更靠近些吗？时机成熟了吗？不是的，只见雌蜘蛛举起了步足，来者便吓得连忙走下丝缆。过了一会儿，害怕的劲儿过去了，它又爬了上来，走得更近些。它这么忐忑不安地来来回回地爬来爬去，正是热恋者的一种求爱的表示。

坚持就是胜利。现在，它俩面对面地停住了：胖夫人一动不动，表情严肃凝重，而侏儒则显得十分激动。它居然胆大包天，竟敢用脚尖去撩拨胖夫人。它也真是太过分了，自己也给吓了一跳，顺着挂在安全带上的垂直线突然坠落下去。这都是顷刻之间发生的事情。现在，侏儒又爬了上来。它心里有数，对方对自己的一再恳求有所让步了。雌蜘蛛在雄蜘蛛的挑逗下，奇怪地跳开了去，用前跗节抓住一根丝，向后连翻了几个跟斗，如同体操运动员在单杠上向后滚翻一样。

胖夫人这么一翻，大肚子的下部便呈现在侏儒的面前，后者便用触须去触碰了一下。就这么一下，事情便宣告结束了。侏儒见目的已经达到，便匆匆地逃走，仿佛有复仇女神在身后穷追不舍似的。

侏儒走了，新娘从悬挂丝缆上下来，织好网，准备捕猎。必须吃点东西才会有丝，有丝才能织网捕猎，才能织出安家的茧。因此，在洞房花烛夜，尽管心情激动，新娘却无暇歇息。

迷 宫 蛛

　　诚然，圆形蛛是设置垂直陷阱的好手，是无可比拟的纺织娘，但是，其他许多种类的蜘蛛则善于运用生物界首要的法则，即想办法填饱肚皮和繁衍后代。这类蜘蛛在这方面久负盛名，其中有一种名为蜇蛛，它仿效纳尔仓那狼蛛，住在洞穴里，但其洞穴远比咖里哥宇群落里粗俗的狼蛛的洞穴要强得多。狼蛛只是在自己的洞口建起一个简陋的石井栏，而蜇蛛则在洞口安了一个活动的盖子，宛如一扇带铰链半槽边和插销装置的百叶窗。蜇蛛回到家中，盖子便落下来，卡在半槽边里，卡得严丝合缝，令人叫绝。一旦遇有来犯者执意要打开盖子，洞中的蜇蛛便会把门栓插上，也就是说，它把自己的小爪子插入与铰链相对的另一边的一个孔里，把身子紧紧地压在洞壁上，致使那扇门无法启开。

　　另一种知名的是银蛛，它用丝在水里为自己建造了一个潜水罩，以储存空气。依靠这种呼吸装置，它便能在阴凉的地方窥伺猎物了。可是，我生活的地方没有银蛛，所以无法对它的建筑技艺加以介绍。不过，我们这一带倒是常有深谙制造铰链门技术的蜇蛛出没。我在灌木林中的那条小径上倒是见过它，但只见过这么一回。因为忙于其他方面的观察研究，我只是瞥了它一眼，见它溜走了，也就算了。

　　现在，我就用一些看似平凡、常见、易于追踪的蜘蛛来补偿这一缺憾吧。不过，话说回来，平凡普通并不等于无足轻重。通过观察，我们会发现，再不起眼的昆虫也是了不起的，值得我们去大书一笔。我在这里想介绍的就是那种极其普通的迷宫蛛。

迷宫蛛并不藏身于牧场或幽静的树篱下，而是出没于光秃秃的荒野之中，主要是那高低起伏的丘陵地带，在那被樵夫砍得光秃无物的山坡上。它们喜欢栖息在荆棘丛中，比如岩蔷薇、薰衣草、不凋花和被羊群啃啮得又短又直溜儿的迷迭香丛里。

7月里，我每个星期都要到那种地方去观察几次迷宫蛛。我一般都是在早晨太阳还不太毒的时候，带着孩子们一起去的。他们眼睛尖，腿脚利索，眼明手快，对我帮助很大。很快，孩子们便发现了远处高高悬挂着一张丝网，闪闪发亮，像节日里的彩灯一般美丽，我们全都高兴极了。

经过半小时的阳光蒸晒，网上的珠光随着露珠的消失而消失了。这张蛛网张在一大蓬岩蔷薇上，如手帕一般大小。蛛丝不仅仅固定在杂乱的荆棘丛中某一束突出的枝梢上，而且是纵横交错地在荆棘丛中绕来绕去，把那簇荆棘给罩住，给它蒙上一层密如细纹布的白色的网。网周围的每个支点都向外突出，支点的距离各不相同，各支点之间是一个圆锥形的深坑，如同一个颈部逐渐变狭窄了的漏斗，垂直地插在茂密的绿色植物中间，深约一排。迷宫蛛就待在阴暗危险的管口处，看见我们，也不惊慌。它浑身呈灰色，胸廓上有两条黑饰带，饰带正中央杂着微白或棕色的斑点，腹部末端有两个附属器官，会活动，如同尾巴似的，在蜘蛛家族中，这倒是不常见的。

这张似火山口状的丝网，编织方法不一样，边缘较稀疏，往中间去时，渐渐地变成了轻柔的细纹布了，接着又变成了绸缎，在最陡的地方则是粗棱形格状网，最后，在迷宫蛛经常待着的漏斗颈部，变成了一种十分结实的塔夫绸。

迷宫蛛对这张地毯织得十分用心，在它看来，这是它的工作台，每天夜晚，它都要到这儿来，走过地毯，监视它设下的陷阱。它还要用新丝把它再加以扩大。它移动着自己的身体，把始终挂在纺丝器上的丝不停地拉出来。它在这漏斗颈部走动得最多，地毯织得也最厚，而次厚实一些的地毯当属火山口的斜坡，那儿也是它经常走动的地方。辐射丝均匀分布，对准洞口，靠尾部附属器官的晃动与配合加以导向，在辐射线上织出棱形网格。其余不常走动的地方，地毯就显得很薄很薄了。

我们原以为会在插入荆棘丛的走廊尽头发现一个密室，一个分隔开来的小房间，供蜘蛛闲暇时休息之用，可情况并非如此。漏斗颈部底端是开放的，那儿有一扇暗门始终敞开着，蜘蛛可以从那暗门穿出，经由草丛，到达野外。如果想要捉住它而又不被它伤害到，就必须了解这个住所的布局。当遇到正面攻击时，迷宫蜘蛛就会向下跑，从底部的出口逃走。它逃跑的速度极快，待到它一钻入杂乱的荆棘丛中，再去寻觅它，就十分困难了。要捉住它，就必须略施小计。

我发现它待在管口上。待到可以下手时，我便用手抓紧网的底部，也就是漏斗颈部往下延伸的地方。当它发现自己的后路被切断，自然就会一头钻进我为它准备的圆锥形纸袋里去。如果它实在不愿就范，我就用一根麦秸秆伸进网里，刺激它几下，就可以把它逼进纸袋中。我正是采用这一高招，把一些神气活现的迷宫蛛毫发无损地抓住了的。为了捕捉猎物，圆网蛛用的是它那厉害无比的黏网，而荆棘丛中的迷宫蛛用的是它那迷宫，其凶险程度绝不逊于圆网蛛的黏网。

再观察一番这张网的上方，那简直就是绳索交织的密林。如同遇难船只上的缆索。丝索从树枝的每一根小细枝连到每根树枝的顶端，长短不一，有垂直线也有斜向线，有直线也有曲线，所有的线交织在一起，有密有疏，错综复杂，向上延伸大约有一米。这是一个杂乱无章的乱绳套，一个谁也逃不出的迷宫，除非昆虫具有极强的弹跳力，或许可以逃过这一劫难。这个迷宫与圆网蛛的黏网不同，它没有一点黏性，而靠的是它的纵横交错、错综复杂取胜。我把一只小蝗虫扔进了这座迷宫，只见它在晃动不停的蛛网上失去了平衡，拼命地挣扎着，反而把绊索踢蹬乱了，越绊越弄不开。迷宫蛛躲在洞口窥伺着，不去理睬挣扎中的小蝗虫，它不想立即上前去捕捉那个落入陷阱的可怜虫，它要等到被蝗虫弄得越抽越紧的丝绳把猎物给弹到网上来。

小蝗虫终于掉了下来，迷宫蛛一见，立刻爬了出来，向落网猎物扑了上去。向猎物扑上去并不是没有危险的。小蝗虫只是突然中计，有点沮丧，士气低落而已，它并没有被捆绑住，只是腿上拖着几根被它挣断了的丝。然后，迷宫蛛便拍拍猎物，觉得货色挺好，便用牙去咬，嚼而食之。它通常是从猎物的大腿根下手，也许是这个部位的肉质尤为鲜嫩的缘故。我观察了好几张蛛网，看看迷宫蛛究竟吃些什么食物。我发现不少各种双翅目昆虫和小蝴蝶，还有像是并未动过似的蝗虫尸体。这些猎物全都少了前腿，起码少了一条前腿。在蛛网边缘的吊肉钩上，往往可以看到蝗虫类昆虫被掏空了之后所剩下的肚皮。

迷宫蛛一旦开始对猎物的大腿根下手之后，它是绝对不会松口的，它死咬住不放，喝它的血，吮吸它，通过吮吸来汲取营养，一处伤口吸干之后，再换一个地方。在吮吸第二条腿的时候，吸得更加来劲儿，使得猎物最后只剩下一个保持着原形的空壳壳了。但是，迷宫蛛与圆网蛛有所不同，它把猎物吸干榨尽之后，就把它撇在蛛网上，弃之而去，而不是再去把它的肉也吃个精光。饭吃得很久，但并无危险，因为在下第一口时，毒液已经要了猎物的命。

迷宫蛛的网虽说是像一件艺术品，但其结构却没有圆网蛛所编织的网那么对称。它只不过是个没有形状、无一定之规的捕猎器，编织时不讲究章法，比较随意。不过，话虽这么说，它毕竟还是有其审美原则的，它的那个安着漂亮网纱的"火山口"就是一个证明，通常被视作母亲杰作的卵袋将向我们做出充分的展示。

产卵期临近时，迷宫蛛就要另换住处。它丢弃了它那不很结实的网，不再回去；它需要一个更好更合适的房屋。它的新房建在何处了？我花了好几个早晨，在小树丛中左寻右觅，四下探察，但最终还是一无所获。后来，我终有所悟，便在原先的那张网周围几步远的范围内仔细搜索，在一片茂密的低矮植物丛中发现了它的隐蔽的产卵窝巢。这种窝巢只是用枯树叶和丝线混合而成的一种袋子；这种并不雅致的袋子里，或者说套子里，有一个装着卵的细布袋。整个卵袋显得破破烂烂，因为从荆棘丛中取出来，难免被撕扯得厉害。不过，也不能光凭外表就下断语，认为它一无是处。难道纺织方面的行家里手迷宫蛛在编织婴儿的帐篷时就不知道讲究美观雅致吗？我想，这一定是荆棘丛的恶劣环境造成的。如果把它放在不受束缚的环境之中，它是会表现出自己的高超技艺来的。为了证明这一点，我便进行了实验。

8月中旬，产卵期将至，我把12只迷宫蛛分别放在装有沙土的罐子里，上面用金属网罩好。纱罩中央插了一根百里香小枝杈，供它们编织卵袋时作支撑物，当然四周的纱网也同样可以作为支撑物的。罐内没再放其他任何的东西，连一片枯树叶也没有，让母亲只能在我所设的支撑物上做卵袋外套。我每天提供一些肉质鲜嫩、个头儿不大的蝗虫，让它们尽情享用。

8月末，我终于获得了10只卵袋，形状优美，色泽雪白光鲜，简直是工整雅致的艺术品。这是一只用精致的白色细纹布编织成的半透明的袋子，迷宫蛛母亲将长期居住于此，监护其卵。卵袋约有一只鸡蛋那么大。小房间两头敞开；前面的洞口延伸成一个宽阔的长廊；后面的洞口变得细长，呈漏颈状。前面比较大的那一头显然是食品供应的门户，后面这个颈状漏斗的功能，我尚不得而知。我看见迷宫蛛不时地在前门停留，窥伺猎物。它通常得出去吃猎物，免得把自己的房间给弄脏。

卵袋的结构与捕猎时期的住所也有其相似之处。那个漏斗状的细长的后门厅，通向附近地面，作为紧急关头的出口；前面的那个大厅，敞开成一个大的火山口，四面都绷着丝，让人想到以前用来捕猎的陷阱，老住所的特点在这里可见一斑。这儿甚至也有一个迷宫，只是规模很小很小。火山口的前面，丝索纵横交错，猎物一旦经过此处，必然被捆缠住。

不过，这个纺织的殿堂只是个哨所，在柔和的乳白色丝墙后面，存放卵的"圣物盒"影影绰绰，外表布满着模糊不清的法国荣誉骑士团勋章图案。这是一只漂亮美观的宽大的微白色袋子，四周有闪光立柱把它固定在帷幔中央，与外层是隔离着的。立柱中间较细，上端膨胀成圆锥形的柱头，底端与上端形状相同。12根立柱一一相对，中间形成走廊；走廊与四面相通，连接房间周围的任何地方。迷宫蛛母亲在内院拱廊内认真仔细地巡视着，这儿停一会儿，那儿停片刻，长时间地把耳朵贴卵袋上，看看袋内有何动静。我简直不忍心打扰这位尽心尽职的母亲的工作。

为了进一步地进行观察，我便利用从野外带回来的那些破破烂烂的卵巢。我观察到，卵袋是个倒圆锥体，与圆网蛛的卵袋相似。其布料具有一定的柔韧性，我用镊子使劲儿地拉才把它撕扯开来。卵袋中只有一团极细的白丝棉和卵，卵约有一百来个，还比较大，直径约有1.5毫米。看上去，它们就像是一粒粒深黄色的琥珀珍珠。卵与卵互不粘连，当我把丝绒被揭开时，它们便会自由地滚动。我把卵都装进了玻璃试管里去，以观察其孵化的情况。

不过，我还是想再说说迷宫蛛另辟新居的原因。原先的网很好，挂在高处，自投罗网者肯定不少，它为何弃之不用，非要不怕麻烦地在僻静处另设新巢呢？我想，个中原委也不难理解，旧居虽有诸多优点，猎物会很多，但唯其如此，敌人也不在少数。挂在高处的很显眼的那个捕猎器暴露在绿色灌木上，是个标记，必然招来别有用心者。有这个网指路，它们轻易就能发现迷宫蛛视为生命的宝贵袋子的。万一来了条什么虫子，尽情享用破布袋的卵，岂不让迷宫蛛断子绝孙了吗？到底会是什么样的敌人让迷宫蛛这么担心，我因为没有资料，尚不得而知。而我所知道的是，迷宫蛛母亲不仅要到偏僻难寻的地方去做巢产卵，而且，它比其他蜘蛛更有爱心，更加认真负责，所以它产卵时所采取的保护措施还得满足另一个条件，因而更加复杂。它像蟹蛛一样，并不是把卵产下就完事了，它还要守护着自己产下的卵，直到它们孵化出来。但是，迷宫蛛又不像蟹蛛那样，产完卵后就不吃不喝，最后只剩下皮包骨了，等到孩子们出世离去，自己则一命呜呼了。迷宫蛛则不然，它要聪明得多，产完卵之后，非但不会消瘦、干瘪，反而始终保持着丰满富态的样子，肚子微微有点鼓凸。它每天都准备着要捕杀猎物，胃口仍旧很好。因此，在它新的居所用作护婴房的同时，还得另辟一个捕猎场所。现在，让我们再回想一下我上面所描述的那只优美雅致的卵袋。卵袋两头延伸成门厅的球形哨所。卵袋悬于中央，12根立柱把它与周围隔开来，前厅似火山口，看似如捕猎器，边上竖着一圈圈的紧紧绷着的网，我从这半透明的围墙可以看见迷宫蛛母亲正在忙着做家务。迷宫蛛母亲可以通过带拱顶的回廊走到星形卵袋的任何一点，不知疲倦地来回巡视着，时不时地停下脚步，慈爱地拍拍那只丝绸卵袋，听听这"圣物盒"里有何动静。我试着用麦秸晃动一下某个地方，它就会立即奔过来，看看究竟发生了什么事。

细心呵护、寸步不离的迷宫蛛母亲并未因此而废寝忘食，不吃不喝。我时不时地要向它提供几只蝗虫，放进它的罩子里，其中有一只刚好被大厅里的丝索给缠住了。只见迷宫蛛母亲飞也似的奔了过来，咬住这个可怜虫，把它的大腿卸下，将其内脏掏空，至于其他没内脏那么可口的部位，根据它当时的胃口如何，或弃之不食，或多少吮吸上几口。它是在其哨所的外面进餐的，就在那门槛上，而不是在里面进食。它的胃口如此之大，让蟹蛛难望其项背；傻蟹蛛也是个尽心尽职的母亲，但却拒绝我为它提供的蜜蜂等猎物，宁肯忍饥挨饿，直至死亡。

迷宫蛛有必要这么大吃大喝吗？有必要，而且是无可厚非的。在开工建房之初，它就已经消耗了许多的丝，也许是把自己的所有库存全都消耗殆尽了。这两套住房，自己的再加孩子的，可以说是工程浩大，材料需要很多。不仅如此，在将近一个月的时间里，我还看见它对这第二套住房不停地扩建，一层层地加大加厚房间与中间的那间小屋的墙壁，以致织出来的布由最初的透明罗纱变成了不透明的绸缎了。它似乎总认为那围墙不够厚实，老是在不停地织呀织的。消耗既然这么大，它就只好不停地进食，增加营养，以补充纺织时所消耗掉的丝。

一个月之后，将近9月中旬，小蜘蛛孵化出来，但尚未离开那只袋子，它们要在那条软软的暖和的丝棉被里过冬。迷宫蛛母亲仍旧守护在一旁，继续在不停地编织，但是，可以明显地看出，它有些心力交瘁，体力不支。它要隔好长一段时间才吃一只蝗虫，对我给它扔进罐子里的猎物并不那么兴奋了。这是它在衰弱的征兆。它的工作节奏慢下来了，到了最后，终于不再纺织。最后，时值10月末，它终于抓住孩子们酣睡的卧房，幸福地死了。它已尽到了一个母亲所能尽到的责任，小蜘蛛们未来的命运就看它们自己了。春天来临时，小蜘蛛们将从自己那温暖的房间里出来，乘着被风吹走的丝飞行，飞向四面八方，并将在茂密的百里香丛中试着织出第一座迷宫来。

克罗多蛛

　　克罗多蛛的名字是怎么来的？是因为专业词汇分类学者找不到合适的词来为之冠名，而一时心血来潮采用的吗？这倒不完全是。这种蜘蛛也被称为克罗多德杜朗。德杜朗是最早向人们介绍这种蜘蛛的人里面的一位，为了纪念他，就这么叫开了。而克罗多则是神话中编织命运的女神的名字，故以此来隐喻蜘蛛。神话中的这位女神的名字听起来十分悦耳动听，而且又很适合为一位"纺织姑娘"命名。按照传说中的描绘，克罗多掌管生死大权，掌管着人的命运，是众女神中排行最小的一位。她手中握着人类命运的纺纱杆，纺纱杆上绕着许多脚毛，一些丝束，偶尔还会有一根金色的线。

　　我们就不去管这位女神了，还是来观察一下我们的克罗多蛛吧。在橄榄树的故乡，在太阳晒烤着的多岩石的山坡上，不妨掀开一些平平展展的大石头来看一看。说实在的，克罗多蛛并不多见，不是所有的地方都适合于它繁衍生长。如果我们坚持不懈，总会有所收获的，往往在翻起来的石头下，看见一个建筑物，外表十分粗糙，状似一个倒置的圆屋顶，有半个橘子那么大，表面镶嵌着或悬挂着小贝壳和小土块，更多的则是干瘪了的昆虫。

　　圆顶边上有12个突角，呈放射状分布，扩张开来的尖角固定在石头上。在这些尖角之间，又展现出同样数目的圆拱，形状好似一座驼毛编造的房屋，又像是犹太人的帐篷，不过是倒置的，固定在吊带间紧绷着的平顶从上面封住了的住所上面。它的门开在哪儿呀？边缘上所有的圆拱都是朝着屋顶张开来的，没有一个是通向内部的。我以目搜寻了好久，也没发现一条联系内外的通道。屋主人总得出门进门的呀，那它是从什么地方进屋的呢？只要用一把麦秸一试，就能解开这个谜团。

我用麦秸在每一个圆拱廊口上捅了捅，到处都是硬邦邦的，到处都是严丝合缝的，没有见到什么缺口缝隙。在巧妙地结合成月牙形边饰中只有一处，看上去形状与别处没有什么不同，只不过边缘分成两瓣，如同两片微微张开着的嘴唇。这儿就是门；此门可以依靠自己的弹性自动关闭。不仅

克罗多蛛

如此，每当克罗多蛛回到家中，它还经常要把门栓插上，也就是说，用一些丝把两扇门粘上、固定住。这扇门比蟓蛛洞穴上的那个盖子要严实得多，安全系数要大得多。不速之客不了解个中奥妙，是无法进入克罗多蛛家大门的。每当遇有危险，克罗多蛛就会慌忙往家里跑，用爪子把门一推，门即启开一条缝，克罗多蛛便立刻钻了进去，门自动关上，必要时，它再用几根丝把门给锁上。圆拱廊有那么多，又全都一模一样，不速之客怎么会知道被追踪者到底是怎么消失不见的呢？

把简单的创造变成了防御系统的克罗多蛛，对生活质量十分讲究，远胜于蟓蛛。你不妨将它的小屋打开瞧一瞧，非常豪华。据传说，古时候，有一位骄奢淫逸的人，因为床上有一片玫瑰叶，竟然觉得硌得不行，无法安睡。克罗多蛛不逊于此人，它对生活也非常挑剔，被子要比天鹅绒还要柔软舒适，比夏日里孕育着暴雨的云团还要白净，完全是一种非常高级的莫列顿呢。床的上方还有一个同样柔软

洁白的华盖，克罗多蛛独自一人在华盖与莫列顿呢间的狭小空间里歇息。它的腿很短，呈灰色，背部饰有五个黄色徽章。

这座优雅小屋必须绝对平稳，否则无法让主人得到很好的休息，特别是在气候多变的日子里，常有穿堂风从石头下面钻进来。这间小屋完全达到了绝对平稳的要求，我们仔细观察一下就会明白了。该住宅的月牙边似围栏一般把屋顶框牢，以其尖端固定在石头上，支撑着建筑物的重量。另外，每个黏接点通过一束散射的丝粘在石头上，因而整条丝都粘在石头上了，而且延伸得还很长，约有一排。这些丝如同锚绳一般，相当于贝都因人用来固定帐篷的小木桩和绳子。这是一个个的支撑点、着力点，非常密集，且排列也非常规则，所以这张吊床是不会被连根拔起的，除非遭到意想不到的灾祸，但这种情况实属罕见。

小屋里干干净净，一尘不染，而外面却是垃圾满地，有小土块、烂木屑、小沙子，更有甚者，有时还有尸体堆，镶嵌着和吊挂着一些奥帕特粉虫和阿西德粉虫的干尸，以及其他一些喜欢藏于岩石下面的粉虫，有赤马陆，断成了一截一截的，被太阳烤干发白，也有生活在石堆里的朴帕虫的贝壳，还有很小很小的隧蜂。这些尸体不言而喻都是克罗多蛛吃过的残羹剩饭。克罗多蛛不善于捕猎，常常是从一块石头到另一块石块地去寻找食物。若有冒失鬼趁月黑之夜擅自闯入克罗多蛛的石板下面，就会被它掐死，榨干了的尸体并不扔到远处，而是被悬挂于丝墙上，像是在借以吓退其他敢于冒犯者似的，其实并非如此。吊在帐篷上的贝壳大部分都是空的，少数一些里面会有软体动物，尚好端端地活着。克罗多蛛是如何处置灰色朴帕虫和卡得力当斯朴帕虫，以及其他一些蜷缩在小塔螺里的动物的呢？它既无法敲碎这些小动物那石灰质外壳，又无法从螺口把蜷缩于其中的软体动物掏出来，那干吗还要捡这些玩意儿呢？再说，这种软体动物的肉黏黏糊糊的，未必是它之所好。我猜想，它是不是以这些石灰质贝壳作为固沙的沉子？为了不让织在墙角的蛛网因风吹而变形，家蛛往往会往网里装石膏，把旧墙上掉落的粉末积在里面。克罗多蛛是否也在利用这些东西达此目的呀？为了解开这个疑团，我便动手做了个实验。

喂养克罗多蛛并不繁难，不必把它已做了窝的那块沉甸甸的石头搬至家中，只需用一简单的办法就可以了。我用小刀尖把石头上的丝吊索割断，克罗多蛛多半不会逃跑，因为它非常讨厌外出，再说，我在搬动时也倍加小心。我小心翼翼地、平平安安地把这座小屋以及屋主人装入一个纸盒里，托着带回家来。我有时用柳条筐或者废弃的奶酪盒，有时用硬纸板，以代替小屋子下的那块石板，因为那块石板既重又不适合放在桌上，太占地方。我把克罗多蛛的丝吊床分别放在这些石板代用品上，将其吊角全都用黏带粘好，再找三根短棍支撑着。眼前所见即为一个如同石桌坟的仿制品。在整个安装过程中，我一直小心翼翼地，绝不使这小屋子受到敲击或晃动，否则克罗多蛛就会因惊吓而跑出屋来。安置完了之后，我便把这些小屋子放进沙罐里去，上面再加上金属纱罩，万无一失。

第二天，我就有了答案。如果用柳条或硬纸板做吊顶的小屋子里，有个别的在采掘过程中有所破损或严重变形，克罗多蛛就会在夜里舍弃这个家，到别处去住，有时则干脆就待在丝网上。

它花了几个小时搭建的新帐篷，顶多也就一枚两法郎的硬币那么大。而且，按照老宅建筑风格建造的新帐篷，是由两层重叠的薄网组成的，上面的一层很平展，作为床顶华盖之用，下面一层则呈弧形，这就形成了一个袋状。由于这只小袋子布料十分考究、纤细，稍有不慎，它就会变形，导致空间缩小，无法生存，因为空间本来就不大，仅能容下一只克罗多蛛。

为了使这纤细的薄纱保持紧绷状态，不致变形，克罗多蛛是怎么做的呢？确切地说，它是按照我们人类的平衡定律的要求去做的。它给其建筑安装压载物，并且尽可能地降低小屋的重心，在袋子突出的部分挂上一长串一长串用丝线串起来的沙粒。这些如钟乳石般悬吊着的用丝粘住的沙串，排得密密的，好似浓密的美髯。沙串末端缀着一块大石子，垂得低低的，起着压载物、平衡器和压力器的作用。

这座建筑物只是一夜之间匆忙完工的，是不久即可居住的新居的雏形，还得不断地给它增加一些压载物，最后，袋子的壁将变成为莫列顿呢，便可保持住其弧形和保留必需的容积。这时候，克罗多蛛便放弃了刚开始编织袋子时所使用的、对加压具有功效的钟乳石沙串，而采用一些较为沉重的东西作为新屋的压载物，主要使用的则是昆虫的尸体，因为这种材料取之较易，每餐饭后，脚下便留下一些昆虫尸体的残骸，把它们当作碎石，而不是当作战利品去炫耀自己的赫赫战功。另外，克罗多蛛还经常利用一些小贝壳和其他长串垂吊物来增强房屋的平衡性。由此，我们可以得出如下的结论：克罗多蛛具有自己的平衡规则，它会利用加重的方法降低建筑物的重心，使之既平稳而又有足够的空间。

房屋建造完毕，克罗多蛛在其如此柔软舒适的屋子里都在干些什么呢？据我的观察，它什么都不干。它吃饱喝足了之后，伸展开手脚，懒洋洋地很惬意地在柔软的地毯上趴着歇息，什么也不干，什么也不想，它既没睡着也没醒着，处于一种似睡非睡、似醒非醒的恬适状态之中。这就像我们躺到松软舒适的床上快要入睡时的那份快意劲儿一样。思维与印象开始模糊，即将消失的时刻是非常美好的，人也好，克罗多蛛也好，可能都具有这同样的感觉。

当我把它的房门打开的时候，每每看到克罗多蛛总这么一动不动地趴着，仿佛陷入无尽的思索之中。为了使它从沉思中摆脱出来，我就必须用一根草或麦秸去撩拨它。只有饥肠辘辘时，它才会憋不住，走出舒适的屋子，不过，它善于节制饮食，所以在外面出现的机会并不多。我整整观察了它们有3年之久，而且在我的实验室里，可以说是与它们朝夕相处，但却一次也没看见它们大白天在沙罐里的网罩下捕食。只是等到夜深人静之时，它才会壮着胆子，外出冒险，寻觅猎物。

有一天，我耐心地等待着，终于在夜晚10点左右看见它在平坦的房顶上纳凉，也许它是在那儿窥伺着，等待猎物的出现。我把烛光移过去，喜欢黑暗的克罗多蛛立刻飞快地返回屋里，不肯让我看见它是如何捕猎的。到了第二天，我发现它的小屋墙上又多吊出一具尸体来，这就证明我离开之后，它又爬出屋来，而且捕猎有所收获。

克罗多蛛如此羞涩腼腆，昼伏夜出，致使我无法更多地了解它们的习俗。在10月份即将到来时，它们带回家的那窝卵是怎么产下的，我更是不得而知。产下的卵分别装于五六只如透镜般的扁袋子里，占据了克罗多蛛母亲房间的一大半。这些袋状包囊每个都有很高级的白缎子包壁，而包囊与房间的地板以及包囊与包囊之间都粘连在一起，粘得很紧密，根本无法把它们分开来。如果非要获得一个独立的包囊，那就得毁坏掉其他的包囊。所有包囊里的卵加在一起约有100粒之多。

克罗多蛛母亲就趴在那堆小袋子上，如同母鸡孵小鸡似的，恪尽职守。母亲并未因分娩而消瘦，只不过块头儿显得小了一点，但看上去仍旧十分健康。它的肚皮仍旧圆乎乎的，皮肤也很紧绷，并不垂坠，这就说明它的任务尚未完成。

卵很快就孵化出来了。还没到11月，小包囊里已经有小克罗多蛛在往外爬了。它们一个个小模小样的，身着带有5个黄斑点的深色衣服，与成年克罗多珠长得一模一样。新生儿们并不离开各自的凹室，它们紧紧地挤在一起，就这么度过整个严寒的冬季。克罗多蛛母亲就蹲在包囊上，警惕地看护着自己的孩子，除了通过包囊壁可以感觉得到微小的颤动而外，它还不知道自己的孩子到底长得是个什么模样哩。我们知道，迷宫蛛在自己的观察哨所里会连续待上两个月的时间，保护着自己的那些永远也见不到面的孩子们。可克罗多蛛则要守护近8个月之久，毫无疑问，而且是理所当然，它能够也应该在大房子里见到自己的孩子们，看着它们迈着小碎步在奔来跑去，并且能见到它们最后吊在丝端飞离而去，它也算是很幸福很知足的了。

6月的炎热季节到来时，小克罗多蛛们也许是在母亲的帮助之下，捅破了包囊壁，才从母亲的帐篷里出来的，它们对那扇神秘之门的诀窍十分清楚。它们在大门口连续几个小时地呼吸着新鲜空气，然后便相继地被丝绳厂的第一件产品——丝绳气球带着，飞向了远处。

　　克罗多蛛母亲仍然留在老宅里，孩子们全都离去了，只剩下它一个孤单单的老太婆了，但它并未因此而沮丧绝望，伤痛难耐，它非但没有形神憔悴，反而显得更加开朗、活泼、年轻了，它的气色红润，充满着活力，简直可以说是神采奕奕，让人看了觉得它仍然还能活很久的，还能再次生育下仔。不过，过了一段时间，它便离开了老宅，在网纱上为自己建造起一座新的房舍来。它为什么要丢弃老宅呢？老宅尚未破损，从外表上看上去，还是一座很好的旧宅子呀？原因何在？我猜想，老宅尽管尚未破损，里面仍旧铺着厚实柔软的地毯，但却存在着严重的问题，里面积满了残留下来的孩子们的小卧室。我试图用镊子去夹，想把它们清理出去，但是非常困难，因为它们与房间的其余部分连成了一体。我都做不了的事，小小的克罗多蛛恐怕就更加没法完成这一棘手的清理任务了。这个问题令它伤透脑筋，所以它干脆把这旧宅舍弃，另建新屋。

　　如果克罗多蛛母亲只是为了独自居住，乱一点、挤一点也算不了什么，凑合一下也就行了，毕竟它只需要不大的一点空间，能够磨开身就可以了。可是，在这些碍手碍脚的婴儿废弃凹室堆旁边生活了七八个月之后，它怎么又突然心血来潮，想盖新屋了呢？我想只有一个原因：它这样做并非为了它自个儿，而是为了自己的第二批孩子，没有一间大屋子是不行的。

　　新生儿需要新房间，因为老宅已经被废弃凹室占满了，小卵袋已无处安放，这也许就是克罗多蛛母亲之所以要搬家的原因所在。它感到自己的卵巢尚未枯竭，所以需要空间，需要新屋，为它的又一批孩子的出世做好准备。我没有像观察狼蛛那样，继续深入地去观察克罗多蛛多次产卵的情况，虽然颇觉遗憾，但也确实是出于无奈，因为我还有其他事情要做，再说，长期饲养克罗多蛛也确有一些困难，所以对它的寿命有多长也没再去研究。

　　克罗多蛛的孩子、迷宫蛛的孩子以及其他一些蜘蛛的孩子，也都与狼蛛的孩子一样，能够节食，不吃不喝，它们在运动，但却不吃东西。在整个幼年时期，哪怕是时值严寒的冬季，也都如此。我曾在寒冷的冬天，撕开过一只克罗多蛛的小囊袋和一只迷宫蛛的"圣物盒"，我原以为会看到一群因寒冷和饥饿而冻僵了的、没有一点生气的婴儿，但是，我所看到的完全不是这个样子。关在小囊袋里的小家伙们，一见屋门洞开，赶忙往外跑，四下逃窜，如同适逢迁移期这个最佳时期一样地活跃。它们的逃跑速度简直是快得不可思议，甚至比被狗惊飞的小山鹑逃得都快。

　　不吃不喝的小克罗多蛛到底是怎么活过来的呢？我们从狼蛛、迷宫蛛、圆网蛛的情况，都已经看到，它们确实是不吃不喝的，绝不是它们的母亲有什么诀窍，在喂养它们，而我们却没有观察到。我猜想，只有借助于非物质的，特别是来自外界的热辐射，通过小家伙们的身体器官把非物质转化为动力这一种解释。这是压缩到最简单形式的营养：这种热动力并不是从食物中释放出来的，而是能直接利用，如同一切生命物质的热能源泉——阳光一样。天然的物质具有令人感到困惑的秘密，镭就是一个明证；生物也有着自己的秘密，而且更加带有神秘色彩，没有人能够说得准，由蜘蛛而引发的这种猜测，是不是有一天会被科学验证，并因此而产生生理学的机理。

经典新读
中央编译名著精选

书 名	作 者	译 者
海底两万里	[法] 儒勒·凡尔纳	陈筱卿
钢铁是怎样炼成的	[苏联] 奥斯特洛夫斯基	吴兴勇
昆虫记	[法] 法布尔	陈筱卿
猎人笔记	[俄] 屠格涅夫	力 冈
简·爱	[英] 夏洛蒂·勃朗特	宋兆霖
童 年	[苏联] 高尔基	郭家申
名人传	[法] 罗曼·罗兰	陈筱卿
绿山墙的安妮	[加] 蒙哥马利	姚锦镕
鲁滨孙漂流记	[英] 丹尼尔·笛福	唐荫荪
格列佛游记	[英] 斯威夫特	白 马
汤姆·索亚历险记	[美] 马克·吐温	姚锦镕
老人与海	[美] 海明威	张炽恒
假如给我三天光明	[美] 海伦·凯勒	陈 才
傲慢与偏见	[英] 简·奥斯丁	罗良功
飘（上下）	[美] 玛格丽特·米切尔	黄健人
月亮和六便士	[英] 毛 姆	王晋华
瓦尔登湖	[美] 梭 罗	王光林
小王子	[法] 圣埃克苏佩里	柳鸣九
爱的教育	[意] 亚米契斯	夏丏尊
泰戈尔诗选	[印度] 泰戈尔	冰 心　吴 岩
欧仁妮·葛朗台	[法] 巴尔扎克	郑克鲁
培根随笔集	[英] 弗兰西斯·培根	蒲 隆
了不起的盖茨比	[美] 菲茨杰拉德	王晋华
居里夫人自传	[法] 玛丽·居里	陈筱卿
伊索寓言	[古希腊] 伊索	杨海英
人类的故事	[美] 房 龙	白 马
少年维特的烦恼	[德] 歌 德	杨武能
高老头	[法] 巴尔扎克	许渊冲
《套中人》契诃夫短篇小说选	[俄] 契诃夫	李辉凡
《羊脂球》莫泊桑短篇小说选	[法] 莫泊桑	柳鸣九
《最后一片叶子》欧·亨利短篇小说选	[美] 欧·亨利	张经浩
神秘岛	[法] 儒勒·凡尔纳	陈筱卿
红与黑	[法] 斯当达	罗新璋
雾都孤儿	[英] 查尔斯·狄更斯	黄水乞
大卫·科波菲尔（上下）	[英] 查尔斯·狄更斯	董秋斯
莎士比亚喜剧集	[英] 莎士比亚	朱生豪
莎士比亚悲剧集	[英] 莎士比亚	朱生豪
巴黎圣母院	[法] 维克多·雨果	李玉民

书 名	作 者	译 者	
悲惨世界（上中下）	［法］维克多·雨果	李玉民	
福尔摩斯探案全集（上中下）	［英］柯南·道尔	姚锦镕	涂小榕
约翰·克里斯托夫（上中下）	［法］罗曼·罗兰	许渊冲	
基督山伯爵（上中下）	［法］大仲马	李玉民	陈筱卿
列那狐的故事	法国动物故事	罗新璋	
青 鸟	［比］莫里斯·梅特林克	郑克鲁	
小鹿斑比	［奥地利］费利克斯·萨尔登	杨曦红	
快乐王子	［英］王尔德	蔡荣寿	
绿野仙踪	［美］莱曼·弗兰克·鲍姆	张炽恒	
吹牛大王历险记	［德］拉斯伯	邵灵侠	
柳林风声	［英］格雷厄姆	杨静远	
尼尔斯骑鹅旅行记	［瑞典］塞尔玛·拉格洛芙	石琴娥	
木偶奇遇记	［意］科洛迪	刘月樵	
小飞侠彼得·潘	［英］詹姆斯·巴里	杨静远	
水孩子	［英］查尔斯·金斯利	张炽恒	
一千零一夜	阿拉伯民间故事集	郅溥浩	
安徒生童话	［丹麦］安徒生	叶君健	
爱丽丝漫游奇境	［英］刘易斯·卡罗尔	黄健人	
格林童话	［德］格林兄弟	杨武能	
森林报	［苏联］维·比安基	沈念驹	姚锦镕
苦儿流浪记	［法］埃克多·马洛	唐 珍	
秘密花园	［美］F. H. 伯内特	李文俊	
海 蒂	［瑞士］约翰娜·斯比丽	邵灵侠	
安妮日记	［德］安妮·弗兰克	朱碧恒	高小斐
王子与贫儿	［美］马克·吐温	张友松	
希腊神话	［德］施瓦布	高中甫	
格兰特船长的儿女	［法］儒勒·凡尔纳	陈筱卿	
八十天环游地球	［法］儒勒·凡尔纳	陈筱卿	
母 亲	［苏联］高尔基	吴兴勇	
《野性的呼唤》杰克·伦敦小说精选	［美］杰克·伦敦	石雅芳	雨 宁
《百万英镑》马克·吐温中短篇小说选	［美］马克·吐温	张友松等	
包法利夫人	［法］福楼拜	许渊冲	
茶花女	［法］小仲马	李玉民	
呼啸山庄	［英］艾米莉·勃朗特	宋兆霖	
双城记	［英］查尔斯·狄更斯	宋兆霖	
复 活	［俄］列夫·托尔斯泰	李辉凡	
汤姆叔叔的小屋	［美］斯托夫人	李自修	
罪与罚	［俄］陀思妥耶夫斯基	朱宪生	曾思艺
三个火枪手	［法］大仲马	李玉民	
安娜·卡列尼娜（上下）	［俄］列夫·托尔斯泰	力 冈	
堂吉诃德（上下）	［西班牙］塞万提斯	刘京胜	
战争与和平（上中下）	［俄］列夫·托尔斯泰	董秋斯	